谨以此书献给
所有与我们共同走过这段岁月的朋友，
感谢你们的关心和陪伴，
与我们分享一路的眼泪与欢笑。

To all the friends who walk with us
through the difficult time. Thanks for your
love and concerns, and for sharing tears
and laughter with us together.

穿过雷暴的阳光

Sunnie 家面对祸难的心路历程

肖一帆 Sunnie 著

海天出版社（中国·深圳）

图书在版编目(CIP)数据

穿过雷暴的阳光：Sunnie家面对祸难的心路历程 /
肖一帆，Sunnie著． —— 深圳 ：海天出版社，2016.5（2017.4重印）
ISBN 978-7-5507-1594-3

Ⅰ．①穿… Ⅱ．①肖… ②S… Ⅲ．①人生哲学-通
俗读物 Ⅳ．①B821-49

中国版本图书馆CIP数据核字(2016)第064857号

穿过雷暴的阳光：Sunnie家面对祸难的心路历程
CHUANGUO LEIBAO DE YANGGUANG：SUNNIE JIA MIANDUI HUONAN DE XINLU LICHENG

出 品 人　聂雄前
责 任 编 辑　刘翠文
责 任 技 编　蔡梅琴
封 面 摄 影　黄荣光
封 面 设 计　大地行者　龙瀚文化

出版发行　海天出版社
地　　址　深圳市彩田南路海天综合大厦　（518033）
网　　址　www.htph.com.cn
订购电话　0755-83460293(批发)　83460397(邮购)
设计制作　深圳市龙瀚文化传播有限公司　0755-33133493
印　　刷　深圳市希望印务有限公司
开　　本　787mm×1092mm　1/16
印　　张　18.75
字　　数　310千
版　　次　2016年5月第1版
印　　次　2017年4月第2次
定　　价　42.00元

⊙ Sunnie小时候我们常常带她与朋友们全家一
　起出游，这是她12岁时在肇庆与几个小伙伴
　留影（右一）

⊙ 高一时在乐队拉大提琴

⊙ 2008年6月，在英国华威大学校园留影

⊙ 2008年三人居家照

⊙ 2008年7月，婕爸参加Sunnie
在英国华威大学毕业典礼

⊙ 2011年6月照

⊙ 与凤凰城的朋友们及洪姨、Elisa合照，左边是邝先生和师母

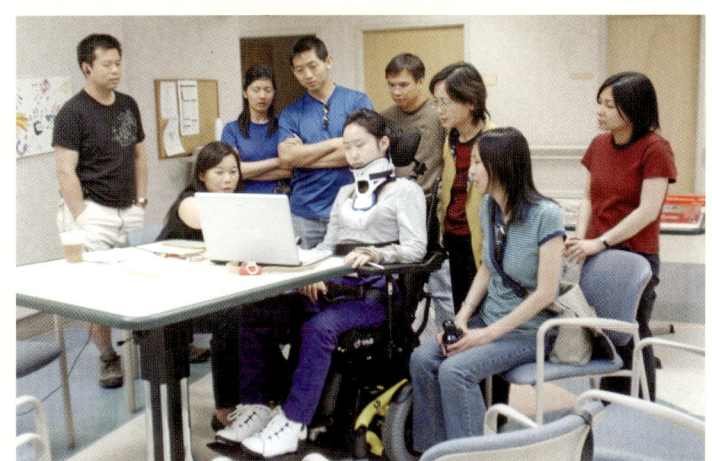

⊙ 与凤凰城的朋友们在一起。左边是Tosca夫妇，站在我左右的是Justin夫妇

⊙ 在育才中学的大榕树下，此时此刻"牵挂"二字映射出大家对我们的关爱之情意！

⊙ Sunnie在旧金山的朋友中

⊙ 医院的医务人员自发地为Sunnie生日聚餐，她的右边是两个训练师——Michelle和Peggy

序 言
感天动地唯有至爱与真情

罗教讲

肖一帆女士《穿过雷暴的阳光——Sunnie家面对祸难的心路历程》即将出版，让我写个序言。以前也常常为朋友的新书做序，给同行的论文写评语，评价博士、硕士论文的质量，这本是习以为常的事务性工作，不需要花费太多的时间和精力，更少有太多情感的投入。

可这次的写序过程非常出乎我的意料。我原以为只要把全书浏览一遍，重点看看有关重要章节，大致了解全书的内容，动笔写作便可一挥而就。但当我翻阅书稿时，作者的第一段文字就把我给镇住了："既然命运让我们进入了一个黑洞，那就让我们的眼睛在这样的黑洞里重新适应，减低我们对黑暗的阈值，大大提高对光明的敏感度。我们在用自己的行为来证实'适者生存'这一看似简单却具有挑战性的道理。"这样发人深省具有哲理的文字，可不是谁都能够写出来的。接下来的阅读过程，宛如对我心灵的一次净化。我已经不记得是如何把这本书一字不漏读完的，只记得我自己完全进入了作者的叙事过程所展现的空间场域与情感世界，只记得有多少次读得泪眼婆娑，唏嘘长叹；只记得有多少次停下来细细思考和品味作者的文字所蕴含的深意与社会价值。

这是一本由作者的博客所编撰而成的书，所记载的是当时、当地所遇到的困苦及引起的心理感受。

纵览全书，感到有如下四个个性鲜明的特点：

其一，这是一本由作者在特殊时空条件下，为应对特殊事件所撰写的博客编辑而成的书。

作者的独生爱女在美国留学出了车祸，颈椎严重受伤导致全身瘫痪。作者夫妇去美国陪女儿治疗。在异国他乡、举目无亲的陌生社会中，在自己的精神遭受打击濒临崩溃边缘的艰难状况下，作者夫妇依靠信念的力量，克服种种难以想象的困难和障碍，陪伴女儿渡过难关。在这一过程中，作者运用博客如实地记录了自己的所做、所见、所思、所感，以及如何用心理方法理性地去调节、用爱去化解生活中的摩擦，因此真实而充满生活智慧是其特点。

其二，这是一本用至爱与真情凝聚而成的书。

人间有大爱，世间有真情。这是我们每个人都耳熟能详的一句流行语，但不经历特殊经历下的爱与被爱的人们，一般不容易体验到这句话的真正意蕴，特别是那种独特的爱：母爱惊天地泣鬼神般的伟大，父爱的无私与深沉。本书作者则是运用优雅流畅的文字，让身处事外的读者感知到、体味到了这种爱和情的浓烈与炙热。除了母爱与父爱，作者还向我们展示了围绕在身边的亲情、友情、同学之情以及社会大众无私给予的爱与情。

"家和万事兴"，在面对突发事件时，家庭的和谐更是至关重要，而其中的要素就是"爱"。"爱"是一种情感和利他行为的表达，它需要通过施爱者和受爱者双方的有效互动过程来实现。家庭中的爱通过家庭成员的各种互动行为表现出来。因此，可能存在家庭中的爱受阻、变形，或者叫做"爱的失衡"的情况。为此，本书作者运用德国心理学家海灵顿的理论，提出要让爱在家庭中顺畅地流动，在家庭中形成一个温馨的"爱"的心理场，让每一个家庭成员享受到爱的滋润，获取爱带来的力量，并且以"爱在流动，爱在我家"作为自己家庭的"家规"，可以给不少受之困惑的人以启迪。

其三，这是一本用心理学的理论与方法指导实践典型案例的系统记录。

在人们应对各种危机事件时，健康的心理有着至关重要的作用。本书的特色和重要的价值在于，一位受过正规心理学训练、又有过多年心理辅导工作经验的心理学专业工作者，在家庭遭遇到了如此不幸的重大变故后，是如何将心理学的理论——落实在自身及家人的行动上的。

心理调节给了作者处理突发事件的帮助，我们从书中能够处处感受得到：作者提出在突发事件发生后，要运用"隔断"或"冷冻"的方法控制自己的比较情绪；在遭遇突发事件打击的情况下，要设法提高自己的"钝感力"，也就是要降低自己对事件的感受性或敏感度；要以承认现实的心态去调整自己的感知觉和思考问题的逻辑；当Sunnie的康复训练出现了停滞现象而产生焦虑情绪时，作者知道这是"高原现象"，及时调整训练方法化解危机。情绪调节和控制是处理突发危机过程中的重中之重，为此，本书作者介绍了自己如何运用心理学中以"观念决定情绪"而著称的"情绪ABC理论"，有效地解决了这一至关重要的问题。

在此基础上，作者总结出了六种"应对家庭危机的心理调节方法"——隔离法（速冻法）、发泄法、求助法、钝感力法、幻想法、转移法等。她面对不幸事件的打击所表现出的态度和行为方式，相信能给人们启示和借鉴——这从博客大量的评论反馈中可以反映出来。

其四，这是一本充满睿智和正能量的书。

在阅读本书的过程中，我不时被作者所表现出的睿智所吸引。作者对事情叙述的清晰，对人的心理与行为描述的生动，对美国社会观察的仔细，面对种种问题所做思考具有的深度，都给人留下了很深的印象。

"天有不测风云，人有旦夕祸福。"这句民间谚语，在今天又有了新的涵义。德国社会学家贝克把今天的社会称之为"风险社会"，他提出了一套风险社会理论，认为今天全世界从国家到社会，直到每个家庭和个人，面临的风险越来越多。因为随着社会的巨变，不确定性变得越来越普遍，而不确定性导致风险，家庭和个人则是风险的直接承受者。因此，规避风险和应对风险，已经成为每个人的重要生存手段或生存策略。

肖老师和她的家庭不幸成为风险事件的承受者，她和她的家庭在应对这一事件中所表现出来的精神境界、心理水准和行为策略，在引发人们思考的同时，为社会提供了激励人们奋发向上的正能量。在整本书中，我们看不到怨天尤人的抱怨，看不到无助绝望的哀叹，更看不到自暴自弃的呻吟。我们看到的是对命运抗争坚强意志的展示，看到的是以冷静心态对事情的理性分析，看到的是处理不幸事件过程中所表现出来的毅力与智慧。此书向我们展示的正是这种高超的生存策略，这正是本书的社会价值所在。

更为可贵的是，作者向我们展现了充满真诚友爱、无私援助与款款温情的社会境况与人际关系。作者笔下的众多"人物"，都给人留下了美好的印象：充满灵气、坚强懂事的华婕，细心体贴且憨态可掬的大胡子婕爸，华婕的众多同学，旅居美国的华侨同胞，给华婕进行康复训练的美国医务人员，肖老师的朋友和同事们，以及留下大量的评语的网友，都让人感到是那么友善，充满慈爱之心。这除了让我惊叹作者具有小说家般的人物刻画能力之外，更觉得作者是在以她充满大爱的美丽心灵和亲身体验，告诉人们一个事实：今天的社会，尽管人们抱怨它存在种种弊端，但仍然是充满善良的，中国社会会变得越来越美好。

写出这样文字的人所具有的睿智、学养、精神境界与人生感悟的深度，足以令人肃然起敬。

本书作者正是在帮助自己从黑暗中走向光明的同时，为社会提供了一个从独特角度引发人们思考人生价值的读本。

是为序。

2016年2月26日

（作者系武汉大学社会学系教授、博士、博导，湖北省社会心理学会会长）

前　言

　　在博客中常常有朋友提议我将博客编成书，觉得会对很多人有激励作用。在Sunnie（即婕儿、华婕）出事的头几年，忙于应付太多的事务，无暇顾及这需要静下心来做的事情。2014年是Sunnie出事第五年（当时医生说过了五年会进入一个逐渐稳定的阶段），当生活进入一种慢慢适应的常态，头脑里开始考虑编书的可能性了。特别是参加计生协组织的活动，给一些失独、残独家庭的父母讲述自己的心理历程后，看到的确能够给他们带来一些正能量和鼓励，这让我想到也许我们的故事对他人能有所启发，激发其面对痛苦的抗挫折的潜力，那也是值得我们去做的。

　　重新看当时的博客，又将自己带到那种艰难、痛苦、郁闷的状态，每看一次，泪水仍会情不自禁地奔流而出，痛定思痛的心痛充满心头。同时也看到周围有那么多朋友在关心着我们一家的命运，再一次感到不幸中的幸运，更加觉得要对朋友们多年来的关怀作一个交代。接受大家的建议，把博客编成书，就是我们一家的真诚回报。对于我们来说也是一个阶段性的了结——既是对Sunnie出事后一路艰辛的回顾，也希望是以后平静生活的展开。

　　朋友的大量跟帖是博客一个主要内容，这些关怀和支持就是当时我们支撑下去的一个重要力量，因为篇幅有限，只得割爱，经过四次修改，由原来的34万字一再删减到现在的23万字，留下一小部分有代表性的跟帖，实属无奈，没有照顾到的部分，恳请朋友们见谅！但是你们的鼓励和关心的话语我们会一直铭记在心里的。

书中也收录了Sunnie补写的她受伤后的一些感受——虽然痛苦、郁闷、伤心，但却是必须经历的心理关口；还收录了出事以前她成长中的故事——那些充满温馨快乐的美好时光。每篇题头标有Sunnie的即是。

有兴趣细看的朋友可以去我的博客上浏览详情。

博客地址：http://blog.sina.com.cn/sunniemom

再次感谢所有帮助过、关心过我们的朋友们！

肖一帆

目 录

既然命运让我们进入了一个黑洞，那就让我们的眼睛在这样的黑洞里重新适应，减低我们对黑暗的阈值，大大提高对光明的敏感度。我们在用自己的行为来证实"适者生存"这一看似简单却具有挑战性的道理。

　　　　——摘自2009年8月21日博客：《写在事件发生半年之际》

永远不会忘记的一天 / 2月22日

北京时间2009年2月22日，是一个周日，早晨醒来并不急着起床，慢慢享受周日的闲散时光，躺在床上，身边是依然熟睡着的婕爸，伴着他微微的轻鼾，我在反思：这样的日子真是太舒服了——有自己喜欢的工作，和睦的家庭，顺利成长的女儿，新居的房子。按照自己一贯的观念，世物总是平衡的，不会向一边倾斜，自己如此幸福，上天可能会要我吃点苦头的，但会是什么呢？我还一时想不出，却不知道，上天的考验已经来了。大约半小时后，我正要出门遛狗，电话铃响起来，从此刻开始，我的生活旋即改变。

我原本不相信预感，可发生在自己身上却如此应验。

接到在旧金山的哥哥的电话说是女儿婕儿出了车祸，虽然大吃一惊，可听他的口气，婕儿并不严重，他与Muz（在现场的同学）通话时还听到婕儿在与抢救的警察说话，究竟伤在哪里也不清楚，只是让我们等电话。放下电话，我立即叫醒婕爸，婕爸一跃而起，大声问道："伤到哪里了？"我叫他别着急，我们等等吧。但是在等待的过程中我似乎有感应地对婕爸说："这次的事情会改变婕儿一生的。"言下之意是指事件的教训会对她的为人处世有所改变，并不曾想到远远不止这些。约一小时后哥哥来电说，因为婕儿的伤势很严重，本地医院不能抢救，已经用直升机直接送到凤凰城的约翰·林肯医院（John C. Lincln）进行抢救了，已经进了手术室。"是伤在哪里？"这是我最关心的问题，哥哥迟疑了一下说："嗯，好像是颈椎。"这下我的心开始悬起来，虽然哥哥说美国人对疾病是反应过度的，并立即举了自己身边的几个例子，在他看来是有些小题大做的，但是我知道，颈椎这个关键部位受伤可是致命的！终身的！将婕儿从车子里抢救出来都花了近一个小时，那一定是很严重的了。我的心开始绷紧，和婕爸手拉着手坐在电话前，两个小时过去了还没有电话，我打过去，哥哥说他一直在与医院保持联系，手术还在进行中，Muz也已经从出事的地点赶到了约翰·林肯医院，好在她只是一点轻伤，无大碍，能赶到婕儿身边照应。

坐立不安，六神无主，就是当时我们的状态，但是不管怎样，还总是抱着希望：可能没有很严重吧？又过了一个多小时，打电话给Muz，发现Muz的声音都变了，支支吾吾地讲不出婕儿的情况，只是说医生要向婕儿的亲人讲病情，要等舅舅与医院联系。凶多吉少，希望在一点点破灭，但我和婕爸还是不敢朝最坏的方面想，不愿意相信婕儿会有那么严重。可是现实毫不留情地展现出来：颈椎5、6、7有90%的位移！医生说，能够没有生命危险就不错了，现在住在重症病房，24小时全面看护。

怎么会这样？那不就意味着婕儿要瘫痪？要一辈子躺在床上或坐在轮椅上度过她的一生！可是她才22岁啊！美好的人生刚刚要开始，学业即将完成，头脑中有多少诱人的计划在构思，憧憬着自己如何在社会中成为佼佼者；而我们又怎样地静待她的成功，并期待她成为他人之妻、之母。未曾想到祸从天降，就像电闸突然断开，原本灿烂的灯光全部熄灭，一切顿时处于一片黑暗之中，让我们感到恐惧、焦虑、无尽的担心、无所适从。不敢想象婕儿以后会是怎样的景象，头脑好像已经麻木，但还是留有一丝希望：可能没有那么严重吧，在抢救时婕儿不是还让Muz拉着她的手，不停地与她说话吗？侄儿涵涵闻讯赶过来，也在说着安慰的话。虽然知道是安慰，可也愿意听啊！气氛是从来没有过的沉闷，也幸亏他来，帮我们在网上找到有关申请紧急签证的资料，因为婕爸已经不能像平时那样能干了，开始坐在一边发呆、发蒙，不知道要干什么。我们相互提醒，一定要做点什么才行，不能干坐着，要干些什么将自己带过去，可话是这样说，晚上躺在床上，满脑子里都是婕儿的影子，婕爸在不停地翻来覆去叹气，刚睡着又腾地一下坐起来，大口地喘气，我只得劝慰他，我们不能倒下，婕儿需要我们呀！真是一夜无眠！

评论

小cy噢　很少很少去回忆第一天接到电话发生的事情，无比煎熬……很痛……但是肖老师，你真的是我尊敬的老师，能将这一切再写出来，你太勇敢了，太坚强了！

我还能清晰地记得，3月1日早上4点多，Muz打电话给我的情景。每一句话，都在脑海里来回地荡。"脖子断了"，"脖子以下都不能动了"……面对一句句这么绝的话，我不知道可以说什么……突如其来的打击，除了沉默，我想不到语言了。Muz说，Sunnie在ICU的时候还在说，陈玥一定还不知道我这样了，她知道了，一定会很难过的。岂止是很难过，有种身边重要的东西被夺走了的感觉。

挂了电话，开始醒过来，猛哭。给爸妈打电话，爸爸接起电话，就听到我在哭，把爸妈吓坏了，以为我出什么事了。那天，从4点多接完电话，一直哭到了7点多才收住。身体和大脑都是不受控制的……爸爸事后说，从没听到过我这么哭，心都揪起来了。听到我哭，父母都尚且如此，我更无法想象，婕爸婕妈的心情会如何……

新浪网友　静静地看完这篇，眼眶湿湿的。回忆过去是一种痛苦，但也可以让人从痛苦的记忆中吸取力量。我不确定自己会不会这么坚强，但是你们一家让我非常佩服。有勇气，努力前行。

橄榄枝　你能够这样坦然地暴露当时的经历，也许这就是伟大和平庸的区别。我很想做的一件事情就是用我的胳膊有力地搂搂你！呵呵。我们几位心理战线的同仁都在积极关注你们的每一天，加油！

为婕儿哭得心痛 / 2月23日

　　周一应该是参加学校升旗仪式，可是我不能像平日那样若无其事地去参加了，所以我直接进了办公室，一切都是习惯性的动作，开电脑，打水，回头再看电脑的桌面，婕儿的照片闪进我的眼，这是一个月以前她回深圳，我们一起去市民中心楼上拍的。照片上的她略微向前弯着腰，双手撑着膝盖，侧身看着远方，微风拂过她的长发，一脸青春活力的模样，我再也忍不住了，"哇"的一声哭了起来，"我的婕儿，你怎么会这么惨？你的路一直走得那么顺利，从来不用我操多少心，就是要出点事，也不要出这么大的事呀！"越想越伤心，哭得自己感到心脏好像被禁锢了一样喘不过气来，才意识到不能这样悲伤，自己一定是不能病倒的。勉强收住眼泪，赶紧将电脑桌面换掉，减少引起自己悲伤的刺激，然后开始给校长写申请报告，写着写着，眼泪又往外冒：原来设想过很多自己退休后的计划，没有想到竟然是以这种方式来结束自己所喜爱的心理教育工作。报告上写着：戛然而止，实属无奈。我是在与自己喜爱的工作告别啊！

　　昨天尽管悲伤，但是麻木，没有掉眼泪。当今天回到现实中，想想这所有的事情都跟自己无关了，更加感到今后的可怕，不知道我们是否能够走下去，又如何走下去？我们老了婕儿怎么办？一切一切都不敢再往下想。

　　将申请报告送到刘校长处，心想着不要弄得校长难堪，可是讲着讲着，还是太难受了，幸好校长善解人意，很快就将请假一事安排好，让我无后顾之忧。

中午回到家，还要装作很镇静的样子，不想让婕爸担心。可是，学校小温来电话，只是一句："肖，怎么会这样啊！"她在那一头哭了起来，我心头一缩赶紧放下电话，回头一看，婕爸在那边接电话也哽咽着，我走过去摸着他的手，想给他安慰。合上电话，他把头埋在两只大手里哭了起来。我再也忍不住了，抱着他的头嚎啕大哭，那种绝望、无助、悲伤欲绝的感受都汇集成泪水。婕爸边哭边说："婕儿从小到大从不闯祸，怎么就闯了这么大的祸呀？她这一辈子怎么办啊？"我家的小狗六子不知道发生了什么事情，站在我们身边瞪着两只大眼睛看着我们，往我们身上凑，善解人意的小六子。婕爸一把将六子抱在怀里，哭着说："六子，我们不会送你走的，你以后就是姐姐的伴了啊！"我们哭得更伤心了，心在绞痛。

晚上12点钟，是凤凰城的早晨9点，我们给Muz去电话，想听一听婕儿的声音，因为婕儿动手术后不能讲话，只能通过身边的Muz转述，但是我们思女心切。Muz将电话放到婕儿的嘴边，我赶快叫道："婕儿，是妈妈，爸爸也在这。"我尽量将声音调得轻松一些，听到婕儿在那边用很微弱的声音叫了一声："姆妈！"接着就只听见那边一片电子声音乱叫，随即电话就断掉了。后来我才知道，当时婕儿身上插满了各种管子，她听到我们的声音很激动，引起身体各项指标升高，仪器开始报警。我可怜的婕儿！

不敢再打过去了，晚上躺在床上，可心里一直在与婕儿讲话，怕影响到身边时睡时醒的婕爸，也不敢动弹，直到凌晨3点后迷迷糊糊睡去。

评论

Muz 这个场景，我也历历在目。Sunnie刚醒过来的那天非常虚弱，医生说还处于危险状态。她没有力气说话，满身都是管子。因为没有力气说话，听到我们说什么，她总想点头，刚做完手术的颈部很弱，医生严厉禁止她动头，我便边说话边按着她的额头，不停地提醒她不要点头。后来Sunnie爸提了个好建议，让她眨眼睛，是就眨眼睛，不是就不眨，她学得很快，我把这个告诉了护士，于是护士也知道她要说什么了。

Sunnie那天自己主动告诉我说她自己完全不记得车祸发生时的事情，又问我她为什么感觉不到自己的手脚。她说："Muz，你要实话告诉我，我是不是没有手没有脚了，你就是不说我以后也会知道的，你要是骗我我会恨你一辈子的。"这句话给我很大的冲击，Sunnie性格温和，可当时她是多么无奈和害怕，只想知道真相。那时候我不知道她会怎么样面对，对未来我也跟你们一样充满迷茫，甚至在想她跟我和睦相处的时间开始倒数，我是多么不舍和担忧。一时间百感交集，我只能摸着她的额头但是坚定地说："你的手和脚都在，只是脖子受了点伤，因为脖子受伤所以可能暂时感觉不到自己的手脚，要有耐心慢慢等这些感觉恢复回来。"这也许是我这辈子说的最让我难受的话了，一句话没说完眼泪就掉下来了。好在Sunnie没有注意到，她一下子就累了，便安心地睡了。

小约拿　这样讲很好。肖老师在博客上一直表现得沉稳、智慧、达理、乐观……这多么不容易。一个母亲强忍的痛苦也需要倾诉。我这时真不知道说什么好了。

谢予　回忆起以往和Sunnie在一起的时光，真的是一幕一幕闪入我脑海，我突然发现所有关于Sunnie的记忆都是美好和乐观的。忽然间我就有了希望似的。我当时很怕Sunnie会万念俱灰，因为连我这个不是当事者都很难接受这样的打击，我怕我们说什么她都听不进去，我很怕我会失去这个朋友。

终于见到婕儿 / 2月27日

　　我们经过20个小时的飞行，在洛杉矶转机后抵达凤凰城机场。到达医院时已经是晚上8点多了，虽然做好了充分的思想准备，可真的见到婕儿时还是大吃一惊，这是我的女儿吗？躺在病床上的她除了脖子上戴着颈套、打着点滴外，整个脸部都因撞击引起的肿胀而变形，两眼血红如同兔子眼睛，脸上到处是被石头沙子擦伤的一道道血印，一直延伸到头发里面；两条胳膊变得细细的，而且全都是大片大片的青色，是打针留下的瘀肿，声音嘶哑，呼吸短促，白色被单下的她显得那样的柔弱无力。婕爸冲在前面，一下跪在地上，抱着婕儿不停地亲着："婕儿，我们来了，我们来了！"我和婕爸事先说好了不哭的，可婕儿见到我们却哭了，但嘴里却在安慰我们："我好多了，你们别担心！"婕爸也安慰女儿："婕儿，爸爸妈妈来了就不怕了！"可我是什么话也说不出来了，怕一说话眼泪会跟着出来。当时凤凰城的教友们在邝牧师的带领下也都在那里等着我们，Muz也在场。

　　当时因我要留在医院陪婕儿过夜，所以先到Justin家吃饭、洗澡。到Justin家时听到Justin介绍婕儿的病情。除了Muz外，他是最早赶到医院的教友，并向医生了解婕儿的病情。看了婕儿手术前的照片，才清楚婕儿的伤势那么严重！来之前心中仅存的一点希望全都没有了，想想婕儿以后的路怎么走，我们不在了她怎办，好可怕呀！我再也忍不住心中的悲伤……

10点多钟又由Justin送我返回医院。婕儿是当天刚刚由手术医院转到这个康复中心来的，那时还是两个人一个房间。晚上，我就在一张沙发上休息，根本睡不着，突然听到床上有声音，马上就坐起，以为是婕儿有什么需要，可我突然意识到，婕儿根本就不能自己动了！悲伤又一次从心底涌来。又一夜无眠。

回想ICU二三事

◎ Sunnie

在重症监护病房（ICU）里醒来时，我不知道自己在哪儿，睁开眼睛我看到了头顶上各种缠绕在一起的管子和仪器。我想动动头，有夹板固定了我的脖子；我想移动一下手脚，却完全感觉不到它们的存在。奇怪的是脑子里有个声音告诉我发生了一起车祸事故，但当我尝试回想最后能记得的画面，却是我乘车离开某个加油站的瞬间。像电影中的人物一般，我十分肯定自己发生了事故，却又非常怀疑现在的处境是否真实，脑子混沌沉重，似乎只需要别人叫醒我就能逃脱这迷糊的情况。好想醒来再去继续我的旅程。

Muz发现我醒来了，赶紧走过来问我感觉怎么样。我说我感觉不到我的腿，也不能移动我的手，全身都很沉重。我说你一定要帮我看看，我的腿是不是完好无缺？是不是截肢了？我当时特别清楚自己一定是经历了交通意外。我说如果截肢了或者是断手断脚了你一定要告诉我，因为我最终也会发现的；如果现在不告诉我实话，我会恨你一辈子。Muz说："嗯，放心，你的手和脚都还在，十个手指，所有脚趾也全都在，你好好休息吧。"听到我的身体部位完好无损，我稍稍舒心了些，昏昏沉沉再次睡了过去。

给我做手术的是当地比较有名的神经外科医生。他很忙，有自己的诊所，并不常驻医院。在ICU里我只记得见过他一次，不记得是我醒来后第二天还是第三天，他来帮我拆掉脖子后面手术中遗留的管子，并非常简单地解释说，我被救助到医院的时候情况很危急，给我的脖子安装钢钉和钢板固定的手术也算顺利结束，安慰我说我现在状况还不错，要我多休息。当时我并不明白自己的伤势意味着什么，也没有精力问更多的问题，他就匆匆离开了。

手术后我在林肯医院的ICU重症病房里度过了大约一周的时间。那时我父母还在国内没有赶到，身边只有朋友Muz一人和教会介绍的当地的几个教友。医院的ICU只有白天严格规定的有限的探视时间，不能陪夜，所以大部分时间只有我一个人迷迷糊糊地时睡时醒，打交道最多的是护士和护工们。

那个ICU房间是圆形布局，圆心是医护人员的工作台，能够监控各个病房里的病人。我清楚地记得有一天是一个50多岁的女护士值班，换班的时候她进来看了一下我，并打了声招呼说她叫Alison，今晚我是归她照顾的病人。我刻意记住了她的名字，因为我知道记住名字并在需要的时候请求帮忙是我唯一能做的事情。不知过了多久，我迷迷糊糊醒来，通过打开的门见她站在工作台那儿聊天，距离并不远，有四五米，我想喊她过来，帮忙喂我喝口水，从轻声地请求到用力地呼叫，伴随着喉咙的干涩，脖子前后的伤口越扯越疼。晚上的ICU特别安静，只有机器监控偶尔发出的滴滴声，只见她在那附近踱来踱去，但就是没有走过来。我当时想，不知道她是故意听不见，还是我因为受伤声音太小，但不论哪种原因，为了一口水一个人在心中默默地挣扎都是令人十分沮丧的。

有一个护士，三十出头，微胖，那几天经常负责看护我。有一天我感觉腹部不停地咕噜噜地蠕动，告诉她说我好像感觉要上厕所，需要大便了，没想到她快速而特别坚决地跟我说，那是错觉，你不可能感觉到那些的，你的伤势决定了你已经失去那些功能，只有用药物和外力解决，就像你永远也不可能有站起来走路的功能一样。我特别震惊，脑子里的第一反应就是你又不是医生，你说了不算！这种否定和反感的情绪使我很不喜欢这个护士，以至于后来她拿给我一个黑猩猩娃娃，在我看来也奇丑无比，觉得非常不吉利，离开ICU前请人把"黑猩猩"扔进了垃圾桶，好像这样我就能够否认她的话语并和厄运说再见。后来当我更全面清楚地了解自己的伤势后，才知道这位护士所说的大致符合我的情况，回想那时的心情觉得自己又酸楚又好笑。

手术后脖子前后开刀的伤口肿胀容易分泌液体和发炎，如果流入肺部便有引发急性肺炎的风险，再加上我躺在床上不能移动，极易造成呼吸不通畅、血含氧量下降，所以在初期就必须用管子帮助我吸出上呼吸道里的痰和液体。具体的操作过程是这样的：用一根比吸管稍细、60~80cm长的管子，一头接在吸痰器（类似吸尘器工作原理的一个机器）上，另一头涂上一点点透明的润滑液，护士一手固定我鼻子上方，一手拿着管子插入我的鼻孔。管子顺着鼻腔往上到达鼻窦转弯往下再进入喉咙。因为有异物进入呼吸道，发痒、发酸、胀痛伴随着强烈的想打喷嚏和移动脑袋的欲望都必须忍住，因为一旦移动或收紧喉部肌肉，管子会卡得更紧，会更酸痛难忍。在管子进入的过程中，如果稍稍遇到堵塞，先开吸痰器吸出堵塞物，如果还是不能前行就必须稍稍退出或转动进入，直至把上呼吸道清理干净。一般人可能不知道，从我们的鼻腔到喉咙之间的呼吸道是多么长，尤其是当管子经过眉心后面的时候，感觉整个大脑都在被异物入侵，剧烈的酸痛从头骨后面袭来。整个过程可能只是十几分钟，但每每做完，异物的滞留感和酸楚感都要很久才退散。无奈的是，这样的操作每隔4~5个小时就必须重复一次，不论是白天黑夜，即使我在沉睡中也必须醒来，好无奈呀！

有一次，一对青年男女护理员进来帮我做除痰的护理，平时都是只需一个人完成的，所以我特别留意了一下，那个女孩似乎资格老一些，她说："你帮我扶着她的头，然后看我怎么操作就可以了。"于是女孩开始准备器具，这时男孩开始和她聊起了他们昨晚的派对，女孩也饶有兴致地应答，两人聊开了。那次的吸痰漫长而痛苦。可能因为聊天，他们手上的动作很大而且很慢。不能动弹和说话的我无法表达痛苦指数飙升的感觉，只好听听他们聊天的内容，到现在还记得清晰无比：头一天晚上他们一伙人先去一个酒吧喝酒，然后有几个人喝趴下被他们拉去了停车场比赛谁站立得直，最后又辗转去了某一人家里继续开party。絮絮叨叨说完了这一整件事情，我的管子才终于被撤了出来，我觉得自己像小白鼠，不仅被当成展示和学习护理的对象，不被尊重和认真对待，可悲的是连表达不舒适的声音也无法发出，更别提有什么反抗之力了。

一天，一个中年女性领着一个和我年纪差不多的女孩走进了我的房间。当时房间里没有其他人，我正好醒着，见她们身上没有穿护士或医护人员的衣服，手上拿着的不是医疗器具而是记事本和笔。正觉得奇怪，她们便开口了，大意是她们俩都是治疗师，来给我做评估，可能在这个过程中会需要触碰和移动我身体的某些部位，可以吗？（后来当我在康复训练中逐渐了解PT/OT的意义后，回想当时原话里可能介绍了谁是物理治疗师〔physical therapist〕、谁是作业治疗师〔occupational therapist〕等。）我表示同意后，她们从我的手臂开始顺次检查到脚尖，除了查看关节和肌肉的松紧程度，也会让我根据他们的指示尝试用力。当时我并不知道我的损伤有多么严重，她们让用力就用力吧。两位治疗师不停地说着一些数字和术语，女孩负责填写手里的表格，结束后那位中年女士没告诉我情况严不严重，只是表示结果会放入我的医疗档案中，就匆匆离去。直到很久以后我了解了肌力评估级别，了解了数字1~5各代表什么意义，回想当时她们口中我的肌力评级都是最低的（实际上是全无），才知道我对身体失去控制是如此严重！

上帝关掉了一扇门，还会打开一扇窗 / 3月1日

　　昨晚婕儿终于睡了大约5个小时，今早看起来精神多了，叫我帮助她做四肢的运动，又叫饿了。刚吃完早餐，就进来一位女士，自我介绍是行为训练师。我在旁边看她与婕儿谈得蛮欢的，等她走后，婕儿用自信的口吻说，明天开始正式做康复训练，可以穿一些正式的衣服，因为我们也是有尊严的人！我嘴上马上肯定："那当然！"心里真是对这位女士充满了佩服和感激，无疑她的谈话激发婕儿对生活有了新的希望。接下来婕儿就开始计划自己明天有什么衣服能穿了。下午又来了一位李牧师，是一位退休的医生，他给婕儿讲了几个案例，也是给她鼓励的。其间，我让Muz去帮我设立了这个博客，方便与所有关心婕儿的朋友联系。

　　下午2点15分，Muz要返回密歇根大学继续学业，这对患难之交要分手了。婕儿躺在床上叫着："Muz，握握手！"Muz走过去俯下身抱着婕儿，抬起身来，两人眼圈都红了，这是我几天来第一次看到Muz流泪。面对那么多的事情，她一直是镇定、快速、理智地处理，在婕儿身边陪着她度过最艰难的时刻，婕儿又怎么舍得她走？送走她后，回头看到病床上流泪的婕儿，我和她爸再也忍不住了，我们三人抱在一起痛哭起来，懂事的女儿还哭着说："爸爸妈妈，你们不要难过，我会努力去恢复的！"听到她还安慰我们，我的心就像被刀绞割一般。"你放心，妈妈这一辈子都会陪着你的！"一周来，这句话我已经在心里默念了不知多少次，也设想过要在什么样的场合、用什么方式来鼓励孩子，就是没有想到是在接受婕儿的安慰后才脱口而出……

　　下午4点，走进来一位瘦高个的女士，很正式地与我和婕爸握手，虽然还不知道她是谁，但已经感到不是一般的护士了。原来她是负责婕儿的内科医生，很严肃地与婕儿谈了20分钟，临走前又很有礼貌地反复问我们还有什么问题。她走后我们又想到一些关于大小便的问题，请她再来时，她又耐心地解答，并告知我们，她要到周三才能来，有什么事可以与护士联系，让我们感到她的职业精神。

　　下午5点，教会的教友Justin夫妇和Tosca又来了，特别是Tosca送给婕儿一个

超大的气球，是一个葵花般的笑脸，说是像Sunnie。婕儿很高兴，立即尝试用右手挽住绳子，还真被她逮着了，大家都为她高兴。他们还告诉婕儿，今天做礼拜时，邝牧师带着大家为婕儿祈祷，愿上帝能保佑她康复。我也在心里感谢上帝，将这样一群素昧平生的教友带到婕儿身边，给我们走下去的力量。

婕儿的手机充上电后一直处在静音状态，到晚上打开时发现里面的短信和电话排长队，可婕儿只让我帮她打开李萱的留言，那是她在英国时最好的朋友，讲什么我听不清楚，但是用哭腔讲的。听完后婕儿流着泪很坚决地说："删掉吧！"我知道她在与过去"隔离"。那么多电话，婕儿就只给洪姨和贺老师回电，这次她还调控得很好，可我却不能控制，洪姨要求与我们对话，我立马将电话交给婕爸，因为是用的免提，听到贺老师在夸婕儿可爱懂事、我们教育得好时，我已经泪奔了……

晚上回到Justin家，两天来第一次冲凉后，开始写下我的这第一篇博客，目的是要感谢所有关心婕儿的亲友，也请你们原谅我们的回避，那是迫不得已的招数，因为我们不能面对更多的刺激了！我们只好用这种方式来告诉大家，Sunnie相信：上帝虽然关掉了一扇门，但是还会为她打开另一扇光明之窗的！

评 论

YC 肖老师，我们育才的每个学生都给你加油！给婕姐姐加油！一切都会没事的！

吴子朋 请您告诉Sunnie，我们都在为她加油，除了最爱她的父母和身边的朋友，还有一群群的我们在远方为她祈祷的声音。

Wang Yuanyin 记得最近美国飞机失事坠河，驾驶飞机的机长说了句话，震撼人心。他说："我好像这几十年所学的、所积累的经验，都是为着应对这一刻。"肖老师、禹老师，你们要尽平生所学，帮助女儿首先在精神上站起来啊。

小cy噢 婕，你一定要好起来！这两天，我脑子里满满的都是这句话。一定要！从来你都是很坚强很乐观的，在我不开心的时候鼓励我，安慰我，逗我笑！现在，我没有办法在你身边给你送去什么鼓励，但是我相信，你一定可以感受到！我们永远都不会放弃你，会一直一直在你身边！

在心海中跌宕起伏（一） / 3月2日

　　今天凌晨写完第一篇博客后，久久不能入睡，这是8天来一直的睡眠状态，有时是彻夜无眠，太累时每天能睡两三小时就不错了。昨晚刚睡着就梦见婕儿站在一扇大玻璃门前，好像要进来的样子笑盈盈地向我招手，我一下惊醒，难道是婕儿真的找到了另一扇光明之门？但愿成真，上帝，不要只让我在梦中见到站起来的女儿吧！

　　早上怀着忐忑不安的心情跨进病房，看到婕儿已经在护工的帮助下吃早餐了。今天是开始训练的第一天，所以婕儿很兴奋，6点钟就醒来等着训练师。约定时间到了，她就急着让我们去叫，大约10点钟，那位漂亮的女训练师和助手来了。她们首先帮助婕儿在床上练习，在婕儿腰间绑了一条腰带，帮助婕儿支撑；为了防止因改变体位而出现低血压，她们让婕儿一点一点地斜坐，旁边的电子测压仪不断地反馈着血压变化；两位训练师还不断地与婕儿聊天，以疏解婕儿的紧张。大约准备了20分钟，婕儿终于靠在训练师的肩上坐了起来，看到了窗外的景色。看到婕儿那艰难的模样内心很痛，但还是依照婕儿的吩咐："妈妈，你

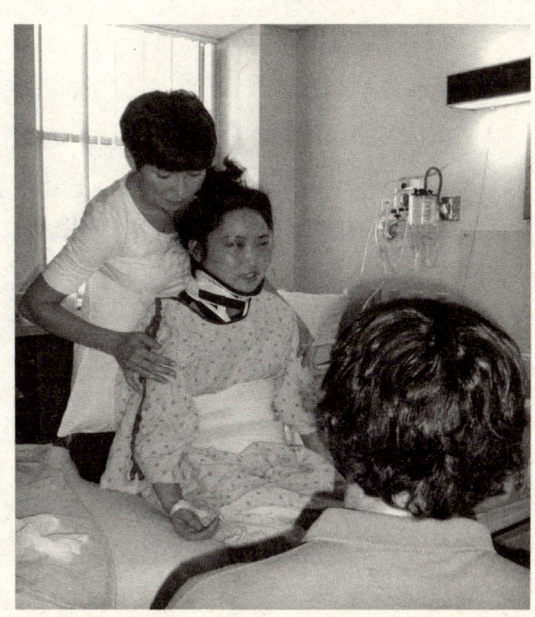

⊙ 在两个训练师的帮助下，婕儿第一次坐起来了。她的脸是浮肿的，眼睛充血睁不开，头发里都是出事地点的沙石，从头到脚缠满了绑带。但仍然可以看到她脸上的微笑！她背后的是OT训练师Michelle

给我拍照吧！"慢慢适应后，婕儿被移到了早就准备好的轮椅上。看到婕儿安稳地坐上去，尽管是被动的，整个头都是臃肿的，但我已经很开心了，因为我们首要的目标就是能坐轮椅啊！没有想到这么快就实现了！接下来的任务就是推着轮椅走走，让她慢慢适应使用轮椅。婕儿高兴地叫道，我们出去看看！是啊，经过了生死之关后她第一次与大自然接触，太迫切了！可是兴奋没有能保持多久，我们从楼上到楼下再出大门，出出进进的全都是坐轮椅的老头老太太，只有电梯门口看到一个黑人青年很无聊地坐在轮椅上玩着手上的棍子，大门口停着一辆专门护送残疾人的大车，我立即感到一种归类：婕儿以后就是属于残疾人了！不得不接受的残酷现实！

　　刚回到病房，还没有吃饭，邝先生与太太又送汤来，听说婕儿坐在轮椅上需要买双球鞋，马上就开车带我去寻找（下午婕爸陪着婕儿继续训练），转了三个地方才勉强找到一双高帮的球鞋。我在选鞋子时，想到婕儿以后可能根本就不需要鞋子了，好难过！在车上我忍不住向他们夫妻讲了自己的感受，他们真是善解人意，将我送回医院门口时，没有急着走，而是在车上就替我们祷告，大约花了十分钟的时间，我的心情慢慢平复许多。在此也谢谢他们带给我们的安慰和力量！下车后我又在下面停留了几分钟，整理好情绪再回病房，没有想到更大的难关还在等着我。

　　今天实在是太累了，先写到这里。明天再写那一关。上帝在考验我们的承

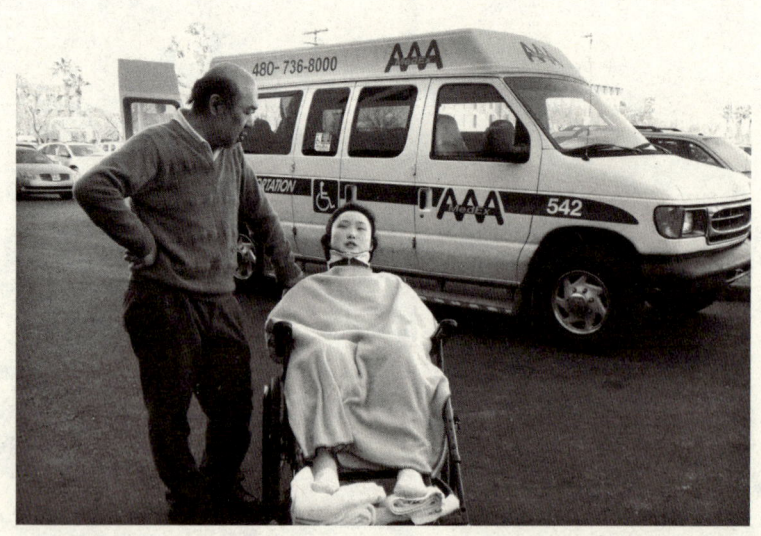

⊙ 第一次坐在轮椅上走出医院，看到凤凰城的蓝天。婕爸在一旁忧心忡忡地看着爱女

受力。

附: 看到有那么多的阅览和留言, 我很感动, 也感受到大家的支持, 不一一回复, 我都会转告Sunnie, 让她从中获取力量, 这正是她最需要的。再次谢谢!

评论

Tangyao　好些年没见到她了, 但是我一直记得她阳光乐观的样子。从大学、从英国到美国一路过来, 虽然没有跟她多接触, 但我一直感觉她很优秀, 也很好强。我相信她跟我想象的一样坚强乐观, 一定能渡过这一难关, 康复起来。您也是我非常喜欢的老师, 作为一个妈妈我想象不出来现在你承受多大的压力……祝福婕顺利地康复。

Erica　你很坚强乐观, 又很乖地做训练, 想到这些, 我就有了勇气去面对自己的困难和生活。你给了我们大家力量。再努力一下下, 迟一点由你亲自写博客给我们看, 我也有好多新鲜事要告诉你。

刘红颖　肖老师, 昨晚我做了一个梦: 我们一大群人去旅游, 一路上好像并不顺利, 但也还开心。中途, 您突然挤进驾驶室, 我们马上停止嘻嘻哈哈——不知道该说什么。而您却笑眯眯地说, 女儿已经从最艰难的时期挺过来了, 马上准备……我们如释重负。忽然领悟: 灾难可能剥夺我们对身体的特权, 却剥夺不了我们对更好生活的追求。

高洁　阿姨别难过了, 老天只是想让她稍微停下来休息一下, 很快很快就会让她重新上路的。我难过的时候她总在我身边, 我相信这里每一个人都感受过她的热情和友爱, 所以我相信她很快就会康复的!

AHappyfish　我注意到第一张照片上, 即使是在受伤后的几天, 华婕的脸上也是带着微笑, 这真的让我很佩服。这么乐观的华婕, 一定会闯过所有难关!

在心海中跌宕起伏 (二) / 3月2日

回到病房, 下午的训练已经完毕。婕爸在睡觉, 我却发现婕儿在流泪。我想转移她的情绪, 赶快将买来的鞋子和衣服给她看, 可她没有反应, 看来是蛮严重的了。我不能回避, 就直接问她: "怎么了?" 原来是在下午训练中做抬手、撑坐等简单的动作都不行；加上在练习刷牙时在镜子里看到自己的模样，很是吃惊；再想到主治医生Dr.Bames的谈话，意味着今后大小便都不能自理了！一连串的现实对才22岁的婕儿打击太大了。躺在床上时还不知道自己究竟有多严重，还可以躲避在自己想象的空间里，一旦进入到现实中，毫不回避地直面时，真是太难接受了。

婕儿哭着说："我真的很没有用，手和脚都不是自己的了！"婕爸闻声过来，看到爸爸，婕儿更是失声痛哭起来："我怎么办啦？爸爸，我当时为什么不死掉！那样也不会像现在这样拖累你们！老天为什么要这样对我？让我成一个废人？"婕爸一边哭一边打断她："你不能这样想！婕婕！"当时我反倒冷静下来，做了一个阻止的动作，意思是让婕儿继续说出来。"我活着还有什么用！给别人的都是一个负担，等你们死了，我又怎么办？！"我实在是忍不住了，三人又抱在一起痛哭。"我们不能没有你，妈妈一辈子都陪着你！"泣不成声，心在一阵阵紧缩，我最担心的事情还是发生了，就是当Sunnie面对残酷的现实时，会有放弃、绝望的念头，怎么办？我们的语言是那样苍白无力，而所面对的残酷现实又实在是难以接受。本来是一个即将进入社会，有好多的计划，对未来的工作、生活充满了美好想象的女孩，而现在连基本的生活都不能自理了，活下去都需要许多的勇气，需要克服不知多少困难。这样180度的转弯是任何常人都难以接受的呀！

但是婕儿看到我们特别是婕爸那样的伤心，自己马上又止住，反过来安慰我们："我会隔断的。""隔断"这个词是我们三人这几天常提到的，是心理学中调节自己情绪的一种方法，即将那些不能解决的事情隔离开来，避免自己的情绪更加恶化，以摆脱消极情绪。以前是用来辅导别人，现在却是我们家人要借用的心理方法了。看到婕儿的情绪稳定一些，我和婕爸却不能自已，跑到楼下的训练室越想越难受，对哭着，哭完又相互鼓励：我们两人谁都不能倒下，婕儿就靠我们了！我们决定向医院的心理医生求助。预约明天给婕婕做心理辅导。

晚饭是在极其压抑的心情下随便对付的，我们想到婕儿那个晚上一定会非常难受，决定都留下陪她。婕儿听后说了一句话让我更加心痛："你们在这里我就睡得好安心！"

没有想到事情又有了转机。大约9点，突然走进来一位像亚裔的护士，她用愉快的口吻打招呼，开口就是中文："我是中国人，听说有中国人在这儿，我过来看看你们。我叫Liz，中文名是马红桃。"接下来Liz用很专业的提问、积极的肯定、热情的鼓励告诉婕儿，由于抢救及时，而且林肯医院的脑外科手术是全美国一流的，现在这家康复中心也是非常有名的，更何况你那么年轻，康复的可能性非常大，只要对自己有信心、心情乐观、好好配合医生的训练，是完全可以恢复自理能力的。她还举了好些康复的例子。她的一番话真是一场及时雨，Sunnie的心情由阴转晴。Liz帮了我们一个大忙，婕儿也真是有好人缘呀！看得出她立马就喜欢上了这位Liz姐。因为在上夜班，Liz要走了，走之前还承诺，明天还来看婕儿。真是好人哇，感觉是老天给我们送来了这样一位天使！

评论

Muz　阿姨，你做得很对，一定要让Sunnie把心里的话说出来，不能让她憋在心里。只有等她说出来，才能对症下药地安慰她。Sunnie还在ICU的时候，就有过这样的时候，说她很害怕以后怎么办，说不如死了算了。我就跟她说你害怕什么都跟我说吧，我们一起来想想办法。当她平静下来慢慢说出来，就会好起来。

张译天　为禹华婕奔跑！肖阿姨，4月5日我会到巴黎参加马拉松，我将把这次马拉松献给禹华婕。我前不久定做了一件印有"For Yu Huajie"的运动服。届时我会把对她的祝福传遍整个巴黎。但愿美丽的巴黎能给她带来好运。

请向她转告，她的坚强的意志感动着我，并激励我更加努力地训练。我也希望她能够继续保持乐观的态度，勇敢地面对她眼前的所有困难。

新浪网友　肖老师，您总是那么镇静地写着博客，可是……您如果累了，就躺在您老公的怀里休息一会儿，哪怕哭一场……

老吉　读肖老师的文字，深深感到：怜悯、悲伤、害怕与期待、惊喜、信心同时被强烈地表达了出来。让我觉得，一次死而复生，一天天都生活在期待中，点点滴滴的变化都会让人欣喜落泪。

邓铭涛&杨晋　我们是Sunnie预科和大学的同学，前两天得知这个消息，觉得难以置信。今天看了你的博客，知道Sunnie已经迈出了康复道路上的第一步，而且心态也很好、很积极，真的很替你们感到开心。我们虽然还是学生，或者是刚刚开始工作，但是如果有什么需要一定跟我们说，我们一定会尽量帮忙的。叔叔阿姨一定要保重身体，最难的时候会过去的，加油！

Sunnie今天笑得好开心 / 3月5日

今天刚到医院，就接到Muz的电话，说是谢予已经飞到凤凰城，准备和几个原来的同学一起来看Sunnie，问什么时候可以来。当时我感到有些突兀，还没有征求婕儿的同意，不敢贸然答应。当时婕儿正准备去训练，我告诉她这个消息时，她却很平静地说："要来就来吧！"我心中一喜，没有想到孩子那么痛快，立即与谢予联系，约好下午3点来，可以看看Sunnie训练的情况。

刚过9点，邝先生夫妇又来看婕儿，还熬了一大锅鸡肉粥给我们，真是从精神到物质的礼物都有了，正好婕儿胃口不好，中午还就是喝了一碗鸡肉粥呢。接着他们又去看了婕儿的训练，给她鼓励。在此只有一再地感谢这些好人们。

中午训练回来就发现婕儿不开心，说训练很累，不想吃饭，有些烦。我和婕爸都担心是下午同学要来对婕儿的影响，但是"丑媳妇总是要见婆婆"的，既然自己答应了，就让她去面对吧。

下午3点左右，我们都在陪婕儿训练，突然看到谢予出现在Sunnie的身后，还有王坚和宋希。婕儿正在Michelle帮助下练习手指动作，不能停下来，于是谢予跑上来轻轻地抱了抱Sunnie，在旁边观看，这反倒使大家都有了一个缓解情绪的时间。等到10分钟训练完成后，回到病房，婕儿不愿像平常那样立即躺在床上，仍坐在轮椅上与同学聊天，看起来情绪还好。可看到这些活泼可爱的同学，婕爸是一点都笑不起来，我担心同学会受到我们的感染，赶快拉着婕爸去上网了，让孩子们自由地聊一聊吧，这可不是一般的聊天，是在婕儿经受人生重大打击、人生轨迹重新开始后的第一次聊天，可能会对Sunnie以后的情绪有着引导性的作用喔！

等到4点多钟，我们担心婕儿坐在轮椅上的时间太长，于是返回病房，看到他们四人交谈甚欢。将婕儿放到床上后，他们又聊了约半小时，听到他们聊到我们博客上的信息，尤其听到张译天要穿着印有"For Yu Huajie"字样的运动衫去参加巴黎马拉松时，婕儿哈哈大笑，笑得很开心。很久没有看到她这样开心大笑了，熟悉Sunnie的人都知道，这是她以前常常有的模样！

近5点，我怕婕儿太累了，只好催客。谢予明天还会再来，王坚因为要上课，留下电话号码，叮嘱"有事来电"。送走他们，回头看看婕儿，还是比较平静的，而且整个晚上都蛮平静的，我真是放下心来。能这样接受与同学第一次见面，至少能在他人面前表现得这样镇静，表明婕儿真是很棒！我低估女儿了，因为我知道，看到同学们都在完成自己的学业，计划着各自的前程，而自己却远离这美好的一切，为如何支配自己的身体而挣扎，内心是何等痛苦！独处时伤心、烦躁不安肯定是会有的，但是婕儿也告诉过我，有时自己会将一些不愉快的事情忘掉，这就是"隔离"。我的好女儿！

注：谢予是婕儿小学、初中的同学、挚友，去年与婕儿同时赴美求学，现在波士顿读硕士学位。

评论

谢予 我、宋希还有王坚今天去疗养院看Sunnie，Sunnie的精神状态很好。大概是Sunnie知道我们要来，也把状态调整到最好，整个过程她都像女主人一样招待我们，让我们坐，坐着和我们聊天，我们问的所有问题她都很耐心地回答，谈话的过程很愉快，没有让我们看到一丝一毫的忧郁哀伤。有一段时间我们还聊到她出事，我当时还有点担心这是敏感话题，会让她伤感，但她都很坦然地说起。我觉得她真的很坚强。她真的一点怨恨都没有，一直在感谢老天让她捡回这条小命，感谢让她在凤凰城碰到这么多好心人的帮助，感谢让她还有健全的四肢、健全的头脑。她还开玩笑说，好在脑子没撞坏，要不这么多年的书就白读了。

Sunnie依然很乐观，很坚强，很努力地开始康复，还一直感激周围关心她的人。老天给她这么大的考验，她依然对生活充满热爱和勇气，和她谈话，完全感觉不出她是一个脊椎受了严重创伤的人。我跟其他人说脊椎创伤，大家的反应都是"Oh my god, that's terrible..."（天啊，太可怕了），但Sunnie给我的感觉是她只是生了一场重病，可能需要很长时间康复，但总有一天她会完全康复的，甚至比之前的她更加美好。她的心灵真的很勇敢和美好，没有一点阴暗，就像她的名字一样充满阳光。这样的小孩真的很值得我们每天为她祈祷，很值得我们去关心和爱护！！！我发自内心地感动，我们都觉得她很棒！

所有爱Sunnie的人都要勇敢，不要悲伤，为她祈祷。坚持不停地关心她。我想我们能做到！

杨汀 我现在每天都来看这个博客，每次看了都会哭，是被伟大的父爱母爱所感动。Sunnie坚强乐观地战胜一个又一个我们难以想象的困难，她是我们大家的骄傲！我相信强大的信念可以战胜一切。请叔叔阿姨一定保重身体。Sunnie需要精神饱满的爸爸妈妈给她力量。

Ovnig，梦梦　祝Sunnie早日康复！！！虽然分别已久，但你的笑容我仍清楚记得。虽然发生了如此灾难，但你有这么疼爱你的父母、如此关心爱护你的朋友陪你共渡难关，加之你一直以来的乐天态度，一定可以战胜苦难的！也希望叔叔阿姨保重身体，从你们身上，我强烈感受到父母之爱的伟大！

小cy噢　不管是不是客套话，至少，她见到"鱼"他们的时候，是喜悦的，她其实是想见到我们的……只是又有点害怕……傻孩子，等到可以见面的时候，等到你卸下一切防卫的时候，我们会一直陪着你。

从病友身上看到了希望 / 3月5日

　　下午训练时婕爸遇到一个坐在轮椅上的中年男子，特地走上前去与他聊聊，得知他的受伤情况与婕儿相似，也是车祸致伤的，他是第4颈椎断裂，比婕儿更加严重，一直到一年多后才能使用右手。而现在他却可以自己开着轮椅自由地来去，后来看到他还在用手机。据他说，还可以将电脑与手机相连接，用触键的方式使用电脑，虽然慢一些，但毕竟可以打通与世界连通的通道。他现在一个

⊙ 出事后半个月第
　一次三人合照

基金会工作，专门帮助受伤的残疾人。短短的一段聊天，立马给了我们希望，我们的目标也不过如此——坐在轮椅上用电脑，参与社会！看到这样一个鲜明的形象立在眼前，我和婕爸心情一下轻松很多，对于我们的目标更加有信心了，何况婕儿比他更加年轻，应该恢复得更快！谢谢你——虽然我还不知道你的名字！

吃完晚饭，婕儿睡了一个多小时，醒来笑笑地告诉我："我刚做了一个梦。""什么梦呀？"我问道。"我梦见自己看到一个好像是酒的广告牌，我就走上去，给了它一拳！"我虽然脸上陪着孩子笑着，可心里一阵紧缩，我可怜的孩子，这样一个看似很平常的动作，你却只能在梦中实现了！

晚上Justin将我们接回他家，他的太太Queenie的妈妈又给我们煲了汤，放在炉子上热着，等我们回来喝，还有一大锅明天带到医院去，真是太周到了。住在他家，每天将我和婕爸接送到医院，还要给婕儿补身体，恳愿老天保佑你们这些好人！

| 评论 |

新浪网友　昨天才从Beisi那里知道这个网站。上来看到Sunnie的照片，眼泪又忍不住涌出，虽然跟Sunnie接触不多，只选过同一门课，却从心里欣赏她。她有条有理夹杂伦敦腔的谈吐和美丽的笑容给人留下很深的印象。Sunnie也许没有注意到，每次你上课发言时，大家都静静地听你的看法，甚至希望你能多讲一点。跟你上同一门课，是一种享受。不知道什么时候能再有机会坐在同一个教室里，听你说话，看你微笑。

晓梅　看了你全部的博文，心痛的感觉难以描述。Sunnie有你们这样富有爱心又理智而坚强的父母，一定能够较好地修复创伤，平稳度过这次飞来横祸造成的危机。我们祈求上天能够眷顾这对竭尽全力救治女儿的父母，给予他们更多的希望和帮助，我们期待着那个阳光、活泼、乐观的女孩能够创造生命的奇迹，我们在远方为你们默默祈祷。

峤峤　姐姐一直是一个又乖又善良又阳光的女生，从小就是我的榜样。虽然这次老天爷使坏，但吉人自有天相，姐姐这么好的孩子上天一定不会亏待她。如果那扇门真的关闭了，那就像阿姨说的，上帝一定会为姐姐打开另一扇窗户的。

新浪网友　致宝贝侄女婕儿：恨上苍不公，让我天使折翅！但奇迹是人创造的！我坚信，你的潜力是无限的，你的意志是不摧的！不妨让我们一起"伟人"一把：与天斗，其乐无穷！！！

婕儿加油！

桑兰的信引起新的忧虑 / 3月6日

　　早上婕儿发烧到38.4℃，不知道是什么原因引起的，医生也不能确定，只是又做了抽血等检查，报告要到明天才出来。我和婕爸担心她身体太弱，提出今天上午的训练是否暂停，没有想到她一口拒绝，还着急地让我们赶快帮她起床，她要9点钟准时开始训练。医生来了我和婕爸仍提出暂停，可医生也摇头说不要停。看来我们做父母的还是感情为重。

　　昨天发博客时看到桑兰给温总理的信，仔细阅读后，忧虑又加深一层，才知道中国残疾人的生存环境不乐观。不用说外出的方便设施不多，就连作为病人身体基本功能恢复手段的康复医疗也不在医保范围内！她作为一个名人尚且如此艰难，何况我们这样的平民百姓？给婕爸看了以后，我们都还未从悲伤中摆脱就又陷入了新的担忧中！婕儿的未来就这样现实地一点一点摆在我们面前，等着我们去过！

　　婕儿今天仍然做了近4个小时的训练，刚回来又要去做B超检查，再回来时已经是非常疲倦，眼睛都睁不开了。又有教友关女士来看望（第二次了），她是广州来的，普通话说得不错，难得给我一个说话的机会。她留下电话，叮嘱有事打电话给她，谢谢了！

　　睡了近2个小时，婕儿吃了点东西才有点精神，看到Beisi给她邮寄过来一束花，是12枝黄玫瑰夹着蝴蝶兰和非洲菊，配上一个玉绿色的花瓶，非常雅致，婕儿喜欢得很，护士进来也都说漂亮。据说，黄玫瑰是友谊的象征，又有康复的祝愿，Beisi真是会选花啊！所以婕儿主动说要给Beisi打电话，这是除了Muz外，婕儿第一个要打电话的人。Beisi是婕儿MBA的同学，又是深圳过来的，所以在旧金山与Sunnie有蛮多的话题，昨天在电话里也聊了十几分钟，婕儿还比较平静。放下电话婕儿就让我给黄玫瑰拍照，并将其他朋友送的礼物照片都放到博客的相册中，让大家看看。接着婕儿又问了我关于博客上面的一些事，因为Beisi告诉婕儿，她每天要上去七八次。怪不得我看到阅览量有上千次，我还奇怪怎么会这么多呢，原来如此，那我一定要尽量每天将Sunnie的情况早点写出来，让关心她的朋友们知道她的进步，也是我们对大家的回报。

因为只能到医院电脑室上网，没有中文输入法，本人英语不行，所以虽然看到有不少评论，当时就想回，但是条件有限，只能在这一并感谢，并将其中的内容向婕儿转告，让她慢慢地能够接受与大家的接触，要知道这样的衔接是需要很大勇气和心理承受能力的，希望大家能够理解做父母的心。谢谢！

评论

　　桑兰　看到你的文章，感谢您的关注。我想每个家里有脊髓损伤患者的人内心都是痛苦的，但请坚强。在美国，脊髓损伤不被看做是不正常的人，美国社会中这样的患者很多，但他们都可走出家门。脊髓损伤不可怕，可怕的是没有生活的勇气，和活着的信心。尤其对于孩子而言，必须鼓励和诱导他们尽快地自立起来！康复锻炼十分重要，但我知道如果没有医疗保险，在美国看病也是贵的。希望您和您的孩子可以勇敢地面对，在一个宽容的社会中只要没有歧视，一切都有希望。并发症不可怕，我回国10年，仅仅靠美国的药物就维持了身体健康，没有并发症。平时的护理和康复是非常重要的，美国的医疗理念，患者的家属应该多学习，多掌握。祝你们平安、幸福！祈祷！

　　Liu　好在Sunnie能那么勇敢乐观地面对。我清晰地记得你们居室中Sunnie每一张照片上灿烂的笑容，我相信上苍会把那一份灿烂永远定格为Sunnie最真挚的表情！

　　Muz　Sunnie刚知道自己的情况的那天就让我找桑兰和张海迪的故事，要向她们学习。她还说见到桑兰上台唱歌。桑兰，Sunnie和你一样，在第一次听到自己可能以后都站不起来的消息时非常平静，还平和地告诉我从那以后她奋斗的目标。而且她没多久又恢复了微笑。你们都是我的偶像啊！

　　山水伊人　孩子，你一定要有坚强的意志，勇敢面对所发生的灾难，积极治疗，坚信自己一定能好起来。阿姨曾患两种绝症，医生曾对我先生说："再不退烧可能要准备些事情了。"垂危中听到这句话，我硬挺着爬起来，冷静地对先生说："走——转院！"恍如一梦，十多年中历经风险，屡次徘徊生死门前，但现在似乎一切都过去了。求生求健康的意念非常重要。

　　发生了，就要勇敢积极地面对，用超常的毅力战胜病痛，战胜自己内心的悲哀绝望。

大家在帮婕儿挺过艰难期 / 3月7日

自这个星期开始训练以来，婕儿出现明显的焦躁情绪，在训练时还能努力配合训练师，可一旦回到我们面前，就又明显地烦躁，什么都不如她意。我们知道这实际上就是心理上的反应。昨天在网上查了有关颈椎损伤的资料，其中脊髓损伤患者的心理反应就有这样四个阶段，从受伤起通常经历休克期、否认期、焦虑抑郁期、承认适应期。

受伤伊始，由于突然而来的横祸，患者感到茫然不知所措，对疾病或外伤所致的残疾毫无认识，此时反应迟钝，属于心理反应休克期；此期过后，患者对伤残往往不能理解，不相信残疾的来临及其严重性，坚信自己能痊愈，此为否认期；随着时间的推移，患者逐渐认识到残疾将不可避免，此时性情变得暴躁，把自己内心的不满和痛苦向外发泄，冷静下来后，常感到悲观失望，情绪变得焦虑、抑郁，此为焦虑抑郁期；此期过后会逐步承认现实，对残疾状态能够接受，能比较正确地对待身边的人和事，此为承认适应期。我和婕爸看了以后，认为婕儿现在已经过了休克期和否认期，进入了焦虑抑郁期，也就是最痛苦的时期。从事故发生至今才短短两周，却恍如隔世，需要经过许多的心理折磨，当然更是一种历练。我和婕爸早已进入这个时期。每天与婕儿在一起的时候，只是忙着帮她从轮椅到床上搬来搬去、喂饭、训练等琐事，可以不去想其他身外的事情；可一旦离开婕儿，回到Justin家，特别是躺在床上时，一天的疲倦没有了，头脑中想到的全都是婕儿的事情，辗转难眠，好像坠入到无边的痛苦之海，看不到岸边，看不到希望。我只能仰望上帝给我们力量，让我们渡过眼前一个一个的难关。我感到我和婕爸有希望走出这个困难期，就是担心婕儿！她现在正进入这个时期，我想，如何使她尽快地走出来，接受自己是残疾人这样一个现实，是我和婕爸的主要任务之一。我也想到了我们的博客！它应该是婕儿力量的源泉，我在等契机的到来。

今天是周六，训练只有一个半小时。下午我们让婕儿坐上轮椅，一家三口走出康复中心大门去享受凤凰城的阳光，我想这就是以后我们家的形象了。天气很干爽，可婕儿并不高兴。这时李萱又来电，婕儿自己主动说想跟她通话，于是回拨了过去。她通话时比较平静，那边好像还有同学向她问好，可是放下电话却是一阵沉默。在英国三年可以说是无话不说的好朋友，如今却是晴阴两重天，怎么不令人黯然伤感！为了转移她的情绪，我提出去医院的咖啡厅看看，婕儿的情绪稍微好点。一回到病房，就看见Queenie和Carry姐妹、Tosca和郭湘萍，四人捧着各种礼物来看婕儿，婕儿顿时开心起来。正聊得高兴时，只见Justin从电梯走出来，手里提着一个大袋子，慢慢地说："我送饭来的。"姐妹们笑着问："是你做的吗？"他说："是呀！我照着书做的，好有诚意呀！"等到他们走后，我打开一看，哇，真丰富，有白切鸡、鱼肉柳、菜心、米饭，都是热的，赶紧尝了一口白切鸡，味道很正宗。婕儿一边吃一边说："啊！好幸福，可以吃到米饭了！"加上Tosca送来的热汤，我们在美国病房中享受了一顿正宗的粤菜。太感谢Justin一家了。今天一大早Queenie年迈的父母来医院看婕儿，老两口是17年前从香港来美国的，当时都已经60岁了，还带着四个孩子到美国闯荡，非常艰难，而现在儿女都在美国成家立业，他们也安享晚年，不忘做善事，还给婕儿煲汤，愿老天保佑这善良的一家人！

评论

　　银子　亲爱的一帆和你的宝贝女儿，以及婕爸，你们真是太坚强了！今天看完你的博文，止不住流眼泪，看着你们的艰苦努力，看着你们在用伟大的父爱、母爱支撑着女儿，也感受到女儿的艰难和积极，我们在遥远的深圳为你们祈祷和祝福，希望奇迹发生，希望婕能够随着时间逐步调适自己的心情。她已经很了不起了，相信上帝会眷顾一个纯真、聪颖、美丽的女孩！

　　你和婕爸也要挺住，注意身体，尤其是男性，这个时候往往会比较难以接受现实，你的担子就更重了，你是伟大的妈妈、坚强的妻子、心理学专家，相信你能够渡过难关！我们爱你们！

　　同是母亲　从同事那里听说了一个风华正茂的优秀女孩在国外遭遇了车祸，在这里看到了一个母亲在经受着怎样的泣血煎熬！我为女孩心痛、惋惜，我也为母亲的坚强、伟大肃然起敬！我也是一个女孩的母亲，在这里请允许我对女儿说：为了母亲，更为了你自己，坚强起来，战胜病魔！凤凰卫视的刘海若比你的伤势更重、更可怕，但是，她没有放弃，配合医生的治疗，终于重返她热爱的工作岗位！你很年轻，从描述的伤势情况看，应该会恢复得更快、更好！相信自己，你会重新站起来的！奇迹就在你自己手里掌握！

在这里，我还要对伤心的母亲说，为了女儿，更为了一个完美的家庭，坚强起来！咬紧牙关挺过来！孩子会好的，一切都会好起来的，眼前发生的一切，是上帝给你的一次考验，尽管严酷，尽管痛苦，但是这一切你都会挺过来的！因为你是母亲！你能行！所有爱你、关心你的人，在地球的各个角落都在为你祈祷，为你加把劲！

Sunnie看博客了 / 3月8日

今天是周日，应该让Justin睡个早觉的，但他知道我们看女心切，仍然在8点（平时是7点20分）起床送我们去医院。一直悄悄地走动，以为Queenie还在睡觉，没有想到，等我们要出去时才发现她已经在客厅里看电脑，一看到我，她一改平时文静的模样，挥着手叫我过去，说着粤语。我一时没有听清，去看电脑，喔，她正在看我的博客，上面是桑兰的留言，而且是大段的留言。我也很惊奇，桑兰怎么会上来？我们当时还怀疑是否是真的。再仔细看看，没有错，原来桑兰看到我们博客上对她的呼应，特地过来关心的，留言内容很多（可以在3月6日博文的评论中找到），也很实在，会对婕儿有很大的帮助。我们都很兴奋，这对婕儿应该是一个很好的鼓励，我想应该利用这个机会让婕儿看博客了！

到医院后，婕儿虽然又发烧，但是一听到桑兰在博客给她留言了，马上回应："是真的吗？"又问："讲了什么？"

"很多哇，你要不要自己去看啊？"

"我要看，吃完饭就去！"婕儿口气坚决，我和婕爸心中暗喜，终于有机会让她自己看博客了，真要谢谢桑兰！婕儿在受伤后就提到过，要像桑兰那样坚强，没有想到这么快就可以与自己的榜样联系了，网络就是神奇啊！

今天是周末，训练大厅空荡荡的，很安静。我们推着婕儿直奔电脑室，将婕儿正对着电脑，婕儿的手情不自禁地挪向桌子上的鼠标，好不容易放到上面，可是手指却无法使劲。为了不影响她看博客的情绪，我赶快接过鼠标。一进到博客，婕儿的眼睛盯着看个不停，也看得很仔细，当看到陈悦、李萱等好友的评论时，眼泪像断线的珠子不停地流下来，我和婕爸一人一边，陪着她哭，边哭边擦眼泪。哭吧，孩子，你总要经过这一关的。看到桑兰的留言时，婕儿一字字地读，一边读一边提问，最后还要我将三段留言都复制下来，以便再多看几遍再回信。

婕儿还想继续看博客，但很累了，我们劝她下次再看，只要开了头就好了。回到病房，又看到Justin送来的早茶点心，感觉到是他们去喝早茶，还记得给我们送来一份，事事不忘我们，这不是亲人才如此吗？想想心里很温暖。

婕儿的事情大概已经传开，不少同事和老友都在用各种形式安慰、鼓励我们。夜晚躺在床上时，常常听到手机接到短信息的声音，早晨起来看到一条条信息，我们都已感受到包含在这些语句中的真心，真的令人感动。特别是那些看着婕儿长大的叔叔阿姨们，从她小时候就逗她、宠她，到现在更是给她支持，一向那么严肃的叔叔说出"永远爱着你的叔叔"。这些都让我们流泪不已，我们会将你们的鼓励当做婕儿过关的动力，谢谢你们真诚的支持！

下午我趁着婕儿在睡觉，去电脑室写博客发照片，回来时发现父女俩都已醒着，而且神色凝重，婕儿枕边又是一堆纸巾！我刚想问，接到婕爸的一个眼神，马上改口："我们去花园转转吧！"护士告诉我们，医院有一个花园可以去走走。每天都很忙，今天不用训练，正好带婕儿出去散散心。从康复中心到医院那边要经过一条长长的地下通道，病人过去检查很方便，婕儿只要躺在床上，由医护人员推过去就行了。花园不大，种植了一些适合干燥地区生长的花草树木，婕儿特别注意到有一种树，只有浓密的树枝，不见树叶，而且树干都是那种粉绿粉绿的颜色，很耐看。花园里人不多，我们刚坐下来，Justin夫妻与妻妹三人也来了。天气很干爽，没有太阳，婕儿的情绪也不错，与他们聊了约30分钟。尽管我不懂粤语，但是看到婕儿开心我也就开心了。

评论

老树苗　Sunnie是我见过的心理最健康的女孩，从小就是人人都喜爱的小天使。不幸和磨难，既给人以摧残，也会让人的心灵得到净化和升华。相信有肖老师夫妇的照顾，有这么多好心人，包括桑兰姐姐的关心和鼓励，不要多久，我们仍然可以看到一个阳光女孩。

玲子　从博文里我看到一对伟大的父母，更让我见到你作为心理辅导工作者的素养。写博文，你为关心华婕的人建立了通道，也为自己的情绪情感找到了一个出口。我敬佩你们。肖老师，加油！世事无常，回想12年前，我曾经历与亲爱的人生离死别、母子的车祸，都也挺过来。华婕有你们这样的父母，今后一定是幸福的。

Muzpp　也赞一赞我家的Muz，作为父亲的我，才第一次认识你，有这样的爱心，这样的体贴。为你有Sunnie这样的朋友、生死之交而骄傲！通过这次变故，从他们一家身上学到了许多，你成长好快。为这样的朋友，你有一份责任，爸妈支持你！

张译天 自从得知Sunnie受伤的消息，我整天都想着她的伤病恢复情况。我是多么希望她能赶快好啊，虽然我知道这将是一个漫长的过程。她承受着巨大的痛苦，我有时觉得对她的鼓励显得多么苍白无力，但我还是相信她的亲人和朋友的支持会给她带来力量。我记得她在初中时是学校乐队的，或许给她一些音乐能够分散她对伤痛的注意力。或者让她阅读小说，从中也许能找到抚慰她心灵的语言。或是让她憧憬她未去过的美丽的地方，强烈的盼望也可以给人带来力量和勇气。

周晓丽 看了你的博客后我很震惊，不知道该怎么样去安慰你，但看你写的博客，我就知道你有一颗强大的心，这颗心饱含着爱，充满了信心，而且正在十分理性地接受和面对所发生的一切。我做了母亲，才知道孩子对于自己意味着什么，我在内心为她祈福。如果你们需要帮助，我愿意尽微薄之力。

Sunnie一切从头学起 / 3月9日

婕儿的天使——Liz姐昨晚又值班了，她一上班就先来看看Sunnie，询问有哪些进步，然后又赶快回去干活，答应空闲时再来与婕儿聊。昨晚我们先走了，今天听婕儿说，Liz姐告诉她，训练时要用意念去做，要想象自己的肌肉是听话的，神经是会接收到意念的，并举了一个印度男孩走出医院的例子，实际上就是要有信念，用意志去坚持训练，用大脑去命令身体，虽然"有线"控制不行了，还有看不见的"无线"控制可以起作用。这就是心理学中的潜能吗？我不知道，但我也希望有这样的潜在能量帮助婕儿康复到最好的程度。上帝，您是知道的，请给婕儿力量吧！

果然，婕儿今天的训练很是积极，努力配合训练师。她的训练分两种：一种是PT，是物理训练，专门训练肌肉的恢复，坐起来、侧身、移动等；而另一种OT，是帮助病人恢复生活自理能力的，如刷牙、洗脸、吃饭等。这些都是婕儿要重新学习的内容，因为神经缺损，要学会利用身体其他的部分或者是其他的物件替代，尽量不依靠别人。而现在，婕儿连翻身的能力都没有，凤凰城天气干燥，婕儿常常感到脸上、鼻子痒，右手能举起来却常常够不到这些地方，要我们替她抓。这样的事情我们还可以做她的左右手，可是更多的事情却是心里急，表面上还要装作很自然的样子。今天早上她试着自己去舀麦片吃，匙子插在手架上，好不容易舀到了，却怎么也送不到自己的嘴里，晃来晃去最后都撒了出来，那种失败感谁看了都难受，可是婕儿还是满脸笑容地给自己打气："我要用意念，我要用意念！"我看到了Liz姐给她的激励在支持着她，我的女儿真有灵性啊！

　　下午的训练加了一项新内容——动物课程。得知是与"狗医生"训练，婕儿很是兴奋，也很期待。一进房间就看见一只黑色的卷毛大狗在与一个老人玩，狗狗看见婕儿立即过来将它的大头伸向婕儿，表示友好。训练师告诉我们，它叫Niqi，个头有半个人高，110磅重。先让它与婕儿玩接扔布公仔的游戏；然后又让它趴到桌子上，要婕儿给它梳毛，它就很舒服地趴在那里一动也不动；最后是它进行表演并获得食品作奖励。从Niqi那里得到的快乐一直延续到其后的训练，婕儿自己也感到不错，训练最后还让婕儿坐到了床边，并用一块木板练习自己从床边移动到轮椅上。这个动作如果练习好了可以解决很大的问题，要知道，现在从床上移到轮椅上可是一个大动作，至少要两人，还要利用一个吊车才行，前后要花上十几分钟的时间。

　　晚上婕儿吃得很香。Liz姐又上班了，看到天使姐姐她就开心。Liz告知，她已经找到那本创造了奇迹的书。（这几天她一直在为婕儿寻找。）等到不忙时再送过来。我们先走了，不知道Liz又会给婕儿带来什么样的力量。谢谢你，Liz天使！

评论

　　老合　昨晚才读到你的博客。整夜无法入睡。我想我们每个人都不可避免会遇到无法预知的灾难。但是我非常钦佩你在灾难面前所表现出来的坚强和勇气。两个人从监狱铁栏里向外看，一个看见烂泥，一个看见星星。你不但看见了星星，而且看到了彩虹。凭着你的知识、你的智慧、你的信念、你的能力和婕婕的勇敢，你们一定会把负的变成正的，把不幸变成有幸，一定会创造一个更丰富、更美好的新生活。另外，我还要告诉你，婕婕也是我们的女儿，我们也有义务、有责任去关心她，爱护她，帮助她。需要帮助的时候，可千万别客气啊！婕婕，加油哦！

桑兰回信给Sunnie带来力量 / 3月10日

昨晚回到Justin家，立即上网，发现桑兰又一次回信了。今天早上到医院立即告诉了婕儿，她也很高兴，说要去看看。在训练中间有半小时休息，她立即让我们推她去上网，也看到各位朋友给她的留言。虽然还只是第二次来看博客，但是婕儿今天已经平静了很多，我感到安慰。当她看到桑兰姐的信息时，又非常认真地读出来，特别是关于不要将自己看做残疾人的告诫，她反复念了两次，看来很中她的意，同时也给我们很好的启示，更增加了自信，这个理念非常的重要，真是要感谢桑兰的提醒。还有其他那么多实用的信息，我们都复制下来，有必要好好看，对婕儿来说这是雪中送炭，不论是心理上的支持还是生活中的帮助都非常大，也非常及时，再次谢谢桑兰！

榜样的力量就是不一样，婕儿在今天的训练中也表现得很积极，虽然今天的活动特别多，从上午9点一直到下午5点！除了4次OT、PT训练外，还有狗医生治疗、心理医生谈话，最后还安排了一位与婕儿有相同经历的义工来聊聊。这位义工也是颈椎受伤，但是他是C4，轻些，现在可以自己推轮椅，还可以开车！我虽然听不懂英语，但在旁边看着婕儿与他聊得甚欢，心里想，这倒是一种很好的病友心理支持啊！

下午护士来给婕儿的伤口拆线，应该是拆钉，因为伤口上缝合的是像大头针似的钉子。婕儿共有两条伤口，前面一条打了12根钉，后面的一条伤口更长，有17根钉！贯穿整个脖子，有十七八公分长。可怜的孩子。拆完后还要我们用相机拍下来给她看。看到那两条凸凹不平、发红的肉芽伤痕，我实在是不忍心，但又不得不装作没有事情一样拍下来，远远地拍，可是还是吓了她一跳："这么长啊！多难看啊！"婕爸难过地背过身子去，可我还要很平静地说："没有关系，以后还会慢慢长好的，也可以戴围巾的。"可心里却在流泪……婕儿是个多么爱漂亮的女孩啊！况且她的脖子又长又白，佩戴项链好美呀！

日子就是在这种心情激荡的撞击中熬过，无助中就会想到朋友们的支持，好像有一股无形的力量在推着我们向前行进。

评论

    Muz   Sunnie昨天在电话里跟我讲拆钉子时是这么说的："拆钉子的时候那个钉子会到处乱飞噢，跳得很高，哈哈哈！"我都听得毛骨悚然，但她的乐观坚强却使得什么可怕的事情都变得如此简单了。

    山海心   致胡子、一帆，还有Sunnie：体验着你的体验，心肝着你的心肝。/坚强着你的坚强，今天着你的今天。/我们一支心理团队都在你身边为你们加油！

    Auntie Fan   Sunnie真是一个性格阳光的孩子，面对人生这么大的困顿，能绽放出那样灿烂的微笑，甚至鼓励了我们健康人。看着照片，恍惚间觉得Sunnie不久就可以欢快地跑出医院，骄傲地向我们演绎人性的又一次胜利。妈妈能够每天梳理杂芜并理性地描述孩子康复的进展，真是一位伟大的母亲。

    Heidy   听到你说"原本很简单的动作现在这么难这么累"，我心里那个痛，觉得说什么都很无力，也只能无力地劝慰你。你每天的努力都令人敬佩。看看爸妈这么爱你，各个地方那么多人如此爱着你，心中有爱就有力量！

我们面前又有一个难关 / 3月11日

    每天上午婕儿训练，一般是婕爸陪着她，我就趁着这个时候写博客，将头天的事情记录下来。昨天也是如此。等到我发完博客去找婕儿时，发现她的情绪不好。平时我要去找她时，训练大厅如果看不到她，可以侧耳听一听，哪里有笑声，哪里就是婕儿和PT训练师Peggy所在的地方，她们在一边开玩笑一边练习。Peggy是一个很快乐的姑娘，第一次我陪婕儿训练，就发现她有说有唱的，我问婕儿她今天有什么事这么快乐，婕儿说，她天天都这样快乐的！特别是每当婕儿有一点点进步，她都会大声地鼓励，用很多的感叹语气来表示，所以婕儿很乐意与她在一起训练，尽管训练是很苦、很累的。可是今天不仅婕儿皱着眉头，连Peggy也沉默不语。我问婕爸："怎么了？好像不开心？"婕爸沉着脸制止我："不要问，我等会儿告诉你！"

    原来是保险金的问题！这是我们一直担忧的问题。刚才Michelle（OT训练师）在训练时告诉婕儿，他们刚开会，被告知我们的保险金已经不能维持5周（原来告诉我们是5周），所以医疗训练计划也都改变了！这肯定是一个坏消息，首先婕儿太需要这里的康复训练了，我们所有的计划都是按照这个日期做的，现在这一切都打乱了。医院与保险公司不知道怎样定的！也没有人来明确跟我们说这样一个重要的问题。但是婕儿明显受到打击，刚刚有了一点稳定的情绪，马上又坠入低谷，我们也一筹莫展。美国的医疗与保险是密切相关的，一般医疗费用由保险公司出，但是有一定的额度，而且开出来的单相当惊人，几千美元一天！虽然婕儿买了保险，但是由于她的手术费用很高，占去保险费用的3/5，所以康复的费用就不多了。刚来医院时社工告诉我们可以维持5周，而且还可以享受4~8周的院外医疗。可现在却说是算错了！叫人措手不及。

今早来到医院，看到婕儿脸上挂着笑容，嘴里还唱着"早上起来太阳好"的儿歌，显然是要我们放心，接着就急着要去训练。可是刚上轮椅就感到头晕、耳鸣，护士马上测血压，只有46/74，相当低，根本不能动。Peggy看到这个情况，马上将训练时间往后调，可是一直不行，到下午3点半，本来还有一次训练的，但血压太低，不能做训练，所以本来就屈指可数的训练又少了一天。

关于是否提前回国一事，我和婕爸有分歧。婕爸性情急躁，当着婕儿的面脱口说："我就是卖房、卖血也要让你住到35天再走！"婕儿忍不住大哭起来："爸爸，我怎么能让你卖血！"我了解婕爸的心情和性情，立即制止婕爸："你怎么能这样说！"正在这时电话响了，给了我们一个缓冲的机会。婕爸一下冲出去了，我赶紧安慰婕儿："你爸爸乱说的，不要在意啊！"我将她的眼泪擦掉，她哭过以后，对我说："我不能哭，哭对我的恢复不好。"我好感动！我的婕儿真是好样的！

下午医院又安排了一位与婕儿类似病情的中年妇女来聊天，她开着电动轮椅，旁边还有一条拉布拉多狗。她给了婕儿一些好的经验和启示，婕儿又开心了一阵。这真是一种很有效果的同伴教育啊！

评论

Tangtang　您一直是我非常喜欢和敬重的一位老师。您的女儿和我表妹也是好朋友。常常听到她的名字，知道她是一个充满阳光的快乐女孩。而且有您的一路培养，非常的优秀。每次听到您女儿的名字，我总觉得应该是这样写的：雨花洁。一直，她在我心里，就是这么美的一个女孩。

英国奶爸 昨天晚上教会一个姊妹告诉我这个博客。她是Sunnie在英国时的同学。

很多事情需要努力面对。爸爸妈妈不要着急，尤其是爸爸。我的孩子患有脑瘫，他可能在轮椅上生活一辈子，但我们很快乐，也很幸福。

请听我一句 爸爸的脾气一定要慢下来，不可以在医院发脾气。你的心情我们理解，但医院照看你女儿没有错，医护人员的工作也没有错。我也是爸爸，面对轮椅上的孩子，我心里也感到一种撕心裂肺的痛，我也急过。我当时觉得自己能面对一切。其实就是自认为能面对一切的时候，不能面对恰恰从那时开始。最后，我放下刚硬的心，找到了帮助，带着家人和孩子走出了阴影。回想起来，当时真的不应该。

老吉 我力挺禹爸爸，他的话是他内心的坚定和对女儿无限的爱！

今天下午在育才集团办公室召开了第一次支持Sunniemom爱心行动小组的会议。这是育才人自发的爱心小组。小组的发起人是温老师、周老师、银老师和严老师等人。参加会议的有育才一、二、三、四小学，育才一中、二中、三中的老师。决定迅速开始行动，让Sunnie安心锻炼；让肖老师和她的丈夫能安然入睡，保持健康。

会上一致赞赏了肖老师对育才的贡献，对学生的无私帮助……而且她的女儿也是育才学子，肯定了她的坚强的表现是育才人的光荣。一致认为要发扬育才的优良传统，即每位老师都是育才大家庭的成员，都是一家人，育才人曾经帮助过无数不曾相识的人，育才人向肖老师伸出温暖的手是理所当然的。这有利于提高育才人的精神素养，有利于育才人的凝聚力……会上特别强调要注意肖老师一家人的尊严和感情，一些具体的做法尽量与肖老师商量后才做。

全体育才人的一封信 / 3月12日

尊敬的一帆老师：

这些天，育才的校园里暗暗涌动着一丝不安，育才的孩子出事了，每一个知情的育才人都为之揪心牵挂。许多人一直默默关注着你写的博客，见证着你的坚强，关注着小婕的点滴进展情况。在育才这个大家庭里，大家都急切地想为你们做点什么。刘根平校长在育才中学行政会上专门讨论了此事，决定以全体育才人的名义，先给你写一封信。

可是，在巨大的不幸面前，语言是如此苍白轻空，如果可以，我们宁愿什么话也不说，只要默默握着你和小婕的手，给你们传递温暖、力量和关爱。

我们想告诉你：平日，你的娴静、优雅、灵慧，一直是育才一道美丽的风景；如今，你在深广的悲恸中能够迅速冷静下来，专门为孩子开一个博客，这种直面苦难的坦诚，这种开放心灵的智慧，也给育才学子上了有关生命和勇气的一课。还有，你在目前的状态下依然关心着学校的工作，让大家很感动。请你放心，学校已经安排老师接替你的工作。虽然我们知道，你是不可替代的。没有你的声音出现的"心桥"，忽然就冷清下来；而没有你的教室和"释心室"，同学们突然感觉空旷了。

一帆老师，我们想提醒你：小婕的身体事故不要变成一家人的心理事故。这方面你是专家，女性的品质柔韧而绵长，男性的品质刚烈而易脆，除了照顾小婕，可能你还要分心劝慰禹先生。一家人心情宁静下来，宁静中才能凝结改变现实的力量。还有，在小婕康复训练的空隙，你可以给她读一点适宜的书，不让悲情有填塞的空间，每天补充心灵能量，精神上的康复一定要趁早，这样可带动身体上的康复。

一帆老师，下面这些话，我们想请你转告小婕。

小婕，你曾是优秀的育才学子，聪慧、善良、文雅，是你留给大家的普遍印象。而现在的你，更让我们刮目相看，一个花样年华的女孩儿，面临从天而降的灾难，居然可以做到如此坚强而勇敢，可见你的潜能是多么丰富。看妈妈为你写的博客，给我们印象最深的是"你的微笑"！你能微笑着训练，微笑着谈话，微笑着照相……这多好啊，你没有逃避，没有放弃，没有怨天尤人，每天的每一次微笑，是多么宝贵的精神力量，只有内心明媚而强大的人，才有这样阳光般的微笑。小婕，你的微笑，你的坚持，你对生命抱有信心，也是在安慰我们。你是永远可爱的育才的孩子。

小婕，你有过饱满丰盈的学生时代，现在，上天给你新的功课去做：生命的功课。在一个人的成长历程中，总会思考人为什么活着，伴随许许多多生生灭灭的美好设计和想象。一个突然发生的灾祸，会不会让这些美景全变成泡影呢？你需要肯定地告诉自己：不会的！

人的生命有身心两部分。人世间有太多灵魂空虚的行尸走肉，"有些人活着，却已经死去"。一个人在世界上存在过的证明，是他灵魂的状态。一个心智健全的人，才是真正健康的人、对世界有益的人。无论什么哲学和宗教，对生命意义的共同认知都相似：生命的核心价值是爱。生命的功课，本质上就是爱的功课，比如，你的降生，就是父母爱的结晶。父母爱着你，会持续一生，无怨无悔。现在，小婕，你要好好爱自己啊，你爱自己，就是爱父母，爱这个世界。

首先，我们不抱怨命运，不遗憾生活。台湾圣严法师的生命态度值得借鉴："碰到问题，面对它、接受它、处理它、放下它。过去的已经过去了，未来的还没有来，现在能够做的，就是尽力而为；能够解决的就解决，不能够解决的就接受它。这样面对自己的生命，就可以坦然而快乐。"

其次，我们要学会爱自己。爱自己，就是把自己从痛苦中释放出来。一个个白天和黑夜，生命因为等待而变得漫长，也因为有效的行动而变得丰盈。现在的你，努力训练，尽己所能获得最大的健康，就是对生命的敬意。

台湾小女孩刘侠，12岁患病，无药可医，她以"杏林子"的名字开始写作，以文字见证生命的强韧、热情和美丽。同时她还创办了台湾最有影响的残疾人组织——伊甸园。她说："什么是痛苦呢？不是肉体和心灵的被割裂，而是你无法把自己从中间释放出来。""人生一世，我们不乞求苦难，也不歌颂眼泪。我们只是从中学习一点功课，好叫我们的心更温柔可亲。且把缺憾还诸天地，有爱，便能包容一切。"

最后，永远微笑。爱和快乐才是生命的真谛，你有权利让自己快乐。微笑是你和世界之间最美好的约定。借用聂鲁达的诗句：你需要的话，可以拿走我的面包，/可以来拿走我的空气，可是/别把你的微笑拿掉。/这朵玫瑰你别动它，这是你的喷泉……

全体育才人

给育才人的回信 / 3月13日

各位育才同仁：

首先谢谢大家对婕儿及我们全家的关心，事发突然，我们全家人的命运由此全部改变，也包括我在学校的工作。我是一直非常喜爱心理教师这个工作的，它不仅能够帮助学生，也使我的个人价值得到体现，真是享受其中。我也非常感激育才给了我这样一个平台，使我在这20年里过得非常充实，非常幸福，我发自内心地再次感谢育才所有的领导和同仁！

　　2月22日，祸从天降。在这个非常时期，我们真的不知所措，悲哀、焦虑、痛苦、伤心，还有不尽的担心充满全身心的每一个细胞。20天来我们一直处于一种全负荷的应对中，感受又是如此繁多和深刻，多想找一个出口发泄发泄；加上婕儿也有同感，"妈妈，你为我记日记吧！"一语提醒了我；婕儿的同学当时也正在考虑为其设一个网页。这些都更加促使我为女儿写博客。于是我决心在混乱中抽空写下这一时期的所有经过，以这种方式告知所有关心Sunnie的朋友们，同时也避免我们更多地重复那个让人伤心欲绝的事件。但博客发文以来会有这么多的朋友关注和跟进，实在是我们全家没有想到的，看来Sunnie的康复已经不是我们一家的事情了，而是与这么多的朋友相关。这更加激励婕儿要努力克服困难的信心和决心，也是我们克服重重难关的力量源泉。

　　我已将你们的信读给婕儿听，大家对我们一家深切的关心和鼓励，情真意切，力透纸背，直抵内心，我们都流泪了……下面是华婕的话：我从小在育才成长，不仅健康、顺利、美好，还受到许多老师的厚爱，并结交了许多保持至今的育才好友，有着难忘的育才情意。虽然我离开育才多年，没有想到还有这么多的育才师生、朋友记得我，关爱我，请大家放心，我不会辜负大家的期望的！

　　圣严法师的生命态度"碰到问题，面对它、接受它、处理它、放下它"，原本是我很欣赏的态度，原来是用来教学生的，现在却应该用在自己的身上。谢谢你们的提醒！

　　我和婕爸也已经相互提醒调整心态，继续采用"隔离"的方法，减少痛苦，尽量冷静一些，向婕儿学习，在婕儿面前表现得更加乐观，不要影响她的情绪。

　　婕儿今天又开始恢复训练，她每天会祈求神的指引，给她力量，给她平静，她也已做好心理准备，面对保险金带来的困扰，尽量多学习康复的方法和技巧，我们也在同她一起学习。请放心，我们会努力的！

　　昨天晚上得知育才几个学校的好朋友在发起自愿捐款，我深领大家的关爱和情意，就我们的性情，原本已婉言谢绝，但既已启动，大家一片爱心是要接受的，才是对大家关心的尊重。我只能代表婕儿和婕爸深深地感谢大家！

肖一帆　Sunnie　禹荣章　上

评 论

　　育才同事　自从得知你女儿的情况后，天天都在牵挂着你，关注着婕婕的康复训练。平时在学校，你不仅抚慰了一届又一届学生的心灵，你也像大姐一样安慰着不时向你倾诉着心中烦闷的我。你是我们育才人的精神支柱，我敬佩你！过去每当我走过你办公室的门口，看着那敞开着的心理室大门，总想进去和你聊一聊，只是在学校上课总是来去匆匆。如今当你遇到困难时，我却不知用什么话来安慰你和你的家人，但我们育才的同事们天天在为你们全家祈祷：困难是暂时的，你们一定会坚强地挺过来！

　　（注：这几天的评论近百条，满载着朋友们的关怀和鼓励，但确实因篇幅有限，仅选一位育才同事的评论做代表，恳请见谅！）

婕儿开始写字了 / 3月14日

　　昨天下午OT训练时，Michelle给婕儿的食指上绑住一支画笔，然后让她在白纸上写字。婕儿虽然手指不能抓握，但可以运用手臂带动，首先她就写下了"禹华婕"三个大字，然后又写下了两个训练师的名字，还在"Peggy"的名字下写下"sucks"（差劲），还特地用笔圈起来，举起来给旁边训练的Peggy看，高兴地看她在那边大声怪叫"Sunnie！"。接下来Michelle提高了难度，在另一张纸上画上格子，让婕儿在格子里写字，格子的间隙越来越小，最后婕儿用小一号的笔写下了26个字母的大小写，虽然写得扭扭曲曲，但写字是肌肉控制难度较大的一种活动，我也没有想到婕儿能一下就写得这么小！表明她的手指控制还是有潜力的！Michelle也很高兴，要将这两张纸保留下来。我赶紧拍了照，这都是婕儿进步的资料喔，我会发在网上的，让大家也为婕儿高兴。

　　今天是周六，婕儿的训练只有两次，轻松很多。上午有同学远道而来探望婕儿，是从纽约来的杨汀和在俄亥俄州读书的张奕，她们是相约而来的，给婕儿带来了大家的问候，还送来了可爱的Hello kitty和Me To You Bears，让婕儿的欢乐园里又增添了新的成员。大家尽量地避免悲哀情绪，讲一些愉快的事情，但是到了分别的时分，两人拥抱婕儿时，伤感还是袭来，婕儿的眼睛红了。是啊，看到同学们一个个春风满面地自由来去,有许多事情等着她们去做,而自己什么都没有了,怎么不伤心?好在刚送她们出门口,又迎到了Queenie姐妹、Tosca夫妻、湘萍等八位教友,他们送来食品、书籍。婕儿很高兴,本来要坐起来好好聊一聊的,可惜护士要给婕儿排尿了,只好遗憾地让他们提早告别。

下午婕儿要出去走一走,我们又去了医院的花园。医生说她要多晒晒太阳,可以增进对维生素D的吸收。她现在身体还很弱,很多机能都要重新建立,如体温和血压的稳定,大小便排泄的控制等,也需要营养。

在花园里坐着时,婕儿告诉我她老做梦,其中有一个这样的梦:梦到自己靠辅助椅在走路,在路的那一头她的一帮初中同学坐在沙发上等她,啊,就是他们初中9班的同学!陈乐、谢予、辛晨、关天鄂、陈悦、张译天、吉阳,等等,同窗四年,情谊深深,延续到今天越显纯洁、可贵,所以婕儿是梦有所思啊!

晚上吃完晚饭,婕儿忽然说:"我突然想跟Heidi打电话了,我想跟她聊天啊!"这是婕儿第一次主动提出要跟朋友打电话,情绪还蛮好的。我们马上将电话拨过去。她与Heidi聊了半个多小时,我和婕爸看在眼里喜在心中。这是一个好开头!(Heidi是婕儿在美国读MBA时的好友)

评论

古道西风 肖老师,看得出你的女儿是好样的,她在努力克服突如其来的灾难带给自己的伤害。其实人的潜力是无穷的,在平时并不会显现,但在应激状态下会猛然迸发出来。我们做心理老师的,都清楚一点,我们最多只是一个很好的倾听者,有时候可以用耐心和专业知识帮助来访者解开心结,但解决实际问题,终究还要靠自己。你培养了一个很好的女儿,她正在努力用自己的力量解救自己!不知你女儿喜欢看电影吗?或者这个时候适合看电影吗?我觉得可以的话,可以给她一些娱乐。国外像《贫民窟的百万富翁》(Slumdog Millionaire)值得一看。这些电影在放松心情的同时也会给人一些启发。其他的如《肖申克的救赎》(The Shawshank)、《美丽的心灵》(A Beautiful Mind)、《蝴蝶效应》(The Butterfly Effect)、《虫虫特攻队》(A Bug's Life)等都是不错的。

微笑在友情中发散 / 3月15日

　　今天是周日，婕儿没有任何训练，所以我们也比平时晚点到医院，主要是让Justin他们能睡一个早觉。其实对于年轻人来说，周日8点起床已经是算早了，但是他没有一点犹豫，我们看女心切，他们都很能理解，照样开车送我们去医院。好人啦！

　　婕儿昨晚睡得好，也没有发烧，上午我们照着训练师的动作就在床上给她做一些简单的训练和按摩，以保持肌肉能持续受到刺激。Tosca又与她那憨厚而靓仔的丈夫送来了汤及Sunnie托她买的一些个人用品。汤还是热的，午餐我们就喝了，是木瓜豆腐鱼头汤。婕儿连喝几口，直说"好喝！"。Tosca是一个漂亮、爱笑、热情又有爱心的女孩，婕儿受伤进到凤凰城医院后，素昧平生的她早就赶到了婕儿的身边。尽管平时工作，周末要去做义工，家里养着两条大狗，她还总是不忘给我们煲汤！因为朋友太多，我们建有一个通讯录，在Tosca的后面写的是"煲汤美女"。Sunnie很喜欢她，每次看到Tosca来就会大声叫"Tosca！"，感觉是立即接收到了Tosca的快乐情绪。真好！

　　下午婕儿午睡后做完排尿、呼吸等护理后，到训练大厅做了一些OT训练，然后去外面走走，刚走出大门就遇到了John。John是一个与婕儿同年的男孩，两年前遇到车祸，颈椎损伤比婕儿更加严重，当时胸以下都没有感觉了，也是在这个医院康复的，现在是出现一些肌肉抽搐现象重回医院治疗。他现在主要是动用大拇指来操纵电轮椅和做其他的动作，但是精神状态很好，很阳光的样子，一点也没有什么拘谨。两人在那里聊了一个多小时，相互交流自己的病况和感受。看得出来，婕儿还是蛮兴奋的，毕竟是同龄人的交流，类似的经历会引起更多的共鸣。晚上Liz姐来看婕儿，讲到是她推荐John来与婕儿聊一聊的。同时Liz又告诉婕儿，病房又新来了一个17岁的姑娘，也是颈椎受伤，但比较轻，可从进医院以来就一直在哭，Liz向她推荐了Sunnie，也建议Sunnie去与她聊一聊。我听了心里一震，那我的婕儿可真是坚强，虽然也有哭的时候，可那是伤心至极时才会的，常常看到的还是笑容喔！怪不得在医院里那么多人都喜欢她，远远地都要跟她打招呼，连那位被护士们称为"魔鬼"一样的Dr.Barnes（婕儿的主治医生，也是康复中心的负责人），看到婕儿还与她开玩笑。婕儿说："原来他还是会笑的呀！"那是在婕儿你的感染之下带出来的笑容！

评论

　　1596324452　我以前只知道你是一位成功的老师，现在我更觉得你是一位了不起的母亲！记得在一次吃饭的时候，大家夸你的项链很好看，你告诉我们是你的女儿旅游的时候给你买的，脸上洋溢的那种满足和自豪的神情我至今还记得。我想你会有一个一直让你骄傲不已的女儿的。

　　张尧　是的，婕婕就像自己的名字那样，Sunnie，像小太阳一样感染着大家。

　　Muzpp　我暗自问过自己，如果Muz遭此劫难，我可能先崩溃了。心理脆弱到有时连看此博客或接听Muz的电话都感到心在颤抖。我要先聘Sunnie做我的心理咨询师。Sunnie好坚强，这一家子好样的！

　　郑浩　首先我想感谢您。记得初中时看到门口挂着的心理咨询通告，还一笑而过，以为自己这辈子都不可能与心理这门学科有任何瓜葛。然而高中的一次偶然，让我进入了心理社团。短短的一年中，我接受了多次培训，还演出了心理剧，参观了康宁医院。

　　这一年中，发生了很多事。从2007年暑假的闷热到2009年早春的严寒，我经历了许多事，也对很多事有了新的认识。我重新审视了自己，突然发现曾经自以为乐观开朗的我原来还有如此多的困扰。人们很难改变环境，但是却可以调节自己，这是我这一年最大的收获。我曾经很犬儒主义，但现在却能很冷静地看待每一件事。有时，一天下来躺在床上会觉得又是糟糕的一天；但后来又想想会觉得自己很幸运：自己有理想，有信念，对生活充满信心；然后又想到明天又将会是美好的一天。而这些对生活的信心不正是您在心理课上教给我们的吗？

　　愿学姐早日康复！您早日回到育才课堂来！

美国医院人员的职责关系 / 3月16日

　　周一早晨近8点赶到医院，婕儿躺在床上很生气地说："你看，他们都不管我，我叫了40分钟都没有人来！我8点半就要训练了！"这可是以前没有过的现象，夜班护理一般是在7点半下班之前就会给婕儿排尿、擦身、换衣服，然后白班的护理会做喂饭等事情，让婕儿能够准时地开始训练。当然也因人而异，不认真的护理就可能拖拉到我们来替代；但也不会什么都不管，至少要喂饭的。今天真是有点过分了！也来不及生气，怕耽误婕儿的训练，正准备到总台叫护理，就见Katherile走进来了，原来她是今天白天的护理，刚刚接班。这是一个身材高挑、一头金发、非常漂亮的女士，说是女士只因她已经是四个孩子的母亲了，其实她还很年轻，不到30岁！Katherile不仅有美丽的外貌，还有相当的责任心，每次是她值班，婕儿就很开心。她常常是一边认真地护理，一边温柔地与婕儿聊天，每次下班之前还要来与婕儿打个招呼，告诉婕儿她下次什么时候上班。别说婕儿，就是我们看到她，也会感到身心愉悦。这不，Katherile道过早安后就开始有条不紊地给婕儿进行一系列的护理：导尿、换单、穿衣、上轮椅。当然我和婕爸一起参与其中，刚进医院时这些活都是两个护理做的，现在他们也会省掉人工了，我们也就当作是学习吧，而且自己做更加放心。

　　从婕儿治疗的情况看，美国医院职责关系分得很清楚：从上到下是医生、训练师、治疗师、护士、护理。医生又分了身体和训练两种。身体医生主要管婕儿机能康复方面，如血压、体温、血糖等；训练医生则是负责物理方面的康复，如四肢肌肉、排尿、大便等；还有心理医生，每周有2~3次，每次30分钟的谈话。训练师则是生活训练和物理训练，简称就是OT和PT。OT主要是帮助婕儿重新学习最基本的技能，如现在就是如何利用手架等辅助工具来完成刷牙、吃饭、穿衣、写字等动作；而PT则是帮助婕儿加强肌肉的力量，从上下手臂、肩膀等部位开始训练，使她渐渐地能够支撑起自己的身体，在他人的帮助下慢慢从卧位到坐起来（现在还是运用升吊机送到轮椅上的）。而治疗师是负责具体治疗身体某方面疾病，如呼吸治疗师每天隔4个小时就要给婕儿做呼吸训练，恢复正常的呼吸功能，尤其是婕儿头个星期气管有痰咳不出时（肌肉不能收缩了），就要给婕儿助力，并教婕儿如何利用鼻子的吸气将痰带出来。再下来就是护士了。护士主要做的是服药、量血压、打针等高一级的护理，还有记录对病人的护理情况等文字工作，负责管理护理的工作。有的负责的护士也会做导尿等事情，如婕儿喜欢的一个护士Sheryle，常常为婕儿做各种护理，还教我如何给婕儿导尿和排便，极有耐心，也很善良，前面几次提到的那个天使姐姐Liz，就是这里的一位护士。最下面的是护理，就是做最基本的护理，从喂饭、穿衣、擦身、洗澡、导尿到清理床铺和房间等，我们经常打交道的就是这些护理了。护理的差异就比较大了，明显没有医生、治疗师的素质好，尤其是非欧美人，所以才会出现早上那一幕。这可能是与他们的医疗制度有关系。医生和治疗师与医院是相互独立的，有的医生自己在开诊所，又被医院聘请兼任，收费也是分成的，因此很有责任感，非常尊重患者的想法，每次查诊后都要用很认真的态度问："Any questions？"（还有什么问题吗？）让人感到他们在尽责而为。总的来说，这些医疗人员的态度还是让人满意的。

今天我们三人向婕儿的主治医生Dr.Barnes表明了我们的态度，即不管保险金是否有问题，我们都希望医院对婕儿的治疗要一如既往，如果保险金用完了，我们自己可以支付，不要因为保险金的问题影响对婕儿的治疗，因为照婕儿现在的病情肯定是不能够作20小时长途飞行的，何况她的病情也没有稳定，不论怎样我们一定要抓紧康复的最佳时期，让她得到及时的治疗。Dr.Barnes的态度很好，说是要去查一查保险金的情况再说。不管以后怎样，我们讲清楚后如释重负，婕儿也显得轻松很多。我想起那句话："遇到问题，面对它、接受它、解决它、放下它。"我们虽然没有解决它，但是先接受这个现实，让心情平静下来。大脑清晰，才能想出比较合适的办法解决问题。

评 论

Sunny阿姨之一　连日来，回家第一件事就是上网看肖大姐的博客。看到婕儿一天天好起来，心情也由起初的伤悲和忧愁，逐渐变得平静和宽慰。婕儿真是好样的！遭受如此劫难还能始终保持乐观向上，各种境况下都能不同凡响，可见其潜力无限；最可贵的是肖大姐，平时感觉你是那么的恬静和纤弱，面对爱女受伤给身心带来的巨大痛苦，你却表现出惊人的镇定和理性。你含泪写成的那一篇篇博文，是留给婕儿和我们的一笔宝贵财富！还有我们那位可敬的大哥，尽管你没有说什么，但我们的心是通的，我知道，你所承受的痛苦和压力是别人无法比拟的，你是全家人的精神支柱，婕儿的乐观、肖大姐的坚强都源于对你的信任和依赖，你绝不能也绝不会垮下！不过，也不要所有的事情都自己扛，不要忘记，无论是现在还是将来，你身后都有一帮肝胆相照的朋友，我们将始终与你风雨同行！

Sunnie的两次哭泣 / 3月17日

　　早晨进病房发现婕儿精神很差,两眼含泪,见了我们更是伤心地说:"我早晨听音乐,哭了一个多小时!"原来是杨汀她们来时,带来了几张专门为婕儿刻的CD,都是婕儿平时喜欢的音乐,估计是这些音乐将她带回到昔日与好友在一起的欢乐时光,那时是多么快乐啊!此情、彼景相对照,怎不令人伤心无比!婕儿一边听一边哭,一边哭又一边听,多么难以告别啊,美好的青春如此短暂!等着她的也不知道是怎样的未来!所以婕儿每次上博客是既想看又怕看,都要先镇定一下,才能够看下去,因为人的思维联想是那么快速,"比较"又是人的一种基本思维形式,看到同学很自然就会想到他们在做什么,而自己又是怎样的状况,情绪由此而生。说是要"隔断""冷冻",谈何容易!人不是机器,不是用一个开关就可以解决的。好在婕儿又开始抱怨起来:"肯定是陈悦、李萱她们提供的,哼!看我找他们算账!"这可是个好信息,抱怨是情绪转移的迹象,婕爸马上接过去:"肯定又是孙燕姿的歌吧!""冷冻"开始了,速度加快了,我的婕儿好样的!

　　现在医院的病人很多,婕儿的训练被打乱了,断断续续,中间就有两个小时的空闲,于是婕爸带着她去了医院花园,并去了花园旁边的咖啡厅。咖啡厅实际上是餐厅,有各种食品选购。这也是让婕儿进入社会的一种方式。训练回来,邝先生夫妇又来探望,还带来了一大盒鸡肉粥,说是喝粥比较容易吸收。师母是那种很娴静、淡定的女性,与热情、宽厚的邝先生相映成辉,想来

⊙ 4岁时在幼儿园参加"六一"儿童节演出,做小小报幕员(左)

一定是牧师的贤内助了!

下午的时间很紧: 先是与狗医生训练。这是一条很漂亮的贵宾狗, 大大的眼睛很懂事的样子, 特留照片一张。接下来是与心理医生谈话, 再后又是一小时的PT。到4点半时, 育才同学王坚和宋希又来看望婕儿, 王坚还特地定做了一个iPod nano, 背后印着祝语: There's Will, There's Way. We all love you Sunnie.(如果去寻求, 就会找到你前方的路。)让婕儿感受到他们的用心鼓励, 谢谢啦! 6点钟左右, Justin和Queenie出现在门口, 他们是专门给我们送饭来了。打开饭盒一看, 啊, 好漂亮的虾仁芥蓝: 白白的虾仁盘成一个个的虾圈, 下面是一条条翠绿色的芥蓝衬着, 煞是好看, 吃一口脆嫩脆嫩的; 还有一盒鸡肉烩意大利瓜, 也很上口; 外加香喷喷的泰国米饭。婕儿一口气就吃了一碗, 还有一大盒西瓜! 有一次婕儿无意中说好想吃西瓜, 他们听到了特地去找到西瓜, 削成一小块一小块的送过来! 花了多少时间啊! 面对这份心意, 我们说"谢谢"都显得空洞苍白。

吃过晚饭后婕儿睡了, 她一般会在我们离开医院之前睡上两个小时的, 因为我们在她身边她会睡得很安心。这时候常常会接到一些电话和信息, 我和婕爸怕吵醒她, 于是轻手轻脚地到旁边的休息室去讲话, 大概坐了半个小时, 再回到病房, 还没有走到门口, 就听到婕儿嘶哑的叫声: "爸爸! 爸爸! "她醒了! 只见婕儿哭着发脾气: "你们到哪里去了? 为什么不理我了? 我叫了好久都没有人理我, 我好没用呀! 我好害怕呀! 哇! "顿时, 我明白了婕儿的处境, 醒来后没有见到我们, 又没有给她准备呼叫器, 可怜的婕儿自己不能动弹, 躺在床上好无助, 怎么能不害怕? 我们赶紧抱着婕儿向她道歉, 安抚她那悲伤的心。但头脑中一再响起婕儿那无助的呼喊声, 心里感到一阵阵刺痛: "婕儿, 妈妈一辈子也不会离开你的! "

评论

拉拉爸 读了这样的日记, 心里很难过。不知道怎样抚慰他们一家。就像面对汶川大地震一样, 我们能尽力做点什么; 不能做什么, 就多为他们想点什么, 站在他们旁边, 与他们一起面对命运。我们大家都用温软的心, 静静地感受大洋彼岸传递过来的伤痛。

面对这一家的遭遇, 我们每个人都在责问自己: 我们能够像他们那样勇敢吗? 我们是否非常珍惜夫妻感情、关爱子女? 我们对生命与幸福的理解是不是过于轻浮? 我们是不是在平常生活中对别人过于忽略? 难道只有面对灾难我们才显得善良、团结、宽容？——婕婕一家的不幸，肖老师、禹老师的表现，在给我们每个人上课——让我们认真地坐下来，上好这一课。

Heidi 是啊，要和过去"隔断"是如此的难。Sunnie，我这几天对这句话也很有体会，遇到了点影响情绪的事。但我知道心里的低谷总会过去的，生活还是要继续。我的笔记本上记着一句话：要庆贺你所拥有的，而不是哀悼你所缺失的。一起共勉。

1596324452 "我的婕儿好样的！" "婕儿，妈妈一辈子也不会离开你的！"这是文中反复出现、深深震撼我的话。我想这也是肖老师你的精神支柱。做一个妈妈真幸福，你是女儿的全部。

卉子 婕婕，我也来了。我对你很有信心。从小到大你在我心里都是最棒的，没有一点瑕疵。所以你也要相信自己是最棒的，渡过这个难关，你会比我们所有人都强大。

Sofei 亲爱的Sunnie，我也来了！！！还记得高中军训的第一天吗？第一天站军姿，体质虚弱的你终于坚持不住，倒下了。但是在往后的半个月军训里，你战胜了自己，没有一次主动要求休息，一直坚持到军训结束。强大的Sunnie，这一次也要战胜自己，我们都给你打气！

火娃 我想到我上个月做完膝盖手术在家疗养时单单被猫咬破了手指，我妈看到就失声哭起来……真无法想象婕的父母这段时期的心情。我只觉得有父母给予最大的温暖就是很幸福的。

Sunnie的康复训练苦中作乐 / 3月18日

婕儿告诉我，她又梦见自己能够走路了。我就告诉她，那是神在指引你，也是我们的目标，要用意志力去达到。我现在也只能够借助于神的力量，去激发孩子的潜力或代偿力，更大的可能只是安慰罢了，因为婕爸问过主治医生这个问题，医生反问他，你信神吗？婕爸说："我不信，但Sunnie信。"医生说："那就看神的旨意了！"有一天我无意中在摸婕儿的左大腿，她突然说："妈妈，你是不是在摸我的腿呀？"我们都惊讶了，因为她的左腿是没有知觉的。于是，婕儿高兴地告诉所有的人，可是以后再次去摸，感觉却又消失了，我想可能是婕儿愿望太强烈导致的错觉，又或许是她看到我的手在动而推想到的。我真是爱莫能助啊！特别是看到她学着吃饭时的情景：OT训练师在婕儿的手上绑上一个辅助工具，将匙子插进去，让婕儿利用手臂的力量带动手指去舀。因为没有神经控制，所以这样一个简单的动作对于她来说真是力不从心，只见婕儿好不容易舀到了一点麦片，晃来晃去的就是送不到嘴边，尽管她的头还在用力向前靠，想带动身体向前，嘴里"啊啊，啊！"直叫。我情不自禁地要去帮她一把，可被训练师制止了，一定要让婕儿自己去尝试。匙子里的麦片已经被晃得所剩无几。"真狠心！"我当然知道是要婕儿练习，可也要慢慢来嘛！为了这个动作婕儿已经是筋疲力尽了，最后还是训练师给送到嘴里，婕儿吃得叭叭响，到口不容易呀！这样的练习也是常有反复，尽管心疼，但还是要鼓励她。在训练时婕儿比我们坚强，因为她所有的希望都放在了训练上，希望能自理，希望能站起来，这都是她的动力呀！

　　好在两个训练师都是婕儿喜欢的，特别是PT训练师Peggy。这是一个个子不高的女孩，在训练中常常与婕儿有说有笑。虽然PT训练很单调，总是几个动作，因为婕儿可以动用的肌肉、神经只能支配肩膀、部分手臂，但是Peggy就能够让婕儿快乐地做。那天要婕儿模仿鸡抬翅膀的动作，当婕儿在做时，她就一边在后面撑着，一边唱着自己编的曲子为婕儿伴奏，不仅婕儿，连旁边训练的病人都开心地笑了。后来婕儿告诉她有一个会唱歌的鸭子，她就让婕儿训练时带去。鸭子嘶哑的、有节奏的声音更加增添了训练的快乐，减少了训练所带来的厌烦情绪。训练近20天了，慢慢地，婕儿头、颈、肩及手臂的力量大了一些，能够双手反撑起自己的身体一会儿，坐在轮椅上也显得自如了许多，手抬起来的高度也在升高，原来连自己的下巴都碰不到，现在可以抓到头发了，而且是左右手都可以！离我和婕爸给她定的目标——坐在轮椅上打电脑——不远了！

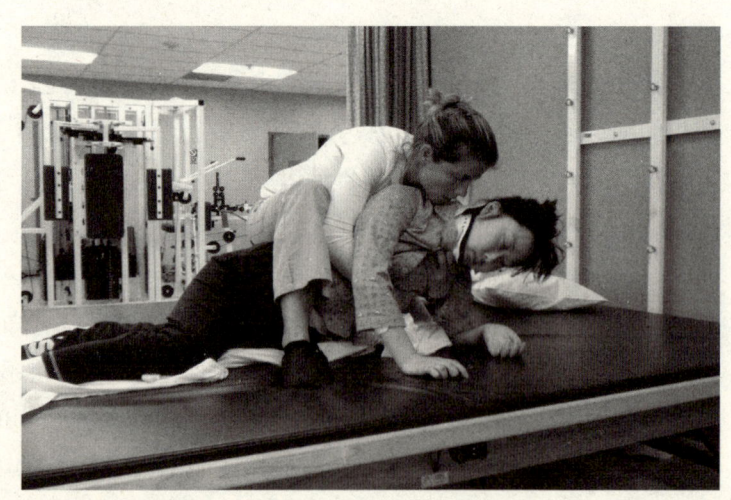

⊙ PT训练师Peggy
　在给婕儿做训练

杨汀　我一回到家就来看阿姨的博客，才几天工夫，Sunnie又是这么大的进步，她真是太棒了。毫不夸张地说，Sunnie是我遇到过的最阳光的女孩儿。那天去见到她，看见她可爱的模样后我的心情特别好，我对她非常有信心！

小cy噢　Sunnie，你知不知道，每天有很多认识你的、不认识你的人，来这里看你妈妈的blog，很多人看完了，都会跟我说，被你感动得不行了……你的坚强，你的乐观，你的信念，在感染着所有人！我们这帮朋友，以你为荣！

一家人的情绪相对稳定了 / 3月20日

这一周感觉过得很快，好像生活进入到一种常规状态，每天陪着婕儿训练，学习如何训练、护理她，有时间就写博客。可是明明知道这样的日子很快就要结束，我在提醒自己，也许现在的日子以后想想还是比较轻松的，当然是从照顾婕儿这个方面来说，毕竟在美国医院，高额的医疗费后面还是有比较细心的护理的。

这两天婕儿开始出现抽搐现象，开始是表现为膀胱抽搐，后来又出现双腿的抽搐。这种抽搐现象近来常常给婕儿带来很多的不便，她也开始烦躁。她向Barnes医生请教，医生很认真地找到一张脊椎的图来跟我们解释，这种抽搐现象是脊椎损伤后常有的，因为婕儿是第5、第6颈椎之间的移位，意味着从腹部以下这一部分，包括消化系统、排泄系统、下肢等掌管的功能失去了与大脑这个"司令部"的联系，有时候就会出现没有理由的抽搐。我们自己也翻看有关的资料，了解这一症状的来由及如何应对等知识。

感觉日子过得快的原因是，这几天我们一家人的情绪好像也进入一个相对稳定的阶段了，我不敢说以后就一直是这样，但至少相比前面那种情绪一直强烈颠簸的状态来说，是稳定了许多，尽管婕儿不舒服时有时会烦躁。每天的训练时间是她最快乐的时候，虽然很累，但那是给她康复希望的所在；而且在训练大厅里，婕儿几乎与每一个人，无论是病人还是医护人员都熟悉了，不停地打招呼、开玩笑，她喜欢交往的性格得以发挥，也赢得大家的喜爱。那天工作人员Susan拿着一串手链，上面还拼出"Sunny"的字样，说是一个病人老太太送给Sunnie的，可是婕儿还不太认识这位老太太；胖胖的护理Nia还专门买了各种颜色的发带送给她，让她能配上不同颜色的衣服；训练师Michelle送给婕儿一件黄色的T恤衫，她很开心地穿去训练，还特地告诉Peggy。Peggy不服气，当天训练完后，就带着婕儿去医院的咖啡厅，她请客让婕儿自己挑选饮料，婕儿挑了一种叫Smoothie的饮料，是水果和酸奶搅拌成的健康饮料。后来婕儿才知道，Peggy和Michelle是一个治疗小组的，两个人比着看婕儿最喜欢谁，也不知道是医院要评定还是她们自己要比，反正婕儿因此就受宠了。昨天下午婕儿第一次坐着洗澡，然后睡了4个小时，醒来后情绪很好，主动与Muz煲电话粥，笑得哈哈的！我们在旁边看着也很开心！

　　相对稳定的情绪更加来自婕爸。自从婕儿出事以来，婕爸完全变了一个人，沉默不语，深深地哀叹，眼直直地发呆，夜晚常常从睡梦中惊醒，突然坐起身来大声喘气，吓得我只担心他会得心脏病，他自己也感觉好像得了抑郁症似的，后来连婕儿都要做老爸的心理工作了。要感谢博客上的各位朋友给我们的帮助，尤其是对婕爸的特别支持和理解，使他能走出这一事件带来的心理危机。这一星期来，我才渐渐看到原来的那个婕爸又回来了，又可以听到他那富有感染力的笑声了。谢天谢地，不管以后怎样，至少我们家以前常常有的笑声又回来了！

评论

橄榄枝　挺佩服婕爸的，男人们要走出自己思想的"洞穴"是很难的哦。肖老师和你的博客、你们家人的精神会影响很多人，启发很多人！

嵘爸　看了肖大姐这两天的博客甚感欣慰！婕儿真行！你的勇敢、聪明、美丽、乐观和快乐已经征服了周围所有的人，现在你是病友和医护人员争着宠爱的对象，看来今后我和阿姨也必定要围绕你，与那帮叔叔阿姨打一场持久的"争宠"大战了！胡子大哥终于走出来了！婕儿出事后，同为父亲，我深深理解这件事带给你的绝不仅仅是痛苦和担忧！一切都来得那么突然和残酷，你想的、要做的、要承受和担待的的确太多太多！但路要一步步走，事要一件件办，现在要想和要做的就是婕儿的治疗和康复，今后的事等你们回来后我们再一起规划和实施。哥们儿放松些，放松些！

Wangyuany　我们都幸运地发现，博主在主持一档最动人的电视直播。她主持得太优秀了，让我们大家第一时间获得了各种现场消息。朋友们被她的叙述紧紧地吸引住了，每一个细节，每一个场景，都被仔细地捕捉，仔细地品味。唯一不足的是，她很少把镜头和话筒对准那位父亲。也许她是对的，描述父亲，可能会给大家带来更多的痛苦。在今天的这篇文章中，终于给了婕爸一点镜头。宽慰，好佩服。

朋友们帮我们度过"月纪念日" / 3月21—22日

3月21日，看到这个日子好像有点混乱，发现昨天的博客上居然写着"3·22"的字样，自己都感到很奇怪，也许是想逃避它吧。2009年2月21日，是我们永远不会忘记的日子，它是婕儿生命的转折点，也是我们家庭的受难日，从那时到今天已经一个月了，这一个月对于婕儿、对于我们全家都是一个巨大的考验。婕儿上星期看到博客是从3月1日写起时还说："妈妈，你可以将前面的事情补上。"我看了她一眼，表面上她似乎是淡淡地一提，其实她心里也知道，那七天对她对我们都是刻骨铭心的经历！我何尝不想写，只是内心在作挣扎，那是最痛苦的、最难以接受的、几近崩溃的一个星期！现在让我痛定思痛，何其痛也！看看在我身边睡得很香的婕儿，我怕自己会哭出来，想想还是罢了吧！好不容易有了现在比较稳定的状态，不要再去揭伤疤了。

好像大家都在回避这个日子，我们三人谁也没有提起。昨天是周六，婕儿的训练只有两个半小时，但婕儿从凌晨开始就发烧，一脸通红，38.2℃，到7点还没有退才给吃药，医生也找不到原因，一直到11点多钟才恢复正常。

下午凤凰城的一帮姐姐们又来看婕儿了，分别带了很多玩的、吃的、喝的，就像大家在聚餐一样，婕儿嘴馋起来，还用粤语与她们开着玩笑，很是开心，一直延续到晚上，婕儿吃完晚饭就想打电话，与Muz等通话聊天。

今天周日没有训练，所以从容许多。婕儿想去外面走走。吃过早餐，在护理的帮助下处理好排尿、穿衣、起床、吃饭、刷牙等事务后，已经是10点多钟了。外面的太阳很大，还有风，这几天凤凰城的温度达到近30℃，我们决定还是到医院那边走走。这家医院是凤凰城最大的医院之一，在其他地方还有连锁医院，我们住的是医院下属的康复中心。医院很大，分散在约0.5平方公里内，主院与康复中心有地下通道连接，有八九百米长，可以免遭晒太阳之苦。从医院的大门进去是一个大厅，只有一排接待桌，大概是咨询台，坐着几个医务人员，但是没有挂号处，因为病人看病都是事先与医院约好时间，来医院后就直接候诊，我看到几个候诊厅，看上去就像咖啡厅，摆着沙发，有杂志、电视，使人感到很放松，在走廊转角处看到有一处专门给人挂祝福语的橱窗，我们看了几张，有的是祝父亲早日康复，有的是祝哥哥手术顺利等。想给婕儿也写一张，可是没有找到纸张，下次吧。

下午我们在训练厅给婕儿做了一些简单的训练后，婕儿要上网看看，刚看了她的几张照片后，就陆续有朋友来看她。我因为要发邮件，所以迟去了一会儿，等我在一楼大厅找到他们时吓一跳，有十多个教友在那里，还有两位小朋友！那个叫Calvin的小朋友知道婕儿的脚不能动时，认真地告诉婕儿："你只要用心去想，它就会动起来的！"当婕儿翻译给我听时，我真的很感动，纯真的童言，与Liz姐所说的"意念"是一脉相通啊！

刚回来病房，Liz快言快语地走进来，"Sunnie，我带西瓜来了，赶快吃，还是冰的！这可是老天送给你的！"原来她与先生去超市购物，特地找到西瓜，结果发现收银员算错了账，为了道歉，就将西瓜免费送给她了！Liz姐真是有心，不仅给婕儿精神上的鼓励，在医院里也给了婕儿很多的关照，还记得她喜欢吃的水果是西瓜，不愧是天使姐姐。

Sunnie与心理医生 / 3月23日

今天是周一，婕儿又是4个小时的训练，其中有30分钟的心理医生面谈，我注意到每周都安排了两次这样的面谈，心理医生是个心理博士，外表也像一个标准的美国绅士，只是给人感觉有点害羞，每次看到婕儿或我们，总是彬彬有礼地、轻轻地点着头打招呼，然后站在旁边看，不像其他的人，看到婕儿时会大声地打招呼、说话。每次婕儿看到有见心理博士的安排总说不想去，有一次还找借口推掉了，但我尽量鼓励她去聊一聊，我告诉婕儿，在美国见心理医生可是几百美元一次喔！有一次回来婕儿笑嘻嘻地告诉我，她问心理博士：我不知道自己以后能干什么，那个心理医生说，你看上去很聪明，又能与人打交道，还有这么多的学问，可以做很多的事情！婕儿反问：你怎么知道我有很多学问？博士说：

因为你学的专业（产业经济学、MBA）我们都不懂啊！说到这里婕儿哈哈大笑，我从中看到了心理博士的智慧和专业水平，当然也看到了谈话的效果，虽然不是一下就解决婕儿内心的担忧，但对婕儿增添自信心是会起到潜移默化的作用的。还真是值几百美元呢！随着咨询的次数增多，渐渐地婕儿对见心理医生也没有反感的心态了。只可惜自己的英文太烂，没有办法与他沟通，只能从婕儿那里了解一点，也可以感受到美国心理工作的一点具体实施情况。

今天婕儿最喜欢的训练师Peggy没有来，是由另外一个训练师替代，他们就怂恿婕儿明天去作弄Peggy。Peggy是一个很认真的人，尽管她很快乐，但是对待工作却一点都不含糊，有时婕儿累了想休息，她会想办法，比如开玩笑、唱歌等让婕儿继续练。她自己也决不偷懒，也很在意病人对自己的工作是否满意，如果不满意，她会瞪着眼睛一直问你，如果告诉她满意时，她会高声地唱着歌，快乐地做着事情。就是这样一个很可爱的姑娘，婕儿每次说起Peggy总是会兴高采烈的，我们也很庆幸婕儿遇到了这样一个"臭味相投"的训练师，不仅使婕儿恢复身体功能，更给婕儿带来快乐的心情，这可是实用的心理辅导喔！

婕儿现在坐着电动轮椅比较自如，所以训练空隙就开始在病房和训练大厅里到处转转，找人聊天，这也是她打开自己活动空间的开始。一个月的卧床和训练大大禁锢了她活泼的个性，能够自己开着轮椅独自转转是一个好信号，我感到我们不高的目标会一点点实现。

评论

英国奶爸　车祸没有夺走Sunnie的智慧！它也许带走了她独立行走的权利，可是又戏剧性地送了一辆轮椅让她代步。今后，轮椅也许会成为Sunnie身体的一部分，任何人触碰轮椅，都要得到Sunnie的允许。这是我的体会。Sunnie不要担心今后的事情，老天把你安排成这样，必有其美意。

因为儿子的脑瘫，我放弃工作快六年了。我经过了很久的挣扎，但最终走出来了。我想跟你说：接受上帝的安排，好好做康复训练，以健康的心态面对世事。敞开心扉，让你周遭的人看到你真诚的邀请，你会有很多启发。跟心理医生去聊，很坦诚地聊，把你最为担心的告诉他，并寻求帮助。

新浪网友　可以想象Sunnie在训练时笑的样子，每次看到肖老师的笔触，就觉得您真的是一位很伟大的心理老师，不仅能医人，更能自医。

Candy　还记得我很久之前问过你，到底什么是产业经济学？我到现在还是没懂。什么时候再跟我传授一下呢？还有，我都不知道你会讲粤语，为什么之前每次打电话还要跟我讲普通话？下次你再跟我聊天，我死活都不会跟你讲普通话了。

Muzpp　这一家子的遭遇与应对的心态成为心理咨询的一个案例，将教育与帮助好多人呢。

橄榄枝　肖老师，你的这篇文章让我想起了第一次看了你博客后我内心的起伏跌宕，给你留言时写了又删，删了又写的谨慎和犹豫，现在看来，我还真是多虑了。向您学习！

感受美国医院的护士们 / 3月24日

这几晚婕儿睡得较好，与值班的护士有关。这是一个男护士，个子高高的，至少有1.9米，感觉像希腊人，说话的声音很厚重、低沉，像个低音提琴在鸣响。刚开始看到有男护士，好生奇怪，后来发现还有男护理！而且不是一两个，我至少看到有五六个，他们怎么会愿意做护士？这样细心的活他们做得来吗？但是从给婕儿护理过的几个男士来看，这都是人们的偏见。就拿这位"希腊男士"来说，虽然很酷，很少看到他笑，但是他做事非常负责认真，别人可能5分钟做完的事情，他会花上10~15分钟一步一步地做到，绝不敷衍了事，而且非常体贴入微，他会一再问你"Are you comfortable？"（舒服吗？），不厌其烦地帮你整理姿势，那种神态完全就是一种敬业所在。其他的男护士也都是态度很认真的，所以婕儿总结性地说："男护士就是比女护士更加温柔！"看来偏见也很容易纠正喔！

晚上的护理又是热心的Bella，这是一个很喜欢说话又很善良的胖女士，她对婕儿很好，婕儿每天扎头发用的不同颜色的发带就是她专门送的。她一接班就进来告诉婕儿，这两天都会是她值班，让婕儿放心，接着看到婕儿的小熊维尼，就拿着它又唱又跳，逗婕儿开心。别说婕儿，我们在旁边看了也哈哈大笑，真是一个开心果！但这并不影响她的工作，一小时后她来做常规检查，发现婕儿的血压只有66/44，太低了！婕儿当时已经睡着了，Bella赶快叫醒婕儿，要她立即喝果汁，给她穿紧腿袜，同时将床头升高等，采取了这一系列方法，二十几分钟后再量血压，已升到89/58，我们松了一口气。我们感受到美国护理人员的认真负责的工作态度！

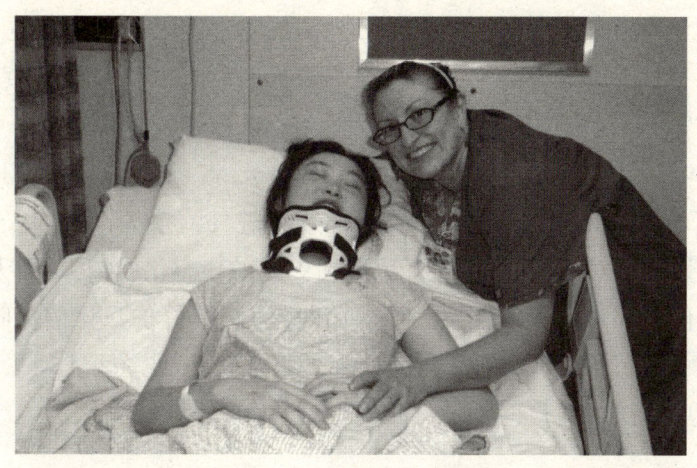

⊙ 热情、活泼的护理Bella

　　有时候好友送来的礼物如水果、鲜花等，我会将它们分别送给为婕儿医病的大夫、护士等，表达我们对他们的谢意，大家都很开心。美国的医生、护士、护理都是经过严格训练的，从技术到接人待物，都非常负责，而且是很自然地、发自内心地去做，无论是对病人还是同事之间，大多数人都是笑盈盈的，无论相识还是陌生，都会打招呼，寒暄几句，一下就可以消除你的陌生感。大家相互融合，也相互享受其间，真好！

我们与婕儿也在适应过程中 / 3月25日

　　中午婕儿因着急要去训练，一会怪我的动作慢，一会又说婕爸喂饭太快，会噎着她的（她的吞咽神经也受了损伤）。这样的情况已经多次了，我们也知道，自己的基本生活都要别人代做，内心的那种难受和不如意容易使人烦躁，但是情绪的躁动对己对人都会引起更加不满的心情，形成恶性循环。我一直想找个机会提醒她，于是忍不住开始说她："不要太任性，要体谅我们的难处，我们也是在学习，也有适应的过程。虽然你要求别人做的事情可能会不如你意，但这也是你要学会妥协、学会适应的生活内容。以后这样不如意的事情还会有很多，可以采用别人能够接受的方式寻求帮助，哪怕是亲人也是要有限度的。"婕儿还是聪明的，当时就点头，事后到现在（24小时）已经看到提醒的效果：婕爸要练习将她从床上抱到轮椅上时（这可是个力气+技巧的活），她会轻轻地跟老爸说："爸爸，你不要着急啊，小心你的腰啊！"婕爸也就听进耳里，记在心里了，动作也到位了。没有像原来那样，两人都会很急躁，越急越做不好。

下午婕儿正在与狗医生做训练时，Dr.Barnes走过来，问及我们的计划，是继续读完学位，还是回国治疗，又或是继续在院外治疗等，就美国这么好的条件，我们当然想继续留在这里让婕儿得到更好的康复治疗，但是涉及的问题很多，尽管我们表示我们个人会出医疗费用的，但医院好像只相信保险金或基金的保障，对个人似乎没有兴趣，在讨论中大家还是想到一些途径去尝试一下，Dr.Barnes也积极给我们参谋，他比我们更着急呀！

评论

老合　我真的感觉你的博客像是你开的心理健康大讲堂哩。你在把你的经历写成活生生的案例，告诉我们在大灾大难面前，如何进行心理调适，如何去面对，去接受，去解决！你的文字像你人一样——朴素，文雅，善良，充满智慧和爱。我每天早上起来第一件事就是打开你的博客，看看我们的心理老师有没有来到大讲堂，给我们上课。

秧央　老跟我妈想起去新马旅游时的情景，婕爸爸带着我们一帮孩子在游乐场尽情地玩——整团人都在等我们！那个时候就觉得婕爸爸真的好爱好爱婕婕！

盛满爱心的饭菜 / 3月26日

婕儿今天PT的训练开始有新内容，前一个月的PT几乎一直是在训练她坐起来支撑身体的力量，单调而艰苦，幸好训练师Peggy是一个快乐的姑娘。晚上婕儿躺回床上时突然对我说："我今天突然感到，我身上可以动的地方很少了！"我的心一惊："你不是双手都能动吗？"再无语，心痛，知道自己的话是那么苍白无力，在训练时哪怕有一点点进步，她都会为自己"Yeah！"地鼓劲，但训练中更多的则是一次次失败，一次次负反馈将她的希望一点点减少，怎么不令人沮丧？晚上正好有好友Jade发来邮件，是最新一期的《时代周刊》上介绍美国干细胞在脊椎损伤治疗方面的研究，虽然还只是在动物身上实验，但实验的效果是明显的，令人鼓舞的，赶紧念给婕儿听，她也受到鼓舞。希望犹存，动力犹在。

晚饭时分，Sharon刚到，Tosca与John也都来看婕儿，这次Tosca又做了香肠茄酱炒意粉和鸡汤，想到他们都是趁着下班的空闲做那么多好吃的，还要趁热送到医院来，感谢加上不安充满心中。

病房有一个专门给病人用的冰箱，共三层，我们几乎就占了一层，我清点了一下，有邝师母煲的鸡汤和寿司、Tosca做的意粉和汤，还有Justin做的油豆腐焖肉等中国饭菜，Liz姐带来的西瓜，真是丰盛啊，我赶紧用相机拍了下来，这可是爱心满满的象征喔！好像是老天的旨意，让我们在异国他乡有这么多的兄弟姐妹关心和支持，帮助我们能够度过艰难时期，我们是吃在嘴里，情溢心中啊！

Sunnie用行动回报大家 / 3月27日

婕儿从昨天开始了一些新的训练，使她更加投入。今天的OT就是让她自己吃饭，每吃一口就要使出吃奶的劲，还不一定能送到嘴里，训练师也在不断地想办法，做一些小辅助工具来帮助婕儿能轻松一点。每当这个时候我就处于一种挣扎的状态，一边是知道要给她练习，才可能有以后的独立自理能力，但看到婕儿那种吃力的样子，嘴里还不断地在"嗨、嗨"使劲，可身子就是不听话，真是会情不自禁地伸手帮她，我们只是举手之劳啊！心里的难受还不能表现出来，怕

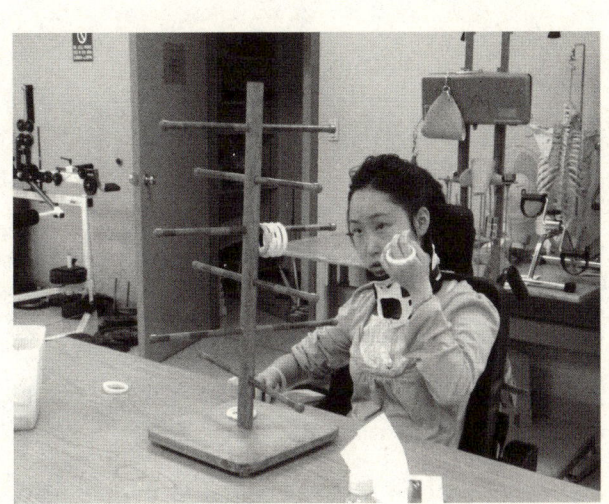

⊙ 平时轻而易举的动作现在却
　是训练中的高难动作了

影响到婕儿，更怕加深婕爸的忧愁。因为训练太累，婕儿反而没有胃口，自己吃到嘴的食物也很少，我们看在眼里急在心里，幸好有教友们送的各种食品，让我们能换着花样给她调胃口，晚上就吃得多些了。

上午训练中间有一个小时，婕儿特地提出去电脑房看博客。她让我打开博客后，就自己用手掌按上下键来翻动，看得很认真，看得她有时候笑，有时候哭，尤其是看到小cy噢在回顾她得知婕儿出事后的一段描述，泪水像断了线的珠子一样往下掉，我也陪着她哭，电脑桌上马上出现一大堆纸巾，让她发泄吧！因为坐在轮椅上每隔15分钟就要躺下来休息一会，所以只看了前面几天的，她让我在这里感谢所有关心她、鼓励她的同学、朋友、叔叔、阿姨们，你们放心，Sunnie会坚持训练的。果然下午就有效果。

婕儿下午训练结束时Peggy让她尝试自己坐在垫子上，两手只放在膝盖上，靠自己的腰、背、肩和颈的力量撑坐，看能够坐多久。好像是在做一个考试，婕儿低着头很专注地坐着。这时正是训练结束时间，很多工作人员过来凑热闹，有的说要挠痒，有的在数时间，还有的站到垫子上跳着，而Peggy则在后面哼着广告曲子（她要保护婕儿的）享受着这一时光。却看婕儿谁都不理，低着头只是叫到"no touch！"（不要碰我！），认真地接受考试。Carlos，也是婕儿很喜欢的一个大胡子训练师，在旁边一边摇头，一边数时间。3分钟、4分钟、5分钟数过婕儿才让Peggy扶住，大家齐声赞好！婕儿就像通过考试的小孩一样笑眯了眼。这是PT训练了四个星期的结果之一，怎不令人高兴？我也赶紧向大家汇报这个好消息，因为这也是大家鼓励的结果呀！

感谢旧金山的朋友们 / 3月28日

今天是我们等待的一天，Sunnie在旧金山的朋友洪老师和Elisa代表大家的心愿专程从旧金山飞过来看Sunnie。当她们11点到达时，Sunnie正在二楼做训练，训练师在教我和婕爸怎样使用一种转移架将她从床上搬到轮椅上，也要婕儿的配合才行，训练大概在十几分钟后结束了。婕儿看来很累，看到她们没有像平时那样露出灿烂的笑容，我想，内心也会有很多感受吧。一起回到病房，她们迫不及待地将礼物一件件拿出来，大家送来了很多礼物，有一大束玫瑰花、励志光碟、书籍等，其中最珍贵的就是一本祝福相册，这是他们自己做的祝福卡，每一页都是个人精心制作，首页就是Sunnie在团聚时的大幅照片，婕儿一页页翻开看，看到一个个熟悉的脸庞，一行行爱的笔迹，教友们都在呼唤：回到我们中间来！她的眼泪不停地流，哭到伤心处"呜呜"地哭出声来，想到自己今非昔比，感触太大！

下午凤凰城这边的朋友们也都赶过来与洪老师、Elisa见面恳谈，洪老师和Elisa代表旧金山市华人朋友一再向邝先生等表示感谢，并合影留念。4点钟，洪老师和Elisa就去机场返回旧金山市。尽管来去匆忙，只在这里待了5个小时，但其中的深情厚意我们都深深感受到。我们全家衷心感谢旧金山市的朋友们，你们的关心和支持对Sunnie很重要，是她康复信心的来源之一。她为结识了你们这些友善的朋友们而骄傲！

评论

考拉姐姐 早两天才从玲那里知道Sunnie的事情，你内心最挣扎的时候，我们却毫不知情。我和玲的心情都很不好，我一直在关注你的博客，了解到你的坚强、睿智和积极，我暗暗舒了一口气。玲让我赶紧给你写一点安慰的话，可是，我真的不知道应该说些什么，才能起到真正安慰你的作用。我想，任何的同情和怜惜都是空谈，只有看到Sunnie一天天地好起来，你才能真正释怀！朋友们都会真心为Sunnie祈祷，望你用皮革马利翁一样的信念去期待您的女儿，我们坚信，女神可以为爱复活，Sunnie也一定能因爱而重新站起来！

菁菁 天哪，一切都发生得那么类似，我男朋友也是去年在海外发生的车祸，车翻了三圈栽在地上，后座的一个弟兄当场死亡，他也在后座重伤，直升机吊往其他国家去医治，父母也被通知前往那国家陪同。他的颈椎、右臂、手、头等多处受伤和骨折，昏迷两周啊。医生告知我们，他可能不是植物人就是瘫痪……他才24岁，曾经是那么活泼幽默风趣的男孩。我们一直都在为他祷告，我害怕极了，几乎都用颤抖和不能控制的声音祷告。奇妙的是，他苏醒了，然后一天一天地恢复，当时手和腿完全不能动，两周后竟然能下地行走……所有的人都称之为奇迹，谁也说不清他为什么能恢复得那么快……现在我们结婚了，他康复得非常好，谁都想象不到一年前曾发生过那么恐怖的车祸。Sunnie也一切都会好起来的，因为老天已经给了印证——就是她的生命。没有在第一时间拿去她的生命，说明了什么？老天要Sunnie在这个世界上做它的见证！

舟妈 因为你们最近的生活充满了各种压力,而且生活不规律,你和婕爸最好能在市场买些葡萄籽之类的抗强氧化作用的食品服用,提高免疫功能,你们要好好照顾自己,才能真正成为婕儿的坚强后盾。

Nora Li 在世界的某个角落/有只身披彩翼快乐的小鸟 沁沐在美好的阳光中 向期待的dreamland(梦想地)飞去/不幸的是/她遇到了一场突如其来的暴风雨/冰冷残酷的雨点折断了她的美丽羽翼/当她面对着不完整的身体 心怀那还未实现的梦想/整个世界好像都要破碎 充满阳光的蓝天变得模糊/身体和心灵都好像变得黯淡下来

可是,她是幸福的/当她落地的那一刹那 家人 朋友 以及陌生人的双手牢牢地托住了她/她不孤独 也与他人无二样/她只是经历了一场惨重的打击/她很富足 亲情 友情 或许还有爱情/甜蜜的芬芳和温暖的微风 为她梳理羽翼 为她唤醒希望 为她加油打气/小鸟的梦想再次被唤醒/可能她再也回不到那个沁满阳光的天空/但是 所有爱她的人给她编织了另一个天空/而她所做的/只需添加灿烂耀眼的阳光 只需微微一笑 让天空不再灰暗 因为 她就是Sunnie/小鸟还可以实现自己的梦想 她将会重生/重生——成为凤凰……/生命没有放弃你 你也没有放弃快乐生活的权利/也希望所有在外的游子们/保护自己 爱惜自己/不仅是为了我们/也为了爱我们的人

——即将飞往美国就读的Nora

Sunnie今天先哭后笑 / 3月31日

今天星期二,是Sunnie治疗小组周会的日子,上午的训练做得很顺利,下午我们正在看婕儿训练时,医院的社会工作者Larry走过来,一看到他就有一种不祥的预感,因为他每次都是态度极其礼貌,笑容可掬,但从来没有做过有实质性的事情,虽然不少在美国的朋友都建议我们找医院的社会工作者求助,还举了一些例子,可在他身上我们已经一次次失望。只见他又是很有礼貌地与我们打招呼,然后就跟婕儿讲起来。每当这个时候我是很尴尬的,因为听不懂英语,只能从字词词组中捕捉一点点信息,主要只能从婕儿的面部表情上来判断,整个就是聋人的感觉。只见婕儿没有任何笑容,我知道一定不是好事,Larry讲完后居然还向婕儿鞠一个90度的躬,笑眯眯地走了,真把我搞糊涂了。回头问婕儿怎么

回事，果然是Larry正式通知我们，原来在外面排队的慈善性租房没有了，医院让我们10日出院，即下个星期五，让我们做准备！

虽然我们心里早已预感到有这一天，但是真正来到时还是感到很不爽，婕儿当时虽然坚持做完OT训练，但也沉默下来，回到房间我们三人一时不知怎么办。尽管我们当初的目标35天已经达到，但婕儿的病情并没有如我们想象的稳定，恢复也较慢，这种病况要坐近20小时的飞行能行吗？主治医生一再建议我们坐船回去，不是意味着坐飞机不合适吗？医疗基金才刚刚申请，还不知道是否有希望。婕儿躺在床上突然哭了起来，一边哭一边说："我想回去，我要回家！"婕爸急忙给她擦眼泪，安慰她："别着急，我们会回家的，不就是坐20个小时的飞机吗！"我在旁边只是默默地陪着她哭，让她哭吧，我的婕儿，我知道你心里压力很大，还不能表露出来，真是难为你啦，孩子！

等婕儿睡着后我们商量，还是主动找医院谈谈，申请自费，延长住院时间，让婕儿的病情好转一些再出院。婕爸立即去找到主治医生Dr.Barnes，向他说明我们的想法，及旧金山大学和教会正在发起的捐款活动，就是为医院治疗专款所用。Dr.Barnes答应与医院再商量。说完后婕爸很高兴地回来告诉我，等到婕儿醒来又马上告诉了她。不管医院会怎样，我们已经将自己的主意打定，不再彷徨，不再犹豫，心里就舒坦了许多。晚饭时朋友湘萍来看婕儿，还带上中国餐及一个朋友的150美元支票。湘萍是一个很善谈的女孩，虽然是马来西亚人，却可以讲一口很好的国语和粤语，所以与我们相谈甚欢，婕儿又恢复了往常的笑容。记得她说过，自己常常会忘掉那些恼人的事情，为眼前的事情所开心，实际上这就是一种心理能力。我一直强调的"隔离、冷冻"法，将那些不愉快的事情间隔开来，不让它持续扰乱自己的心绪，透染自己的生活，努力去保持积极或平静的心态。我真高兴婕儿有这样的能力，这是使她能够走出眼前这个艰难时期的根基，这就是我的女儿——Sunnie！

评论

　　小cy噢　今天跟朋友又去了露台，想起上次去是婕约我去的，喝完东西（我们很乖的，在酒吧喝果汁），她很郑重地说要跟我交代点事情，说是很重要。结果，就两个人跑到M记，她跟我说她入教了……很严肃，告诉我这是她人生重大的决定，希望能得到朋友的支持。一切如昨，历历在目。

Zhangaipingxiao4 肖老师，真不知怎样开始我的代笔！我们从张处那里得知你女儿遭遇了车祸和苦难，多年前我们也因张处相互认识，成为朋友，也认识了你的女儿。元月15日我还在门诊见到了你的女儿，她开朗温顺的个性给我留下了美好的感觉。现在从博客中看到她治疗中的照片，感到仍然是那么自然的微笑，女儿像你，像你那样智慧稳重和善解人意。我们愿意用长辈们的爱心温暖一点孩子受伤的身心。用众人的牵挂来祈福孩子安顺。

Sunnie，你确实很棒，在磨难面前表现出来的努力、乐观是许多人不容易做到的，同时你妈妈在博客中表达出来的心路历程确实是一篇篇真实感化我们的心理课程。我们期盼着你继续努力，克服我们无法想象的困难，一步步地走出困境。

（补注：张勇平医生写这封信时，已经身患绝症，刚刚做完手术，但得知Sunnie受伤的事情后还自告奋勇代大家给我写慰问信，还说，他比我好，只是自己患病而已。两年后他步入天堂，特摘录他的信件，以作悼念，愿好人永得安息！）

Sunnie开始学计算机了 / 4月1日

今天是愚人节，Sunnie很想与人开个玩笑，首选就是她最喜欢的训练师Peggy了，因为Peggy是一个很认真的人，容易当真。可是到训练厅才知道，Peggy今天被调到医院那边去了。有点失望，但不甘心，就与Michelle合伙给她发了一个短信息，说是Sunnie的脚被摔了，要她赶快过来看看。结果人家回信就一句话：今天愚人节！没戏！Sunnie还是不甘心，又想到轮椅师Brain，他给Sunnie配轮椅时有一个开关，并叮嘱只有这一个了，要保护好。Sunnie又让Michelle发短信：Sunnie的轮椅开关掉了，找不到，速来！几分钟后Brain就出现在她们面前，一眼看到开关好好的在轮椅上，就大叫："Hi! Sunnie！"大家一齐会意地大笑起来，却也让人感慨他的速度及负责的工作态度！

下午刚要做PT训练时，Sunnie突然感到头痛，这可是以前很少有的，一量血压竟然有122/86，比平时要高出许多，立即停止训练，回到病房查原因。据医生说这种脊椎受伤的人有时可以因一点因素就会引起血压变化，如皮肤受压、膀胱充盈或其他因素，所以我们赶快检查她的衣着是否有皱褶压迫了皮肤，又排尿减少对膀胱的压迫。再量血压时已经正常，才放心。

要写博客之前问Sunnie，今天有什么要写的吗? Sunnie马上说："今天不是学计算机了吗?"可不是，今天上午做OT训练时，Michelle将Sunnie带到计算机前，开始学习如何操控计算机。将电动轮椅上的控制与计算机上的线相连接，轮椅上的控制板就可以直接当作鼠标操控了，可惜她的手还很弱，靠工具也只能勉强点到，但毕竟是开始，让站在旁边的我还是感到有点兴奋。在Michelle的帮助下Sunnie进到了关于脊椎损伤的一个网络，上面的数据好像很多，Michelle立即将这些网站写下来，让Sunnie以后可以自己查看。我很慎重地接过纸条，想一定要保存好，相信Sunnie一定会自己用上的。

与心理医生的问与答 / 4月2日

找心理医生聊聊的念头很早就有，也许是同行的原因，一直在关注心理医生，也极力鼓励婕儿与他交谈，近来随着事情的增多，婕爸、婕儿有时会因为一些小事出现情绪烦躁，次数多了我自己也会不开心，因此想到了找心理医生聊聊。上周婕儿去见他时，我就让婕儿问他，能否让我们一起见面聊一聊，尽管我知道，从职业上来说，咨客的家属要见面是没有问题的，但先预约是他们的规则，也是尊重对方的礼貌做法，让他有一个准备。

约定的时间快到了，婕儿说不想去，因为她还有事找轮椅师。这正合我的意，原来是担心婕爸的英语影响沟通，想婕儿做翻译，但婕爸说没有大问题，但还是让婕儿带我们去找心理医生征得他的同意后婕儿再离开。

心理咨询的房间门口也没有挂什么牌子，走进去一看，太普通了，跟其他办公室没有什么两样。房间很小，只有六七平方米，门口两边各放了一个铁柜，大概是用来放文件的，唯一不同的就是多了一张小圆桌，桌上有一盒纸巾(可在医院到处都是纸巾!)，房间里有三张椅子，正好够坐下，也没有什么90°角之类的讲究，随便拉过来坐下就好了。真是出乎我意料，这么简单! 没有关系，心里想只要有实质性的内容就好。坐下后就直接开始了，因为心理医生对我们的情况在婕儿第一次咨询时就已经了解，所以他的第一句问话就是肯定我是心理老师，我解释是高中的心理健康教育老师，因为在美国是没有这样的专职老师的，而是已经渗透到各个学科、各个层次了，学校心理工作者只做个别辅导。接下来我开始了提问，提问一共有五个，是我事先列好的，也是我们心中一直疑惑的五个方面，婕爸做翻译。

第一个问题： 婕儿在外面是比较开心的，但是在具体生活中会有一些烦躁、着急，我们怎么办？

心理医生： 如果她有脾气，要让她发泄出来，讲出来，不必担心，不要强作笑颜，不高兴时完全可以表现出来，想哭就哭。要告诉婕儿即使在他人面前也不必强打起精神，不高兴时可以对别人说"I am OK, leave me alone for a while"（我没事，让我自己待一会儿），即可以告诉别人，我现在不开心。如果她有想法不讲，压在心里，那是更加令人担心的。

家人应该尽量去理解她。当她发脾气或是情绪很低落时，决不能简单地说"It is OK"（没事）或"It is going to be OK"（一切都会好的），等等。而应设法让她知道我们理解她，让她讲出来，并让她知道我们将一起设法解决问题。比如说："We know you are quite hard now, tell us your feeling. We may do something together."（我们知道现在你很难，告诉我们你的感受，看看我们一起能做些什么。）

第二个问题： 她有时候会对自己的车祸抱怨，甚至说：像现在这样还不如死了更好之类的话，我们应该如何做？

心理医生： 这样的想法在事故刚刚发生后是会有的，但是不会持续很久。我们周围的亲人要理解她当时的心情，要站在她的立场上去理解，而不是简单地安慰她，例如说"Don't worry!"（不要担心）之类的话。

第三个问题： 由于她的身体功能很弱，绝大部分生活都是要依靠我们（别人），很担心由此会产生一种"婴儿心理"，即退行性心理现象，对我们会有很大的依赖性，这会影响到她今后的独立能力的，包括自信心等问题，怎么办？

心理医生： 对于Sunnie的现状来说，要寻求他人的帮助是必须的，而且她很聪明，很女性化，惹人喜欢，这是她的长处。以后可以让她习惯现状，要人帮助也是要忍耐的，别人的帮助不是招之即来的；学会自己处理事情，有时候让她自己作出选择，我们注意不要将她往婴儿方面引导。同时要让她注意体贴父母，我们自己也要习惯安排好事情，这是一件长期的事情，要学会保护好自己的身体，才能去保护她。

第四个问题： 以后她如何面对以前的朋友，又如何进行交往？这是我们很担心的问题。

心理医生：她以后需要的有三个方面：一是爱，亲人的爱和朋友的爱；二是工作，做一个适合她的工作；三是娱乐。三个中至少要满足其中的两个。要与别人建立新的人际关系，的确这点很难，可能会与原来朋友的关系越来越远，但是看起来她与别人交往很好，不会有大的问题。

第五个问题：对于车祸失事的一段她不能回忆起来，作为我们要不要向她提起？

心理医生：如果她想记起或自己提起来就说，我们不要去问她，也许她永远也记不起来了。

问答过程中，我们的问题是一个接一个，而心理医生对答如流，没有想到婕爸听得非常认真，尤其是在讲到第三条，不要让她出现"婴儿心理"，做父母的也要爱护自己时，婕爸那种专注的神情是我很少见到的，一边听还一边点头，我在旁边看着，心里在想，我们咨询的目的之一已经达到了，那就是让婕爸调整自己的心态。爱女心切的他常常是不顾自己的劳累，一定要尽量满足婕儿的任何需要，而累了以后又容易疲倦、烦躁。尽管还没有来美国之前我就提醒过他这点，当时还能听进去，但一见到婕儿就全忘了，我的提醒只当作是唠叨，这也是我求助于心理医生的原因之一，看来是对的，因为昨天到今天他不仅自己注意调整对婕儿的关照，有时还悄悄地提醒我注意别太累了。真是要感谢心理医生了！

原本安排半个小时的谈话我们却整整用了一个小时。站起来道歉、感谢时，刚才还侃侃而谈的心理医生一下子脸通红，真的是很害羞喔！

评论

英国奶爸　看到题目就很高兴，你们做对了！寻求专业的疏导有助于重新走上生活的轨道。

你们提出了很好的问题，尤其是第三点。希望你们在照顾Sunnie的同时，能够注意培养她独立生活的能力。

如果你们再多一个问题，就能使你们的问题更加完整了。那就是：作为父母，Sunnie的看护人，你们要如何接受这一事实。这个问题非常重要，关系到你们每一个人……家庭关系将会发生很大的变化，每个成员之间的关系也许要重新建立，你们的情绪如何疏导，你们的忍耐心、对未来的信心和相互之间的彼此接纳和饶恕如何建立。这一点大部分父母都会忽视，因为他们把所有精力都放在孩子身上而忽略了自身的问题。

Munmun 最初的七天只有我们两个人的时候，我每天都在锻炼心理辅导技巧。有几次一进病房看到Sunnie两眼空空地看着天花板，就问她是不是不开心；有两次Sunnie边说边流眼泪，我便强忍着难受引导她说完并肯定她的困难，再想办法支持鼓励。Sunnie总是很听得进上进的话，而且很体贴又会为人着想，使得一切变得非常容易。那段时间，她给我的鼓励支持和我给她的一样多。呃，这个避免"婴儿心理"的艰巨任务得辛苦Sunnie父母了，我们做朋友的大概只管宠了，哈哈！

婕爸写博客 / 4月3日　　　　　　　　　　　　　　　　　◎ 婕爸

　　Hi，大家好，我是婕爸，第一次正式在博客上与大家见面。

　　一个多月来，婕妈每天除了与我一起照顾婕儿外，每天还要写博客，甚是辛苦。好多次想为她代笔，苦于本人的文笔很差，加上打字水平很臭，一直未敢动手。今天是周末，看到婕妈做护理很是辛苦，实在不忍心继续做壁上观。常言道：做不做是态度问题，做得好不好只是水平问题。今天我先将态度问题解决，水平问题再慢慢来。

　　尽管是平生第一次写博客，但并不是第一次与大家接触。婕妈开博客以来，我每天都会上网看看，博客中的每一篇评论我也都认真读过。评论中充满了爱和支持，令我十分感动。在此也感谢大家对华婕及我们一家的支持和鼓励。

　　几天前，婕妈提到关于申请加州医疗基金（MEDI-CAL）一事，昨日我与他们联系，他们已收到我们的申请表格，下周一开始受理。我们被告知将有很多表格要填，并将要求医院提供关于Sunnie的伤情数据。能否获得该基金，目前尚不得而知，若有进展一定告诉大家。

　　有了今天的第一次，就不愁没有第二次、第三次。我会努力地尽量多写几篇博客。见笑见笑。

评论

　　拉拉爸 认真拜读了一遍。婕爸的叙述显然是另一种风格。男人的情感表达方式和关注世界的角度，总是与女人不同。写博客也是这场拯救华婕的整体行动的一个重要部分。前期由肖老师独自担当，写得真是太好了。不仅真实、理智、细腻、生动，而且情感的节奏分寸都掌握得那么好。这个博客是一家人共同的作品。我们有理由期待：也许过几天，就会突然读到Sunnie写的博文。

Muzpp 非常同意看博客受教育的说法，觉得天天在进步，Sunnie在进步，Sunnie家在进步，参与其中的大家都在进步；我自己就是获益匪浅，今天与同事讨论心态问题时，就不由自主地举例Sunnie。婕爸了不起，一个字"实"——实在、实诚，大丈夫的风度。

林超 我在招行工作，我与Sunnie是在初中的时候学校乐队认识的，那时候我拉小提琴，Sunnie拉大提琴。初中时我们心理课也是肖老师教的，到现在我都记得。希望你们能渡过难关。父爱是最坚强的后盾，Sunnie有你这样的爸爸真的很幸福。

同病教育效果佳 / 4月4日

下午4点钟婕儿刚刚做完训练，进来一位坐轮椅的男士，很绅士的模样，他自我介绍，是一个残疾人组织的，得知婕儿与他是同样的C5、C6受伤，特地前来与婕儿聊一聊，介绍自己的过来经历和经验，我把它称之为"同病教育"，类似我们平常做的"同伴教育"，只不过是个体对个体交流，这已经是第四位同病者来找婕儿了。这位Don是在26年前因潜水受伤的，现在的状态是只能坐在电动轮椅上（双腿不能动），两只手可以举起但手指也不能抓握，不过神奇的是，他说只要他坐到轮椅上就可以像正常人一样：去一个公司工作，而且是他自己开车！他的车是经过专门改装的，可以将轮椅直接开到驾驶位上，然后所有的控制都在手上，问题是，他的手是不能够抓握的，不知道如何去驾驶？感到很神奇，再次觉得这里的残疾人真是幸福！

记得有一次傍晚给陈女士通电话，想就婕儿的一些病情向她请教，一是因为她自己是过来人，二是因为她和先生都是做神经研究的。讲了一段话后，她告诉我："今天我突然好难过，想到儿子以后的一些情景，也想到你现在也很难啊，回想我第一年时，眼珠都要哭出来了！"话语中显得很哀伤，与她平时的热情快语不同，我略感到惊讶，因为我以为过了五年了，应该完全适应了，看来情绪的反复真是还会有的。于是我赶紧拿自己的例子作比较，去安慰她，这样她才慢慢平息一些。这也是同类型群体相互帮助的作用吧，不像局外人讲话底气不足，大家能相互体会到那种心伤的感受，能够分担对方的忧伤，同时也是在暗示对方：不是你一个人，还有别人也与你一样，于是减轻个人的压力，疏散抑郁的情绪。很好，我以后有情绪时也可以这样做。

Sunnie可以用手机了 / 4月5日

昨天是周末，是Dr.Evans来查病房的日子，她是婕儿的内科主治医生，她平时总是穿着大夫的制服，给人感觉很有威严。因为在医院只有大夫的工作服是白色的，烫得很平整，而其他人的服装都是各种颜色的。可是透过她的制服发现她常常是穿着运动鞋、牛仔裤，有一次在电梯里遇到她下班，只见她背着一个环保购物袋，我差点都没有认出她来，没有想到大夫日常的服装却是如此的普通随意。因为我们都知道医生是一个高薪职业喔！但这并不影响她对病人的认真态度。她每一次来都会站得笔挺地询问你的病情，后来婕儿得知她的脚受了伤，还没痊愈，我们对她更加尊敬了，她再来时我们就主动搬椅子让她先坐下，她也乐意与婕儿聊天，常常要坐上一二十分钟方离去，最后一定是以"还有什么问题吗？"结束，态度依然是那样认真。这样的美国大夫，令人敬佩。

婕儿在旧金山MBA的同学Mike特地飞过来看望她，因为都是在深圳长大的，专业相同，所以还有蛮多的共同话语。正好遇到Tosca来了，聊起来才知道，原来Mike在亚利桑那州读了四年大学，与Tosca的大学是球队对手，大家又有了新的话题，朋友就这样结识。得知Tosca今天已经在医院做了四个小时的义工（她每周都要去做义工的）后又来看婕儿。怪不得她灿烂的笑容中露出些许倦容，我实在不忍心，将她"赶"回家了。

今天一大早Mike就赶到医院来陪婕儿，婕儿看到Mike的iPhone的手机是触摸屏的，就尝试用一下，她用大拇指慢慢地将电话号码一个一个地碰进去，没有想到还比较顺利地就将电话拨出去了，这是她第一次亲手拨的电话，一边拨一边大声叫道："妈妈，我可以用这个手机了！"而且还可以自己捧着电话说话，不用我们在旁边替她拿着。电话通了，听到那头爸爸的声音，就很开心地与老爸开玩笑，接下来，她又与Heidi和CY通话，将这个好消息告诉朋友们，我在旁边立即用相机记录下来，放在网上让大家为Sunnie高兴。在这个现代社会中，利用电话与外界和朋友们保持联系，是婕儿必需和很重要的途径。同时也可以使她有一个建立自己独立空间的条件，否则她打电话时，必须我们先为她拨通，然后，再替她拿着电话让她通话，没有一点私人的空间，这并不利于她心理的需求和心理的交流。要感谢现代科技的发展，为婕儿提供了比较方便的条件，不让她与外界分离开来，也免去我和婕爸的担忧。

Mike晚上又来陪婕儿聊天，好友的到来使婕儿有了一个愉快的周末，我们也轻松一些，谢谢了，Mike！

Sunnie第一次乘坐汽车外出 / 4月6日

今天婕儿最开心的事就是Dr.Barnes给她安排的外出兜风，虽然这是为出院做准备，但也是婕儿第一次出医院，去外面看看凤凰城。据Dr.Barnes说，以前每位病人出院前都会安排这样的外出，让病人先与社会接轨，但自从经济衰退就取消了。Dr.Barnes却为婕儿专门申请了这次外出，很不容易，因此几乎每一个工作人员遇到婕儿都会问她是否开心。这次外出也是婕儿OT训练的内容，所以Michelle负责照顾婕儿，我们只是陪同而已，也看看美国的残疾人是如何外出的。

外出的车是专门给残疾人乘坐的，很高大，外表像救护车。后面的门打开后，一按电钮就平伸出一个平台。再按电钮，平台就下降到地面，婕儿就可以将轮椅开到平台上。平台再上升与车相连接，婕儿就可以将轮椅直接开进车内了！然后还要将轮椅四周用皮带固定好，一辆车可以乘坐四辆轮椅。这里专门为残疾人准备的出租车也是这样，可能简单一些，但是很普遍，公交车、校车都会有这样的设施提供，特别方便。待婕儿在轮椅上安顿好后车子出发了，考虑到她第一次坐汽车，又不能颠簸，汽车开得很慢，向市中心方向驶去。上了凤凰城的中央大道，马路很宽，中间是轻轨，站台有一些人在等车，尽管是市中心，整个路上的人还是很少的。我们来到一个像休闲饮食的广场，使人想起深圳海上世界的风格，商店布置别致，有好些快餐店、咖啡店等，三三两两的游人坐在餐桌前聊天。我们跟着婕儿的轮椅走，太阳非常明亮、晃眼，可能很久不见阳光，婕儿不太适应，转了一圈来到一个连锁店，里面的饮料是果汁和奶制品搅拌而成的健康饮料，由医院请客我们都尝了一杯。休息一会，然后又开始上车，顺便提一下，这里任何的停车场最好的位置都是留给残疾人的，而且位置很宽大。婕儿是既开心又伤心，开心的是可以出去转一转，伤心的是她只能坐在轮椅上出去了。虽然别人问她时，她会说很开心，但是从她眼神有些发直的神态，到她说很累，我想那都是心情黯然的体现。还好，这种心情没有持续多久，回来后她笑着跟我说起胡叔叔告诉她的："站着的都是匪帮，坐着的才是匪头！"又立即准备做下午的训练了——容易遗忘不愉快也是一种生存的能力喔！

下午对于婕儿是紧张的，训练一直到4点多钟，回来后看到她的主治医生，也是康复中心的负责人Dr.Barnes，立即与他开始谈关于婕儿出院的事。社工原来通知婕儿4月10日出院，眼看就要到了，我们想再延长住院时间，待婕儿病情稳定一些、康复得好一点再考虑出院。但是Dr.Barnes一来就开门见山地说，他本来是让我们住到下周末，但是保险公司不同意，只能住到15日。婕爸要求以自费的形式住院，但要减低费用。他没有拒绝，也没有同意，只是说要与医院商量。那就让他们去商量吧。

Sunnie躺在床上变得更聪明了 / 4月7日

中午邝先生又带着肉粥来了，这次是猪肉粥，味美又营养。记忆中他每次来都有带食品，那是邝师母的贤惠和能干的作品，我是既佩服又感激。他很关心婕儿的住院问题，这次来是特地带我们去看一家私人的"养老之家"。在距医院约15公里的一个住宅区内，是一个香港女士和她的美国先生开设的家庭式的养老处，可以接纳四五位老人住下，一栋House内有五六间房子、一个大厅，客厅里的电视正在播放香港电视台的节目，几个老年人也都是华人，尽管是讲粤语，也感到很亲切。可惜给我们住的房间太不适宜给婕儿这样的重瘫病人，所以我们只是了解一下情况便返回。据邝牧师介绍，在美国很多人都愿意给自己打工，做点工作，有一些小本生意养活自己也就知足了，很自在，也是一种生活方式。这样的小型的养老之家我国也可以借鉴。

婕儿这几天的病情较稳定，训练回来也没有那么累，有时候训练完了还会在训练大厅里与其他病人玩玩或聊天。她几乎与训练大厅里所有的工作人员都熟悉了，一见面就能很快叫出对方的名字，露出她甜甜的笑容，大家也愿意与她打个招呼，开个玩笑什么的，在这个到处都是老弱病残的康复中心里，似乎她能够给大家带来一些快乐的气氛。所以训练师Michelle说："Sunnie，你不能走，你一走了，我们就没有意思了。"婕儿也很淘气地回应："那你们要付给我工资咯！"

　　婕儿的语言能力是比较强的，她的粤语、国语、长沙话都很流利，加上英语，因为她毕竟是在国外待了四年多，英语应该是没有问题的，但在国内很少听她讲，到底怎么样？还有点担心，但是来到她身边后，发现她英语还真是很棒呀！看到她在与那么多个美国医生、训练师、护士、护理等工作人员打交道时，只要来过一次病房的人，或见过面的人，几乎每一个人她都能够叫出对方的名字，要知道就是中国人也不会个个都能记住名字的呀，何况还是英语名字！特别是她无论是在点菜，还是在与医生请教病情时，她都能够流利地讲出那么多的医学专业名词，听得懂医生飞快地讲英语，连那位喜欢与婕儿聊天的Dr.Evans都说："请原谅我说话这么快！"我很奇怪地问过婕儿："你都能听懂吗？"她点点头说："嗯，98%吧。"我更加奇怪了："你怎么会听懂这些专业词语的？你以前就会吗？"

　　"以前我怎么会这些？我连'大便'都不会说。"

　　"那你怎么这么快就会了？"

　　"你以为我躺在床上不想事，他们讲的时候我就在记下呀！"

　　喔，是这样，我的婕儿躺在床上变得更聪明了！这也符合心理学上所说的互补现象，某方面的功能丧失了，另一方面的功能会相应得到加强，而且婕儿自己也感到她的听力比以前要好了，只要听过一个人的声音，下次就会听出米。真是有得有失，有失也有得呀！

酷医生的魅力 / 4月8日

　　按医院的安排，昨天是婕儿去回见手术医生Dr.Vishteh's的日子，也是婕儿期待的日子，在她住院期间和转到康复中心来后，不少人听说她的手术是Dr.Vishteh's做的，都说她的运气很好，遇到一个很棒的医生。而且护士们看到Dr.Vishteh's就像见到一个明星似的很兴奋，说平时很难见到他，但是在婕儿住

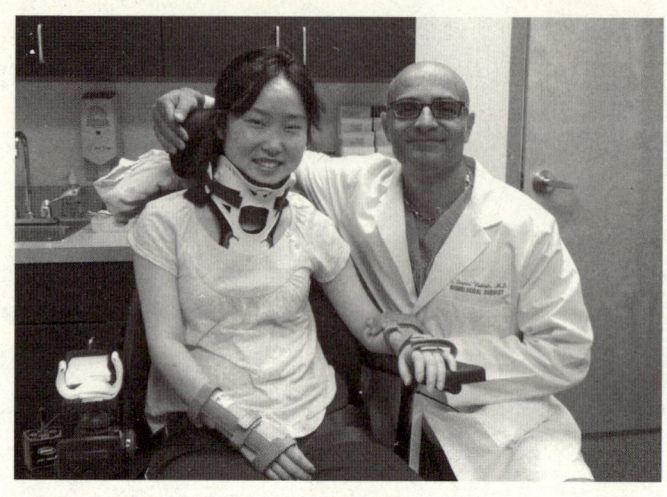

⊙ 婕儿与手术医生
Dr.Vishteh's合影

院的七天中，他却天天都去病房出诊。这样的描述，使我也有了想见的欲望，何况还是婕儿的救命医生呀，所以当车子可以确定我们都能去时，我们便三人一齐前往Dr.Vishteh's的私人诊所。

诊所离医院还有30分钟的车距，是在一所医院的建筑楼内，我们按约定的时间提早20分钟到，进去后，就是一间大约有20平方米大小的候诊室，里面已经有一位女士在边看画报边候诊，接诊人员马上拿出几张表格让我们填，这在美国医院是司空见惯了的，走到哪里都要填表，而且还声明，会为你保密，不要担心信息泄露。等了大约30分钟，一个女士领我们进去，是一条约十几米长的走廊，两边都是房间，我们进了其中的一个房间，女士让我们再等一等，说Dr.Vishteh's在看我们带给他的X光片，在那种气氛中让人感到马上要出现的一定是一个很威严的医生，因为婕儿描述过他是一个光头、戴眼镜的医生。几分钟后医生进来了，声音浑厚又洪亮，热情地与婕儿打招呼，然后向我们问好，与我握手后的第一句话就是："You have a great daughter, she has great attitude."（你有一个很棒的女儿，她有一个很好的态度。）然后开始对着X光片讲到婕儿的手术，因为颈椎在第5、第6间折断，也使第7、第8颈椎受伤，所以在这四根颈椎处安装了一个钉架，使颈椎还原，从X光片来看颈椎恢复很好，外在的伤口也愈合得很不错。的确，从婕儿外在的伤口来看，一直是恢复得非常好，一点都没有感染，缝合得很整齐。在他讲话时，我仔细打量了一下这位大夫，他的确是光头但不是秃头，而且戴着很时髦的黑边眼镜，个子高大（可能有1.9米），黑色的大眼睛里闪烁着智慧和真诚，最令人诧异的是他脖子上居然戴了一条巨大的铁项链，有我手指那么粗，就像遛狗用的铁链！脚上穿着一双很普通的便鞋，随意地坐在检查台上与我们说话。怪不得婕儿说他很酷！典型的美国医生形象！在结束时婕儿想与他合影，他立即答应，而且看到坐在轮椅上的婕儿与他的身高差距太大，他马上就蹲下来一只脚跪在地上与婕儿拍照，好随和，让人又一次感到他的人格魅力。

这次去见Dr.Vishteh's来回花了三个多小时，对婕儿是一次训练，回来后感到很累，回到病房没有吃饭就睡了，还是要慢慢来才行。

评论

Muz 我跟Dr.Vishteh's也聊过几次。第一次他刚给Sunnie做完手术，从手术室走出来，第一个把Sunnie的情况告诉我。当时我没了眼镜而且受消息的影响，只觉得他说话蛮"狠"的，不留余地。过了几天之后又见到他。那段时间Sunnie嘴里有痰吐不出来，医院的方法不太奏效她便想喝止咳糖浆之类的。护士不能做主，就跟他申请。他听完之后还同意了。又觉得他还是挺通情达理的。最后一次是Sunnie出院之前，他很感慨地对Sunnie说：你真是个特别好的女孩，我祝你以后会越来越好。走出房间看到我时还伸出手紧紧抓了我肩膀一下，朝我点了一下头。又让我感觉到他的诚恳和祝福。Sunnie乐观的精神感染了ICU的很多人，她出院的那天好多人围在房间周围送她呢。

不愉快的一天 / 4月9日

今天早晨我们刚到病房，婕儿就急着要我们帮助她吃早餐、穿衣、起床，因为她的新轮椅在9点钟就送过来，她要去试坐，很是兴奋。8点半刚过，Peggy就进来了，她来得正好，婕爸腰痛不能抱婕儿到轮椅上，这个任务就交给她了。新轮椅是按婕儿的身体尺寸定做的，下面的支架还按婕儿的要求漆成亮黄色，很酷喔！

可是高兴不久，就被焦急的心情所笼罩：主治医生又来与我们谈出院的事情，一再强调要我们下星期出院；而且关于自费的请求也被医院拒绝了。医院不肯按保险公司的价位给我们，要高一倍，实际上就是下死令了，要我们进行院外治疗。而院外治疗又很难找到适合婕儿这样截瘫病人住的地方，设施都跟不上，有很多的实际问题难以解决。又谈到回国的问题。昨天我们见手术医生时问过这个问题，他也认为三个月后回国较适合，而且专家们一致认为，前三个月是康复的关键期，非常重要，这直接关系到婕儿一辈子生活自理的问题！这些因素让我们很为难，本想使用大家的捐款去付住院费，可是却没有机会，不过Dr.Barnes替我们找了几个医疗机构，让我们去了解一下，看看是否合乎我们的条件，也只能如此了。

我虽然听不懂Dr.Barnes的讲话内容，但从他们父女俩的表情来看就知道大事不妙。空气有点紧张，在商讨过程中婕儿与婕爸有些急躁，相互抢话，气氛压抑，婕爸急得直叹气。我在旁边看得真切，只好一再提醒他俩：不要急躁，慢慢说吧！与Dr.Barnes谈话的时间很长，约有半个小时。在这中间，又陆续接到Muz、小cy噢的电话。谈话刚刚结束，又有电台记者采访婕儿。明显感到婕儿情绪低落。

下午我正在房间写博客，听到婕儿与婕爸在走廊上边讲话边走过来，突然听到婕儿发出"哎呀！"一声叫喊。同时听到婕爸也大叫："怎么了！"我赶快跑出去，只看到婕儿身体向前扑倒，头正碰到婕爸的手，撞到她的脖子，又痛得大叫。几个护士、护理也闻声而来。大家都不清楚是怎么回事，以为是血压突变或是抽搐引起，但量血压正常，也没有抽搐。婕儿当时痛得说不出话来，眼泪也吓出来了。出事以后，婕儿无论是坐汽车还是坐电动轮椅，都有一些恐惧感；今天发生的事情，又引起她心理的不安全感。等缓和下来准备回病房时，才发现电动轮椅启动不起来了，婕儿这才想起说好像是轮椅突然停下了，由于她上身没有系皮带（平常从来不系的），就直往前面倒去——原来是新轮椅的问题！好危险，幸亏婕爸还在身边，如果身边没有人还不知道会出什么事呢！婕爸很生气，立即将训练师叫来（因为是她负责订购轮椅），让他们电召轮椅公司的人来，说我们不要了！Peggy和另一个训练师很快来了，她不停地安慰婕儿并道歉，又立即去检查轮椅。约一小时后婕儿由于受了惊吓睡觉了，轮椅公司的人赶到医院将轮椅推走检查。想不到美国本土制造的东西这么快就出问题了！

训练师为Sunnie过生日 / 4月10日

今天婕儿的训练时间安排得有点奇怪，一直到10点半才开始，而且中午12点到1点也有训练。我以为是要训练她吃饭，可是到近12点时，就见Peggy上来带着婕儿就走，还对婕爸招手，让他也去。我还感到奇怪，怎么是在下面去做呀？平时不就是在病房里训练吃饭的吗？过一会儿婕爸上来叫我下去，说他们在为婕儿开生日Party。当Peggy与华婕进入训练厅时，20多个人突然一齐唱起"Happy birthday to you！"，婕儿感动得眼睛都红了。婕爸也很感动，赶紧来叫我拿着相机下去。

我们来到训练大厅，发现他们还专门布置了场所，墙上挂着Happy Birthday的祝语，还挂着一串彩色气球，平时的训练桌拼成一长排的自助餐桌，上面放着几个大大的比萨饼，还有蛋糕和高高的可乐瓶，旁边的桌子上堆放着各种各样的生日礼物，有鲜花、糖果、袜子、花篮，还有一件黄色的T恤衫，很多人都在上面写下自己对Sunnie的祝福，我数了一下，共有17条祝语，每一个人都写得很认真，很整齐，就像是一件有个性的T恤衫，很有纪念意义的礼物！除了婕儿这一圈人外，大家都各自端着自己的食物，三五成群地在聊天，或坐或站，很随意，这就是美国式的Party了。等到大家吃得差不多后，大家围着主餐桌开始点蜡烛，让Sunnie许愿、吹蜡烛。我用相机录下了这些情景，把这些欢声笑语记载下来，给婕儿一个美好的回忆。在写博客之时我又看了一遍，的确感到温馨。Sunnie只是他们几十个病人之一，这样自发的生日Party不是会为每个病人都做的，而且也不知道他们怎么会知道Sunnie的生日要到了，表明他们是很有心地去查了的。Michelle今天休假要去旅游，但为了准备和参加Sunnie的生日Party，特地推迟到下午才走，她为开Party上上下下地张罗，婕儿说可能是她去购买的物品，因为她知道婕儿喜欢黄色，所以连用餐的盘子都是黄色的，而且他们送的礼物也都是黄色的，一片"Sunny"的颜色！Party大约开了40分钟，之后婕儿的训练又接着开始了。谢谢各位医训朋友这么热情和真诚，让Sunnie有一个特别的生日Party。我和婕爸捧着大把的生日礼物回到房间，我赶紧将这些漂亮的礼物拍下来，放到博客上，与大家共享。

医院也在抓紧让我们出院。今天先后接待了三批医院人员，首先是管财务方面的工作人员，是我们要求见面的，想与他直接谈谈自费住院的价格，能否享受保险公司的价格。这位先生一坐下来就说，从来就不会有这样的先例，没有任何要谈的意思。我们坚持要求他再与医院商量，他答应了，但我们也没有抱什么希望。接下来又来了一位医院的女士，是来向我们说明脊椎损伤病人回中国需要准备什么手续，好让我们能顺利回国。下午那位财务先生又来了，只是将原话又重复几遍而已。到5点钟时，又来了一位一家康复医院的女士，介绍他们医院的情况，这好像吸引了我们的兴趣，没有那么烦了，我们想自己先去看一看再说。这几番轮炸把婕儿累得不想说话了，一直睡到8点钟才吃晚饭。总体给人的感觉是非走不可了。

评论

拉拉爸　婕小姑娘生日快乐！你的下一个生日由祖国为你举行，让你站着过生日，我们为你过生日！

杨　肖，好想好好地感谢你，拥抱你，我明白所有你的心情和"累"，你是一个好同事、好妈妈，你的先生是世界上最好的丈夫和爸爸，你们的付出会感动老天的。Sunnie，生日快乐！

向张译天祝贺 / 4月11日

今天一早没有去医院，而是直奔另一个康复中心，去看看他们的情况。Queenie和Justin夫妻一起送我们去。这是一个只有一层楼的建筑，四四方方的，中间有一个小花园，四周是病房，其中专门设有一个脊椎损伤病区，都是给这类病人住的，里面的设施也是配套的，这还是蛮吸引我们的，里面的病人还不少，来到训练的地方，已经有人在做训练，这里的训练厅比较小，只有那边的1/4，但训练设备似乎差不多，整体感觉还不错，只是价格问题，想再跟医院谈谈。心情轻松了许多，不管怎样，至少有一个地方可以去了，返回到医院跟婕儿说了我们的感受，她也放松了一些。

昨天收到一封特别的信件，那就是婕儿的初中同学张译天发来的好消息，他在4月5日参加了巴黎马拉松比赛，下面是他的信件（由Muz转来）：

我4月5日星期天以3小时59分的成绩完成了巴黎马拉松，实现了我期盼多年的巴黎梦。谢谢你对我的支持。也请将附件中的两张照片传给Sunnie，并告诉她我非常感谢她对我的支持，她的精神鼓励着我完成了最艰难的最后10公里。相片中是我和李游在巴黎给她送上诚挚的祝福。

张译天在婕儿受伤后就马上寄来了慰问卡片，不久就表示要穿着印有"For Yu Huajie"字样的衣服去参加巴黎马拉松，当时大家都在笑谈这件事，但我却没有怀疑。因为这个孩子一直就是一个非常有毅力、理智的人。记得在初中时婕儿回来说，他们班有一个同学听了李阳的英语讲座后，非常激动，在班上每天早读时主动带领大家大声地读英语，而平时他好像都很少讲话，"把我们吓一大跳！"通过婕儿的描述，我看到了张译天与众不同的特质。听婕儿说，张译天初中时长跑就不错，那时他就立志要参加马拉松比赛，以后不论是在中国还是在英国，这个目标一直在他心中。他今天能全程跑完马拉松，而且是在规定时间内，就是毅力和理智的体现，也是他多年坚持跑步锻炼的硕果。虽然他说是婕儿的精神鼓励了他，其实他的这种理智和毅力也是婕儿一直很佩服的。我们为张译天能实现他多年的梦想感到高兴和骄傲。祝贺你，张译天！

Sunnie笔谢大家的关心 / 4月12日

下午4点多钟，Justin和John来看婕儿，John还是提个充气罐，给那个气球充满了气，它又振作起来，可能有一个多月了吧，气球基本上是处于饱满状态，真是要归功于John。他们来了一会儿后，Justin接到电话，告知还有一些朋友也要来看婕儿，已经在下面等着了。因为病房不让小孩来，平时我们都是在楼下的候诊室见面，所以我们赶快将婕儿弄到轮椅上，进了电梯，门一打开，是二楼，我还以为按错了，可Justin说是在这里，我很疑惑，怎么换了地方了？而且还那么安静？再往前走，看到了会客厅中间布置得很漂亮，摆满了鲜花、大蛋糕和礼品袋，我顿时明白了，他们是要为Sunnie开生日庆祝会。正想着，突然一阵歌声、掌声响起："Happy birthday to you..."一大帮朋友出现在眼前，慢慢地簇拥上来，最前面的是Queenie、Tosca，还有Steven一家、Sharon一家等共有七家教友都来了！回头看看Sunnie，泪水已经充满她的眼眶，哽咽地说："谢谢大家！"我和婕爸也很感动，只是不停地说："谢谢！谢谢！"大家又陆续送上各自的生日礼物，点蜡烛、切蛋糕，再加上几个小朋友在场，很有一种温馨的家庭气氛。最后在Queenie的组织下，大家为婕儿唱起了歌来，歌声轻柔温和，在会客厅中弥漫开来，深深地沁入到我们的心灵，这是朋友们对婕儿真诚的祝福！婕儿的眼睛又一次红了。再次谢谢各位朋友的祝福。

周日没有训练，就放松一些，可是婕儿几次膀胱抽搐，到11点多钟婕儿基本处理好，我和她一起去电脑室上网看博客。没有想到，有那么多的朋友都上来给婕儿祝福生日，认识的、不认识的，还有很多育才的学子，让人触及心灵，感悟多多。婕儿是看得又笑又哭，看完，她将笔绑在手指上，专心地写下了她对大家的感谢：谢谢所有的朋友对我的支持和关心，我真切地感觉到这些。

天无绝人之路 / 4月13日

今天是Justin在家办公（on call）的日子，一大早他就先送我们去看一家护理院，这只是一家类似养老院的地方，并不符合脊椎损伤病人居住和治疗的条件，我们只能遗憾地离开。Justin又送我们去医院，再返回家办公。

回到病房看到墙上日历上写着4月13日，就想这可是个不吉利的数字，不论是东方的4、西方的13都是如此，可不要再出什么事了。自从婕儿出事以后，就以"自己就是这个命！"来安慰自己，这种"宿命论"的好处就是可以使自己能够较快地接受遇到的不幸，但是不知不觉也有些相信冥冥大千宇宙中，会有一些可能安排好的事情，躲也躲不过，无论是好事还是倒霉的事。医院通知我们出院的时间是后天，只有明天一天时间了，可我们还没有确定可以去哪里，想到这些心里就有些担忧。本来Dr.Barnes说好今天会让我们去看一个康复所的，但是从上午等到下午，既没有电话，也看不到Dr.Barnes的人影。一直到下午近6点钟，才接到保险公司的电话，首先说我们本来是周三出院的，现在可以推迟到周五，这样就使我们缓和一点,这可是个好消息!接着又告知我们,有一家康复诊所可以由保险公司出资住两周,并让我们明天去看看,如果条件可以的话,就可以定下来。这样我们一共就可以解决三周的问题了!放下电话,我们三人当时都很高兴,婕爸高声感叹:"嗨,真是天无绝人之路呀!"

晚上医院又组织了一个"女性脊椎损伤座谈会",前几天就发了通知书给我们,还将重点画出来告诉婕儿,我也觉得这样的座谈会对婕儿有帮助,所以很鼓励她去参加。组织者在座谈会开始前还特地来叫婕儿去听听,尽管她今天因为生理期引起头痛,但还是从床上起来去参加了。回来后婕儿有些兴奋。参加的十几位女性都是程度不同的脊椎损伤者,大都是中青年,婕儿看到其中大多数都已经结婚组成家庭,还有一位腰椎损伤的女士甚至有了一个八个月的宝宝,还将宝宝带来了。婕儿花了很多的时间描述那个宝宝是多么可爱。我知道婕儿一直是很喜欢小孩子的,我曾经跟她开玩笑,以后她要生两个孩子,奶奶带一个,外婆我带一个(要隔断真的很难,人的思维联想太快了,情绪会随之产生,泪水也赶来呼应)。现在有了婕儿一直在身边,也不用再带其他的小孩了。我只能这样聊以自慰。

评论

　　陈兴玲　当年我的宝宝出车祸时,我也相信冥冥中有着命运。同时,我也学会了另外一句话:大难不死,必有后福。上天既然安排了这一切,想必有着更深的寓意。作为渺小的人类无法看清未来,但我们可以忍受苦难,等待未来。

三人共同面对艰难的决定 / 4月14日

这几天由于面临出院到何处去的问题,弄得我们三人心情都烦躁,常常会有一些摩擦,不要说婕爸与婕儿之间的小脾气,就是我自己也与婕爸发生好几次争执。记得前天晚上我与婕爸发脾气时,大概很少看到我那样发火,婕儿躺在床上,开始劝她爸:"你别说了,让她发泄一下吧!"然后又将双手伸向我,很无助地叫道:"妈妈!"看到婕儿在那边弱弱地呼唤我,心里又气又痛,好在婕爸及时道歉，我也收住自己的情绪。因Justin已经等在门口，护士也来病房排尿，我们匆忙去坐车了。但婕儿举起双手伸向我的情景在我头脑中久久不能挥去，心里好内疚，只管自己发脾气，伤到婕儿了，我们走后她是否会哭？一直在担心着。第二天我一见到婕儿就抱住她亲了一下，在她耳边轻轻地说："昨天晚上妈妈对不起你了！"婕儿露出笑容，还担心地问："你们昨天回去没有再吵了吧？"我的好婕儿！就是为了你，也不会再吵了呀！

记得博客上的一位朋友英国奶爸就这样提醒我，出事后家庭成员之间的关系如何调节，是一个非常重要的问题。遇到非常事件每个人心理都很焦虑，很脆弱，再遇到新问题就更加容易出现碰撞、摩擦甚至争吵，真的需要花费很大的精力去调适才行。调适好了家人会更加相爱，彼此关照，共同面对难题，一起去解决它！

现阶段婕儿最需要的就是做物理训练（PT），可以开发她那些还有神经指挥的一些肌肉来替代失去神经联系的手指和身体的功能。如加强手臂的肌肉力量，去带动手指的作用（因为她双手都没有了抓握力），可以利用辅助工具去打电脑、吃饭、洗漱等；通过加强背部、肩部的力量，能够学会自己翻身、坐稳、挪动等动作。这些都是PT的目的，也是婕儿很迫切的需要。而且许多医生一再强调，前三个月的恢复是非常关键的，一是开发，二是可以避免肌肉萎缩，一旦肌肉萎缩，就不可逆转，那她损失的就会更多。还有一点就是，PT的训练是非常专业的，尤其是设计训练方案，用哪些动作能够训练到哪些肌肉，如何循序渐进地加强，如翻身时要如何利用现有的肌肉来做到，等等，我们只能旁观。而OT（生活训练）的训练应该是建立在肌肉强壮的基础之上，才有可能实现，如穿衣、吃饭、洗澡等，而且在某种程度上这些我们是可以替代的，所以我们现在的重点就是要如何让婕儿得到更多的PT训练，哪怕是要付出昂贵的医疗费，也要将钱用在刀刃上。

从这个目的出发，选择到哪里去时，我们还是将目光转回到Healthsouth医院。这是与我们现在住的康复中心水平相当的一所康复医院，规模也差不多，而且还设有专门的脊椎损伤病室，设施相匹配，每天有3个小时的训练，PT、OT各一半，已经接近我们的需求，只是要全部自费，虽然与现在的医院相比要便宜很多，但还是很心痛的。回来以后，趁着婕儿训练的空当，我们三人认真地商量后，一方面向Healthsouth医院联系人Lisa提出讲价，同时也向保险公司请求分担一部分训练费用，虽然在这之前已经遭到他们的拒绝，但还是再尝试一次吧。这些事情都由婕儿担当，一方面是她的英语可以更加明确地沟通，另一方面也是她自己的事情，不能由我们替代了，这是我们来美国后得到加强的观念。

到下午Lisa来电话，告知婕儿，医院经过考虑，每天可以给我们降价25%，这可是个好消息，但是保险公司那边还没有答应，说是再争取。不管怎样又有了进展，总是好事情。

跟着Sunnie坐公交车 / 4月15日

今天的OT训练是去坐公交车，让婕儿体验一下，医院派了两位训练师，我们自然也跟着去看看。公交车站很近，走出医院范围就有一个，沿着大路大概每隔300米就是一个站。可能是等车的人不多，每个站台很小很简单，站牌上连站名、路线都没有，但上有遮阳板，下有坐凳。我看到最简单的站就是在电线杆上挂着一块牌子，上面只有"BUS"字样。等车的时间比较长，大约10分钟一辆。看到一辆公交车开过来，我赶紧作好准备，可是看看周围的人，没有动静，一点都不着急，只见车辆慢慢停下，后门正对着婕儿的轮椅，门开了，但训练师仍然站在那里不动，一直等到前门的人下完车后，突然看见后门地板上的一块铁板慢慢往上升起，再翻转到门外，搭成一个斜坡通向地面。这时才见司机离开驾驶位，走到后门，招呼婕儿将轮椅开上去，婕儿有点紧张，毕竟是第一次，司机用轻快的语调说着话，让人有放心的感觉。轮椅上车后，汽车门口的两边空间是专门留着放轮椅或婴儿车的，地上四个角都有皮带，司机将四个方向的轮子分别用皮带扣上，检查后再回到驾驶位，这个时间大约用了5分钟。在这个过程中，我注意到无论是坐车人，还是上车的人都安然待之，等车的人并没有急忙上车，还是在下面排队等待（尽管连我们也只有六七个人），等到司机回来后，再一个一个地刷卡或投币上车，井然有序。

车子上的人也不少，座位几乎是满的，不过车上的座位很宽，所以数量并不多。我们坐了大约5站便下车，又是重复上车时的程序，临走时司机还热情地道别，丝毫没有不耐烦的意思。深切感到残疾人在美国不仅是生活方便和自如，而且也受到尊重。

回来后接到Healthsouth医院的Lisa打来的电话，告知我们一个好消息，保险公司已经答应出一部分训练的费用，这样我们的自费住院价又可以减少约10%，太好了！原来几乎所有的人都说保险公司定下的事情是不会改变的，在我们一再坚持之下，还是有了一些改变，看来有些事情还是要尝试才行。连Dr.Barnes也没有想到，一开始我们向他提出保险公司的项目是否能调整到另一个医院时，他居然说，那是敲诈，弄得我很困惑。但当他知道这个结果后，却表示，我们办事的方式也改变了他们的思维。好坦率的医生！

只有几天的训练了，婕儿很珍惜，总是早早地就准备好去训练，从我们看了好几家康复机构来比较，这个医院无论是在设施上，还是医疗康复的专业水平上都是很好的，所以婕儿舍不得走也是情有可原的。今天PT应婕儿的要求，给她试了一次站立机。因为是第一次站立起来，他们很小心，很担心血压变化太大，不停地测量她的血压，高压从92一下升到112，只站了不到10分钟就赶快下来了。看样子还是不到时候呢。

Sunnie的生日是这样过的 / 4月16日

今天是婕儿生日，一大早我们赶到医院发现婕儿在哭。我问她："是不是很伤感？"她点点头，"可我们现在已经好很多了，不是吗？以后的生日会比现在更好的。"其实我们心中何尝不是很难过？看到这情景我很想将Heidi和Mike要从旧金山市飞过来给她过生日的消息告诉她，可我答应了他们不说的，只好忍住了。还好，她很快就调整过来了。

祝贺生日的电话不停地打过来，我们好像是婕儿的秘书，轮流听着电话，心里很是感谢。可能是昨晚没有睡好，上午的训练一结束，婕儿就要到床上睡觉，一直睡到Michelle和Peggy进来。她们也记得今天是婕儿的生日，带来了生日礼物，用黄色的袋子装着，是一块挂在墙上的小匾，上面写有Anatoie France的名言：To accomplish great things, we must dream as well as act.（要完成伟大的事情，必须将梦想付诸行动。）午餐时医院送了一个生日蛋糕，我让婕儿带到训练大厅与训练师们一起分享。

中午Dr.Barnes又来催问出院时间，一定要求我们在周五出院，他一再解释，这是医院的规定，婕爸跟他周旋了半天也不能改变，只好依从了。Dr.Barnes毕竟是好人，我们也不要为难他了。谈好了周五下午出院。

近两点时分，Heidi和Mike从旧金山赶到医院，他们到达时婕儿还在做PT。这是她在医院最后一天的训练了，非常认真，由于婕儿不知道他们会来，我们悄悄地来到训练厅，她已经结束了，正坐在轮椅上与他人聊天，先看见我们和邝牧师进去，打个招呼却瞥见了欲躲起来的Mike，再看到Heidi，就大叫起来了："Heidi！"伸开两只手去迎接好朋友！回到病房，两位好友迫不及待地将他们带来的很多同学和教友的礼物和贺卡一一打开给婕儿看，其中最大的礼物是大家送给婕儿的iPhone，这是大家知道婕儿可以用触摸屏的电话后立即决定的。这个任务是由Mike来执行，购买、调试等一系列的事情都是在课余时间去做的，然后又一次飞来凤凰城，为婕儿送礼物。真够朋友！

下午Mike和Heidi陪着婕儿到外面去转一转，聊聊天，整个气氛很愉快、温馨。直到6点半出租车接他们去机场，赶回旧金山。

Mike和Heidi都是婕儿MBA的同学，常常在一起上课、吃饭、聊天，是很好的朋友。这次婕儿出事后，他们都给予了很大的、及时的帮助，今天还特地赶过来为婕儿过生日，使她有了一个愉快的生日。我们都不会忘记的，谢谢你们了，Mike和Heidi！也谢谢各位朋友给Sunnie的祝贺！

谢谢你，Good SAM Rehabilitation Institute / 4月17日

早上仍然是Queenie绕道送我们去医院，然后她再赶去公司上班。这是最后一天去Good SAM Rehabilitation Institute（山姆康复中心）了，坐在车上屈指一算，从2月27日婕儿进院到今天，已经是整整五十天了。五十天里，她和Justin天天接送我们，最不好意思的是，常常是我们准备好出门时，却看他们早已坐在客厅里等着了，而且从来没有因为什么事而不送的。周末、周日青年人要睡个早觉是自然的，可他们也照送不误，这是什么精神？这是爱的精神，是博爱的精神在引导他们。谢谢这一对充满博爱的伉俪。（几个月后才知道她当时已经有了身孕，可一直没有告诉我们，还默默地为我们付出！——后补）

婕儿上午可能是有离别之情，显得很沉闷，因为是安排下午出院，上午医院还是在11点钟时安排了一个小时的训练，那是婕儿最喜欢的。她下去也顺便与大

家告别，免得临走时告别引起伤感。

　　下午两点整，那边的医院有人来接我们，司机是一个很热情的女士，大声地打着招呼，帮忙拿行李，来到楼下，正好看到Dr.Barnes在那里，我们赶紧上去向他感谢和告别，并照相留念。还有几个护士看到了，也上前来与婕儿拥抱告别。

　　日子真快，在Good SAM Rehabilitation Institute（山姆康复中心）的这五十天中，婕儿在Dr.Barnes和Dr.Evans等医生的治疗下，在众多护士的细心护理后，特别是在Michelle和Peggy等训练师的愉快训练中，她身体的恢复是可以看到的，虽然只是一点一点地显示，但那也给人带来很大的希望。尤其是要感谢Dr.Barnes，他不仅对Sunnie的康复治疗认真、负责、严谨，而且在我们转院过程中想了很多的办法，联系了多家机构，包括与保险公司调解，使我们有了一个比较理想的去处，这点在住进来以后感受更深。婕儿为了表示她对医院的感谢，特地用电脑打出一封感谢信，既是感谢，也是对医院训练的一个汇报。

　　PS：婕儿亲手借用辅助工具花了一个小时，分两次给医院打出来的感谢信如下：

Hello everyone,

Greeting from Sunnie here. I just want to say my thanks to the rehab institude and to all those staff who helped me & took good care of me, all the doctors, nurses, thearapists and others.

Speacial thanks to Dr.Barnes and Dr.Evans that helped me more than their job responsibility.

And to you and Peggy to walk me through the hardest period of time, also thanks all the 2nd floor staff.

Last but not least thanks to the nurses and aids on 5th floor for taking care of me.

with love and thanks
Sunnie

新的医院新的希望 / 4月18日

　　Healthsouth医院位于凤凰城旁边的一个地区，没有原来医院那么方便，却也更加安静，这是一个四四方方的平房建筑（凤凰城因为地多，大都是一层楼房），周围看上去都是树木。走进去是一条长长的走廊，两边全都是病房，我们的病房在最前面。这是一间家庭式的病房，里面有一张单人病床和一张双人床，还有一个Dinning room（饭厅），有冰箱，还有四个电子灶，可以自己做饭吃，太好了！从房间的窗户往外看，是一排灌木丛，顶上还开着粉红色的小花；再过去一点有一棵大树，枝叶繁茂，细细的叶子如柳叶般低垂下来，风吹过来它们就摇晃着给我们打招呼，带给我们温馨、宁静的感觉，比我们想象的要好。这样我们可以睡在医院里，就不用麻烦Justin他们天天接送了，也还给他们一个自由的空间。

　　今天是周六，按常规是只有一个小时的训练，因为婕儿刚来，训练主要是在评估她的病情上，当训练师用针尖检查她的手指时，发现她的左手食指有了触觉（原来左手是只有大拇指有的）！这真是一个好现象，表明她的感觉还在恢复之中！这个发现对婕儿是一个很大的鼓励，她高兴地说："这个医院来得好，给我带来新感觉。"好心情让婕儿又有了上网的兴趣，在婕爸的协助下，在手腕上绑一个辅助带，再插进铅笔后，她自己就可以慢慢地击键盘，进入到MSN，一看几个好朋友都在上面啦，她就开始震小cy噢、Mike等，让他们都很兴奋，久违的头像又出现了，尽管Sunnie点得很慢，但加上语音反馈，有了直接的沟通，让婕儿也非常高兴，坐了近两小时还不觉得累。好的开始就是给人希望啊！

　　今天早晨Justin来了，看到我们有做饭的条件，就一定要带我们去一个中国超市——利利超市购物。开车十来分钟就到了。这个超市老板是一个越南人，规模比上次去的中国城超市要大两三倍，品种也要多些，尤其是蔬菜的品种多，我一看到久违的蔬菜就开始兴奋，我本来就是一个喜欢买菜胜过买衣服的女人，何况还是在异国看到新鲜的蔬菜！不知不觉就选了七八样蔬菜，Justin在旁边忙着给我撕塑料袋，还买了龙骨、肉末、腐乳、面条、粉丝、大米、冻饺、馒头等，回头一看购物车里已经是一大堆了，怕占用Justin太多时间，赶紧去买单。到美国后对价格的换算不熟悉，也没有概念，掏出一百元准备着，可是价格屏幕上显示是35.85元，粗算一下，乘上七，大约不到300元，比我们在深圳沃尔玛超市的价格贵了大约一倍，但比我们想象的要便宜多了。满载而归，想想可以做出很多中式饭菜，心里很是开心。真是感谢Justin，让我过了一回购物瘾！

新医院中的刻苦训练 / 4月19—20日

今天周一，是婕儿来到Healthsouth医院后正式训练的第一天，从上午到下午有医生、护士长、个案经理、心理医生等轮番来找她，每个人从不同的角度对婕儿提出医治方案并征求她个人的看法。这些就已经花去婕儿的不少时间和精力了，但是她还是抱着很大的兴趣进行训练。

训练是PT、OT各一个半小时。首先是PT。来到训练厅，训练师Jackie已经在那里等着了。这是一个很精干的女士，讲话简洁干脆，一开始就问婕儿自己的训练目标是什么。婕儿说想自己能够从床上移到轮椅上，这意味着要加强手臂、腰部、颈部等她所有能动的部位的力量。于是Jackie就开始在婕儿的手臂上各绑上8磅重的沙包，再将她的双手绑在训练器的把手上，让她两手带动把手旋转。刚开始时婕儿非常吃力，需要训练师助她一把才能摇过去，婕儿也很使劲地慢慢地坚持做，一组完了再来一组，到第三组时，基本上就是婕儿自己做完的了。要知道原来Michelle给她训练时，只绑了2磅重的沙袋，婕儿还觉得很累喔，可见训练还是有潜力的！轮到OT训练了，训练师Rachel是一个高个子姑娘，约有1.9米。她一开始就让婕儿自己戴上辅助工具，按照她的话说：你现在做任何事情都是锻炼。的确，这就是OT：为生活而练、在生活中练。后来她又让婕儿将一些直径约2厘米、长约4厘米的圆柱用手夹起来，再插到一块板子上相配套的圆洞中，只见婕儿垂着手指，想利用手指间的空隙夹起来，但是好难啊！一次又一次，我在旁边数着，第一根夹了11次，好不容易夹到洞口，却又无力举高掉下去了！看到她那么吃力地去抓，我的手都在动，真是恨不得自己去替代她呀！婕儿就这样一遍遍尝试，共试抓了8根，只插进去两根，看着那块大板子上孤零零的两个圆柱，真的很容易让人灰心呀，但婕儿是只要有训练就会开心，就是她的希望。"孩子比我们想象的要坚强！"我想起了不止一个朋友说过的这句话，心里颇感安慰。

评论

　　育才老师　今天下午参加了育才中学高一（11）班的主题班会"十五年后再相聚"，其中有一个孩子谈到她印象最深刻的老师是肖一帆老师，谈到肖老师在她刚刚进入高中时帮助她适应学习生活的故事，谈到她看博文所受到的感动和激励，谈到她梦到日后相聚时Sunnie奇迹般地能够下地走路……全体师生报以热烈的掌声！当时的场景令人动容。

　　育才的孩子是懂得感恩的：肖老师默默的奉献，成就体现在学生们的健康成长上。他们在心中刻下了你的形象，也把祝福送给了远在大洋彼岸的Sunnie。

　　Mini妈　昨晚做了一个梦，梦见你生了一对双胞胎，两个大胖小子，你爸妈帮你带，醒来琢磨半天，像真的似的。也许寓意是：凤凰涅槃，浴火重生。

　　陈少云　昨晚我做了个梦，梦到Sunnie和我们一块玩呢，蹦蹦跳跳有说有笑，我当时纳闷，问她：你身体好些了吗？（我自己晕一个，梦境里居然还想得出问这些问题）她说：早就好啦……呵呵，我相信她真的会那么好的。

移民社会在病房里的折射 / 4月25日

　　美国真是一个移民社会，这是我来新医院后的一个感叹。第一天进院后就进来一个黑人女孩做护理，她是从墨西哥过来的。晚上来接班的护理是一个漂亮女士，三四十岁，她一开口自我介绍，听口音就不是正宗的美国人。后来婕儿与她聊天，知道她原本是苏联人，1991年因苏联分化后有战争，她逃到了斯洛伐克，待了7年，再与现在的丈夫一起以难民的身份来到美国，现有一个小孩，来美国8年后拿到绿卡。去年才第一次回老家。她感叹地说自己也不知道算哪里人了！第二天又进来一个亚裔男护士，自称是菲律宾人；第三天的护理一进来就大声地叫道："Chinese girl! Chinese Lady!"（中国女孩！中国女士！）好像很热情，然后她告诉婕儿，她是阿尔巴尼亚人，可能是婕儿没有什么反应，她的眼睛盯着我，等婕儿翻译过来，我才明白，喔！久违了，阿尔巴尼亚，那是我们小时候常常在广播里听到的名字，后来似乎消失了，所以婕儿后来问我，阿尔巴尼亚在哪里呀？他们这个年龄的人大概学地理课时都不会提到这个国家了。我这才仔细打量了一下她，见到她黑色的头发、黑色的眼睛、高高的鼻子，令我想起久远年代电影里看到的外国人的模样，不就是这个样子吗？昨天负责婕儿的护理是一个很文雅的女士，40岁左右，很认真负责，常常主动过来看看有什么事情，她告诉婕儿，她是来自罗马尼亚的，又是一个社会主义国家！在这个小小的病房里，一周之内就有六个国家的护理人员出入，让我真切地感到移民国家的包容性。

为什么会有这么多外来移民做护理，而在护士中就少得多（不过Liz就是其中一个佼佼者），医生就更加少见了，只看到有一个来自韩国的大夫，其他的都是白人喔。其中有一个原因就是他们的考试等级很清楚：护理比较容易通过考试，找工作也比较容易；而护士却要通过各种严格的考试才能担任，所以常常听到那些护理说，她正在学习，准备参加考试。那些医师级的就都是要有学位的了，像训练师都是有硕士学位，医生则是博士学位了，不过一旦通过考试，获得证书后，工作问题就好解决了。现在很多公司在炒人，但没有听说医生护士被炒掉的。我想这是否与他们的这种保险制度有关系，在人人都有保险的前提下，医疗服务的需求量也会增大，加上保险公司让他们经济也有保障，何乐而不为呀！

为婕儿申请加州的医疗基金（Medi-CAL）至今已经一个月了。其中来来往往的文件电话繁多，原本被告知昨天给我们最后的回信，Yes or No会有一个定论，可等了一天都没有电话。不知道是"夜长梦多"还是"好事多磨"，希望是后者。

我真诚地感谢大家 / 4月26日　　　　　　　　　　　© Sunnie

自从我出车祸以来，已经过去9周了。在我出事的时候，有很多朋友都非常急迫地想了解我的情况，当时主要是通过与Muz通话及Heidi在网上发布信息，但是并不能顾及所有的朋友。当爸妈来美之后，开通了这个博客，可以更加方便、直观地记录我的情况并告知大家。刚开始的时候，因为身体很虚弱不能坐得太久，每天的训练很耗精力，非常疲倦，所以没有每天及时地上去看，大家的评论和鼓励大都只能由妈妈转达给我，这些来自同学、朋友、长辈和以前不相识的朋友的评论，让我感到你们的支持一直在那里，支持着我不断地去坚持康复；还让我深深地感受到大家的爱在浓浓地包围着我，当然还有老天的爱一直给我生存的勇气和康复的信心。回想起去年我生日的时候，当时许下的三个愿望，现在都实现了。更加幸运的是在我生日不久后的4月29日，我决志成为基督徒，如果不是这样的话，遇到这样严重的创伤后，我不知道自己能否渡过这个难关，并坚强地面对所有的挑战和改变。我不知道这是不是对我的考验，但我知道他给了我无限的爱，也赋予了大家给我的爱，因此我每天都会为我的父母、亲爱的你们及我的康复真切地祷告，求赐予我们平安和喜乐。这是我对你们的关怀所能够做到的诚心回报。

我现在的身体情况在慢慢地好转，每天能坐起来的时间也长了一些，所以以后会每天争取时间上网。我也很想念你们，想跟你们聊天，但是还请你们原谅我每次只能短暂地出现，因为我打字的速度很慢，控制鼠标也很困难，上网比我想象的要难，因此如何使用电脑也是我训练的内容之一。今天本来是想自己亲手打出来，但发现打中文难度更大，所以只好由妈妈替我打，由我口述。

希望以后由妈妈代劳的时间越来越少，希望我能够自己独立管理这个博客的那一天早点到来。

我觉得自己非常幸运，当这一切发生的时候，我有父母和长辈的爱、朋友们不离不弃的关怀，我知道自己承受了这么多的爱让我感受到自己是一个被祝福的人。我想对你们说，我也非常爱你们大家，虽然我无以回报，但是我会继续做一个fighter（斗士），在满满的信心里一直走下去。再次感谢大家！

⊙ Sunnie双手借助工具左右
开弓，在给医院打感谢信

评论

Xiaoyi　好好养伤，不放弃地继续康复治疗，keep being positive（保持乐观）就是最好的回报啊！

茫眼　真是放了一颗超级的催泪弹。老吉有次量皮肤的深浅，一夜没有量完。现在竟然面对这些文字热泪夺眶。我们都在同行，为你的重大突破欢欣鼓舞。

谢谢你，快乐的训练师 / 4月26日

今天是周日，上午安排了一次PT训练，训练师是一个四五十岁的活泼的女士，个子不高，在美国人中可以称得上是小巧玲珑了，她斜靠在门口问婕儿："Hi! dear, are you ready?"（亲爱的，准备好了吗？）然后大声说："Let's go to play!"（我们一起去玩耍吧！）感到她很开心似的。后来婕儿回来告诉我，这个训练师一边训练一边讲起她自己的故事：她的丈夫几年前因中风双腿瘫痪，现在也是坐在电动轮椅上，但是他俩仍然喜欢出去游玩。有一次他们出去不知不觉走了很远，回来的路上她走不动了，于是她就坐在丈夫的大腿上，让他开了回来，"别人看到觉得很奇怪，我们却感到很好玩。"去年过圣诞节，她和丈夫去参加一个圣诞晚会，在晚会上他俩一起跳起舞来（丈夫坐在轮椅上），很多人都感动得哭了，"可我们却感到很快乐！"婕儿在给我描述这些时我看到她的眼睛里也在发光。我很感谢这位训练师，我明白她是在用自己的故事来激起婕儿对未来的憧憬。这一个小时的训练太有价值了！

下午洗完澡后婕儿睡了一个小时，约5点钟坐在电脑前开始写她的感谢信，这个念头在她给医院写感谢信后就有了，可没有一个完整的时间来做，就等着周日训练时间少一些再做。她本来是想自己打出来，一方面是表示诚意，另一方面也是一个给大家的汇报。可是在打了几句话后发现实在是太慢，竟用了十几分钟，而且她也感到很累。所以我提出还是先由我来打，以后再慢慢来吧。想大家会谅解的。

正在与他们聊天时，听到敲门声，回头一看，门口站着几个漂亮的洋女士，

心想是找错地方了吧，可听见婕儿叫了起来："Peggy! Michelle！"原来是那边医院的两个训练师来看她了，只是她们今天打扮得很漂亮，让我一时都没有认出来！特别是Peggy，平时训练时穿着很随便，大大咧咧的，今天却是很淑女，一对银光闪闪的大耳环更是添色不少。她们走进来拥抱着婕儿，就开始哇哇地聊了起来。后来她们又去了花园，一直聊了一个多小时方离去。婕儿回来还很兴奋，这是她最喜欢的两个训练师，在她最艰难的时刻不仅帮助她做身体上的恢复，也用她们开朗的性格带给婕儿很多的快乐，给了她很多及时的鼓励，像姐妹似的愉快地相处了50天，结下了难得的情谊。我也很为婕儿高兴，能遇到这样让她快乐的训练师，让我们也轻松不少。谢谢你们！

申请医疗基金的酸甜苦辣 / 4月29日

上午刚刚将婕儿的起床、早餐、洗漱等搞掂，电话响了，是加州医疗基金的叶小姐打来的，她首先道歉说因为休假，今天刚上班，然后告诉我们，伤残局的基金申请批准了，但是具体的条件和要求还要等文件，要过几天才能出来。尽管不知道条件能否适合我们，至少我们还会有希望，确实让我们松了一口气。

回想起申请医疗基金的过程，还真是峰回路转。最早在博客上听婕儿的同学Heidi说起Medi-CAL时，正是医院说不能住35天的焦急时候，知道有这样一个基金可以帮助我们解燃眉之急，给我们带来了新希望，但是等我们了解一些信息后，感到条件很苛刻，婕儿又不在他们要求的范围内，于是又放弃了申请。后来经育才中学耿华老师的朋友袁女士的自身经验介绍（她在加州也申请过Medi-CAL），我们决定试一试，然后开始了一系列的填表工作：一开始是简单的资格申请表，后来建议我们申请另一种专门给外国人的基金，这样时间会短些，但是要给移民局备案。这样又要填几种共多达几十页的详细申请表，婕爸本来是处在一种非正常状态，被这些繁杂的表格弄得越发烦躁。婕儿当时在训练后已是筋疲力尽，需要上床休息，没法帮助婕爸阅读填写那些繁杂的表格。两人常常由此闹情绪，幸亏有Justin利用晚上有限的时间来帮助婕爸阅看、填写申请表格，记得有一天晚上他们一直做到12点多钟，在我的催促之下方停下来。到4月14日终于将表全部填好，请Justin替我们寄出。接下来就是询问、等待，其中还有几次补充资料。一直到4月20日（周一），叶小姐来电告知，我们的申请没有通过，已将我们的申请转到"伤残局"了，但是需要9个月的时间才能批下来（这么长的时间简直不可理喻！），我们只好放弃希望。

那一天我们就开始做回国的准备，没有想到第二天下午突然又接到叶小姐的电话，说将申请改为特殊申请报给"伤残局"，可以在48小时内特批下来，只是需要有医生的说明，包括病例、现状、还需要哪些治疗等。这些说明文件也必须在48小时内收到！当时已是下午近5点钟，婕爸立即分别打电话给Dr.Barnes（主治医生）和Dr.Vishteh's（手术医生），可Dr.Barnes的电话一直没有人接听，只得一次次留言。Dr.Vishteh's的秘书倒是很爽快地答应出具相关文件，并且第二天一大早就告诉我们，已经把Dr.Vishteh's的说明直接发给基金会了。下午Dr.Barnes的秘书也将说明发到基金会。我们才放心下来。接着叶小姐又电告知，已将申请报到伤残局，他们48小时内会给我们答复结果。我们算了一下，就是周五有结果。可叶小姐周五休假，她说可以拜托他人通知我们。但是一直等到今天（周二），才有本文开头的情况。这中间等待过程的焦急就不提了。正如博客上一位朋友所说，我们的确是没有将一些烦恼的事情与大家分担，但是有好事情是一定要分享的。

现在我们在等待基金具体的条件下来，才能制定下一步的具体计划和采取行动。但心已释然。

评论

Heidi　真是好消息啊，昨天得知的时候就觉得不可思议。虽然是我建议的，但是经过和几方联系之后已觉得希望很渺茫，没想到真的成了！太不容易了。

彧呈　果然磨出了好消息！我们真的体会不到无言的那份焦急和期待，能听到好消息大家又放下了一点点心。今天有个高二的学生回来探望，说高一上过肖老师的课，觉得很好，还说肖老师是一个很开明的老师，心中已然悄悄地分享了这份对您的惦念。

Erica　可能因为经济危机很多福利都掐得紧了，好人一定会有好运气的！Sunnie之所以得到这么多人的关心就是她的魅力啊。

英国奶爸　这是你们应该争取的生活，我看到真正的生活正敲打着你们家的大门……感恩所发生的一切，能让你们重新认识的生命。圣诞节时，我们上百人聚会，我的小儿子（当时还没满七岁）坐在轮椅上，拿着麦克风，跟大家一起唱《平安夜》。他那沙哑的声音、走调的音符，也让好多人流泪……

有感于Sunnie的"钝感力"　/ 4月29日

　　这两天因为有了医疗基金的好消息，婕儿的情绪也一直很稳定，昨天躺在床上还听到她哼起歌来，真好！到这家医院来后感到她没有像在原来那家医院积极乐观，特别是前天的医疗会议，医生说她没有大的进展了的结论让她有些沮丧，其实她的进步我们都能够感到的，尽管很小但毕竟是在向好的方向变化，如她手臂、肩、上背的力量加强了一些，我们给她穿衣、站立、冲凉等时，她会稍微撑起一点来配合我们，让我们不会像以前那样吃力了（那时身体完全是软的，没有一点支撑的力量，两个人护理都很吃力）。

⊙ 19岁生日，在英国莎翁故居泛舟河上

在护理婕儿的护士中有一个护士叫Kevin，只比婕儿大4岁，可已经是两个孩子的母亲了，她很同情婕儿，对婕儿也照顾得很好。昨天我看到她很激动地在跟婕儿说些什么，原来她告诉婕儿，他们医院这几天有两个病人要自杀，其中有一个男士也是因为车祸断了一条腿，就不想活了。听不进别人的劝告，也拒绝他们的医治，"我恨不得给他两个耳光，把他拉过来看看你，他比你情况好多了，可你却这么开朗。"她接着很有感触地说，"我看到你这样，我也很受启发，以后要对生活更加珍惜，要感恩自己的生活，好好爱自己的家庭。"我听到后也很感慨和欣慰，我的婕儿还有鼓励别人的作用，这也是她的人生价值呀！

想到婕儿的这种淡然处置的态度，让我想起了心理学中的一个名词——钝感力，就是指一个人对一些事情，特别是对一些伤害自身的事件处于一种比较迟钝的状态，没有那么敏感，这是一种自我保护的能力，虽然可能会显得迟钝一些，但是可以避免那些过于敏感和过分思考带来的恐惧、焦虑甚至是绝望的消极情绪。例如，听到别人讲一句不中听的话，钝感力高的人会简单一笑了之，不以为然，听过且过；而钝感力低的人可能会因此左思右想，甚至钻进牛角尖，自己难受半天而出不来。这种钝感力是一种强大的心理能力，尤其在面对危机或灾难时，越发显示出对自身的保护和隔离作用。婕儿说：她对不好的事情不会老去想它，很快就会忘掉。我以为正是她具有这种高钝感力使然。从这个角度来讲，我们做父母的又是很幸运的。

评论

肖老师的文章让我感受很深，我可能就是钝感力很低的人，每天都看您的博客，在生活中我也受了很大的启发！

Liu 又跟你学到新东西。"钝感力"，值得我们认真对照，细细体味。

豆豆 钝感力！喜欢这个词，我就很缺这个东西，以前每次Sunnie很无辜地看着我说我想太多的时候就好想分享一下她的钝感力！对自己宽容一些，也对别人宽容一些，呵呵！

英国奶爸 其实你们俩都要有Sunnie这样的钝感力，才会有更加强烈和现实的幸福感……努力一下吧，你们肯定行的！

老树苗 学习了。不要太敏感。对自己，对别人，还是"傻"点好。

亚丽 钝感力，我们很多人都在自查呢！呵呵，婕婕的钝感力也是你潜移默化影响的结果。我想你的这篇博文应该又启发了很多人，好好学习。

开始在旧金山寻找医疗机构 / 5月1日

　　上午等到了医疗基金会的职员叶小姐的电话，告知文件和Medi-CAL的卡已经寄出，并将简单的批复文件先给我们传真过来，婕爸仔细看了发现并没有很详细的规定，不放心，又拜托Sunnie的朋友Elisa前去询问清楚。同时也告知亲人朋友们，并拜托Muz、Mike、Heidi和婕舅一起帮我们寻找合适的康复医院。这样婕爸忙碌起来，不停地打电话、发邮件。连华婕在训练之后也开始在网上寻找，但因坐轮椅的时间不能太久，查了一会儿她必须回到床上休息。

　　我们今天开始寻找旧金山适合华婕住的地方。因为在旧金山旁边的湾区，有一家中医诊所对脊椎损伤治疗有过成功的例子，我们想让华婕去试一试，希望在那里得到好的治疗效果。但那里没有住院条件，所以我们就想在那家诊所的附近寻找住处。

　　一开始找住处时想住医院，治疗条件好的医院居住的条件肯定是要好些，但经过以上的认识过程，也就只能找比医院低一级的机构了，那些叫Nursing House（护理中心）或Group Home（家庭护理）的地方，前者还是一个机构，一般有几十个床位，有专门的护士，也有OT、PT训练，但后者只是家庭式的护理了。所以我们将目标放在Nursing House上。要在偌大的湾区寻找可是一件麻烦事情，婕爸将这件艰巨又繁杂的任务交给了Muz，尽管5月2日是她在密西根大学的毕业典礼日，可这孩子不负重任，将婕舅搜索到的上百个医疗机构名单，在一天之内筛选出50家后，又请两位好友帮忙，分别打电话一家一家地询问，最后选出8家比较合适的机构。看到她发过来的8家医院的资料表格，深感到这个孩子在这次事件中也得到很大的锻炼，能力也显示出来了，真的看好你！Muz！当然更要感谢你及朋友们的帮助。

　　婕爸将Muz圈定的8家医疗机构表发给了Sunnie的同学Mike，请他这两天有时间去考察其中的5家医疗机构，而且还定出8条具体的考察内容，这又是一件费时费力的事情。结果今天晚上就收到Mike的邮件，这是一个详细的考察表格，包括了5家医疗机构，让我们对这些机构有了更加确实的信息和进一步的了解。他是一大早就开车去了湾区，一个一个地找到，再询问，一直到下午4点方返回，又忙着整理资料，列出表格供我们参考，辛苦了Mike！

　　回想起来，由于对这些社会的差异或者说文化的差异不理解，加上华婕的病情的确需要有相当强度的PT训练和相应的护理设施，由此就产生误会，并给自己带来不少的烦恼，弄得我们为此焦虑、烦躁。而这次去旧金山挑选医疗机构就转变得快了。也希望更加顺利一些。

评论

　　Muz　给Sunnie打工是我的荣幸。感谢Sunnie家人的体贴，你们会细心地考虑大家的时间表，兼顾效率和时间，也让我非常敬佩。我要感谢张辰，他从听说Sunnie的事情后就不留余力地帮忙，这次也是刚考完试就过来忙了一天。以前他去青川当志愿者的时候认了一个被截去双腿的男孩当弟弟，从此之后便一直有个愿望要建立一个不营利的慈善组织。还有我的室友，也来帮忙。我们三个打电话打到喉咙痛，之后还去大吃一顿越南粉，不亦乐乎。

　　Mike　婕爸妈不用客气！最重要可以为Sunnie找到一个地方落脚，让她可以在这里重拾归属感和离我们近一些。

　　楠妈　回顾走过的路虽然并不平坦，但终归是朝咱们努力的方向一步步地前进。令人欣慰的是Sunnie一直在朝好的方向发展，老天一定会让咱们的Sunnie站起来的！我们都在迎接这一天的到来（包括小六子，它也是通人性的）。保重身体。

　　舟妈　每天的第一件事情就是迅速打开电脑，看你们的博客，有流泪、高兴、难过，更多的是对你们的无限心痛，帮不上任何的忙，只能在心中默默祈祷，默默祝福。今天的博文，让我看到了你们人格魅力的光芒，在如此艰难的日子里，你们能有如此浪漫的情怀，这是能直面人生的博大襟怀，有什么能难倒你们？

再次清理Sunnie的行李　/ 5月4日

　　今天将这几天整理好的医疗机构资料列出来，按我们的要求排队，再请婕舅打电话一家一家地询问，得到答复后再请医院的个案经理帮我们具体联系。这里都要求医院对医院联系，将所有的资料病例等全都发给对方，不经过病人之手，这样能保证资料的准确性。送完资料后我们就只能在旁边督促和等待了。等来的结果是令人失望的，在我们选择的10个机构里（婕舅也挑选了5个）不是没有床位，就是不接受50岁以下的病人，没有想到原来那么多的医疗康复机构都是人满为患呀！现在不是我们挑选，而是寻求了。

这中间婕爸也花费了很多的精力，情绪也不好，又处于那种沮丧和浮躁的状态中，我和华婕只能小心翼翼地与他说话、商量。

晚上与Justin约好去他家清理行李。除了我和婕爸的行李外，还有华婕从出事现场送过来的行李，包括她当时穿的衣物、两个包。从警察局拿回来时我就不愿意打开，拖了一段时间后打开发现她的大衣、牛仔裤全都是泥沙，怪不得她当时脸上、手上、头发里全都是被沙子擦伤的一道道痕迹，又禁不住想象当时的情景，心里又开始紧缩起来，婕爸一边清理一边唉声叹气地自言自语："婕妹子呀！唉！"我赶紧先将自己的情绪打住——隔离为佳，再劝婕爸。

这是最后一次在Justin家了，环顾四周，想想我们在这里度过的最艰难的日子，真的非常感谢Justin一家给我们及时而周到的帮助，让我们在痛苦的时刻能有一个温馨的安身之地，并花费大量的时间接送我们，还不厌其烦地替我们寻找各种资料和信息。就在我们清理行李时，他们还主动地为我们周四电动轮椅上飞机一事查看机场规定，连我们自己都没有想到！而当我们临走之时向他们表示谢意，平时喜欢说话的Justin却只有一句话："这没有什么，我们没做什么。"还连连摆手。Queenie也只是说："我们中意做呀！"他们就是如此朴实的人，本来要说一些感谢的话却一句也说不出来了，只让我感动得热泪盈眶！

评论

红袖 佩服！那天我爱人从头至尾看完你所有的文字，哭得稀里哗啦，第二天眼睛肿得没法见人！真是好样的，送上一份育才的敬意和问候！那天高一（11）班召开班会"十五年后再相聚"，他们设计的一个环节就是婕儿奇迹般站起来了！现在网易、校内网上都有育才的学子在祈祷。加油！

Kmktyler 每天都能从此读到华婕的进步、嫂子的淡定和表哥的坚毅，真好！本来还想说几句鼓励的话，却突然发现，其实是你们一家人那早已埋藏在心中而在如此困难面前爆发出惊人能量的勇气和爱，在深深地鼓舞着我们……

鱼 感谢Justin一家，你们的行动也让我学会了要如何互相关爱，如何去帮助别人。肖老师真是控制情绪的高手，我也学会了，一碰到不良的情绪，马上隔离！！！

终于发现联系不到医疗机构的原因了 / 5月5日

申请的加州医疗基金可以为婕儿提供医疗机构收取的费用，但是必须由现在的医院出面联系，我们只好将Muz、婕舅选的医疗机构提供给医院的个案经理。从5月4日一直到8日，整整4天，婕爸天天去找个案经理，询问联系医疗机构的事情，可是一直没有结果，尽管其间婕舅帮我们联系了好几家新的机构，尽管我们非常着急，也只能让他们一个一个地联系，一天一天地等待，一直也没有消息。本来已经买好的机票，只好两次改签！

上午我们又给个案经理一张表格，请他打电话，结果是打了12个，都不肯接受，一直感到奇怪，为什么医疗机构这么难进？一直到下午终于找到原因了：原来是医院的个案经理告诉对方，说我们是要长期住院的！婕舅今天，上午跑了三个机构，原来联系时都愿意接受，但是一与医院的个案经理接触后，就被拒绝而说没有床位；下午又到远的地方去询问，问到一个机构，讲好了可以接受了，又怕被个案经理搅乱，婕爸一直不肯给他电话号码，结果他自己还执意找到，又打过去告诉对方，我们是要求长期住院的，这可是医院最不愿意接受的，一听后马上说没有床位了！等了这多天好不容易有了希望，结果总是被这个笨蛋给搅没了，太让人生气了！他从来就没有问过我们要住多长时间，就自作主张地告诉对方这个很不利的信息。我深刻体会到"成事不足，败事有余"是有多么耽误事情！我们一致的看法就是决不能再让这个笨蛋联系了！当即去找医院的负责人，可是已经下班了，只好等到明天。

可想而知遇到这样的事情，三人的心情都很糟，特别是婕爸，这几天本来就弄得身心疲惫，眼看只剩下明天一天的时间了，还不知道何处有华婕的一张床。吃饭都没有心情了。婕爸随便吃一点东西就坐到电脑前整理明天要寻找的医疗机构资料。婕儿还是很懂事，说想出去走走，平时婕爸肯定是会立马起身随后的，可今天却说："我不去！""跟我们去走走吧，这样你的心情也会好一些的。"婕儿劝道。"你们去吧，我不想去！""爸爸，你不去我们也没有意思啦。"华婕开始拿出她的杀手锏——撒娇。还真有效，婕爸一边叹气一边离开电脑，我俩赶快往外走。尽管已经快7点钟了，凤凰城的斜阳仍然如火，气温还是很高，约有30℃,可想而知白天更加炎热了。我们就围着医院转了一圈,走走停停,聊聊天,婕爸的心情已经平静下来。回到房间再整理资料时,气氛也正常了,大家都轻松了一些。生活就是在这样的情绪调整中延续。

评 论

老树苗 这种事情谁碰上了情绪都不会好。互相宽容,互相扶持吧。千山万水我们曾经走过,风雨过后总会见到彩虹。

Sunny阿姨之一 能体会到其中的焦虑、愤怒和无助、无奈。但相信一切都会好起来,望平和心态、保重身体!

改变思路,先去旧金山治病 / 5月8日

今天刚起床婕爸就去找医院的负责人投诉,将个案经理的庸才表现及带来的后果一一陈述,然后提出我们的要求,换一个个案经理帮我们联系。要求马上被接受,负责人带来了一个女士来接手。接手后她发现原来准备的材料不行,长达四十多页,不要说光发这些材料的传真需要半个小时,就是对方收到看看也要一段时间了,应该给别人一份简介的材料即可。其实婕爸早就质疑过这样做的必要性,可那个个案经理一定要坚持不懈地给每一个机构发上半小时的传真——就是如此地刻板!

因为不懂医疗基金使用的渠道,只是盲目地自己去寻找医疗机构,碰了很多的壁,花费了大量的时间和精力,几次改签机票。所以想到求助于婕儿旧金山的朋友,她们给了我们一些实质性的建议,所以我们决定改变方式,先飞到旧金山去找一个酒店住下。然后再去公立医院看病,找到一个医生,让他来确定婕儿是住院还是院外治疗。如果是院外治疗,那我们需要的医疗费用,包括租用医疗器械、买药等,就能够真正用起来了。

新接任的个案经理很能干,她理清思路,一接手就与婕儿的加州医疗基金(Medi-CAL)的经理梁小姐联系,问到了与教友告知我们一样的途径,所以她只是将婕儿需要的资料都准备齐全,送了过来,既轻松又有效。

　　我们目前最主要的事情是要先去看中医，抓紧时间给婕儿治病，再去医院找医疗基金指定的医生，通过医生的认可，才能使用一些医疗基金。因此今天上午就按照我们要就诊的中医诊所较近及比较符合婕儿病情需要这两个条件去选择酒店，选择好后请婕舅订好。准备先住下后再去挑选Group Home或者其他的住所。

　　还是相信那句话吧：车到山前必有路。原来总是想有医疗基金的保障，就先将路找好再走，现在看来既然不知道要走哪条路那就一条条地去闯吧。

Sunnie的大拇指开始动一点了 / 5月9日

　　昨天晚上婕儿突然说："爸爸，你看我的大拇指在动！"我一听赶紧放下手中的衣物，冲了过去，只见华婕在用心地动着她的右手大拇指，大拇指大约可以摇动半公分（前后方向），华婕激动地不停地叫着："看啊！看啊！是不是在动？是不是在动？"我和婕爸也不停地在回答她："是的！在动！是在动！""好厉害呀！婕婕！"婕爸大声喊起来，我也高兴地捧着那只大拇指使劲亲吻："你太可爱了！大拇指！"最高兴的是今天早上起来，再让她动一动，她动的幅度又大了一点，约有一公分，让我感到这绝不是梦了！我告诉华婕，这就是她送给妈妈母亲节的礼物，是最好的礼物。我想既然能恢复一点有意识的控制，这表明神经的康复还是有一些希望的，所以给我们带来很多的信心。

　　因为医疗基金的事情郁闷了许久的婕爸，想通了后心里反倒舒畅了许多，他开始大声唱起了"离别三十年，今日回延安"老歌。而且还讲起他昨天遇到的一件可笑的事情：他去看华婕训练的路上，遇到一个老太太拦住他，问道："你女儿很可爱，你能否将她的中文名字签在我的手臂上？"婕爸当然满口答应，一边签名一边与老太太聊天，等他签完后才发现，签错了，签的是他自己的名字！于是他灵机一动，又问老太太：能不能将我的名字也签上啊？于是赶紧将"禹华婕"三个字写在老太太手臂上！听得我和华婕哈哈大笑。婕爸常常出这样的洋相，好在他从来不避讳，为此让我们也快乐一番！

　　在这个康复医院住了24天，要离开了，无论是医护人员还是病人，也都是挺友善的。记得那天陪着华婕训练出来，她的训练师Jackie正在跟华婕讲训练要注意的事项，我看见走廊那头一个老头推着老太太慢慢走过来，到了华婕面前停下来，老太太很认真地看着华婕说："我想跟你说几句话。我住到这个医院的第一个晚上，心情很不好，突然看见你穿着黄色的衣服，扎着黄色的发带，坐着黄色的轮椅，风风火火地开过来，好像一个电影明星一样，一下感觉自己心里像点亮了一盏明灯一样，又觉得这个医院还不错呀！真是谢谢你！"她的老伴站在旁边使劲点头称是。这点我也感受到了，常常有病人从我们门口或身边经过时，总要停下来向华婕打声招呼："Hi! Sunnie! Are you fine?"等到她回答后才走。有的医护人员虽然没有分配来照顾华婕，但也会过来看看她，或帮帮忙。我想可能是华婕的活力或笑脸让大家喜欢吧。

评论

YL　"爸爸，你看我的大拇指在动"……一个默默关注你的人真是高兴得掉下眼泪，我相信华婕总有一天还会叫"爸爸，你看我能动了……"人的意念很重要，它会让人出现奇迹……

李萱　真的是太兴奋了！！阿姨叔叔你们也很高兴吧，这几个月来的辛苦都是值得的，就算换来的是这样一个在常人看来小得不能再小的进步，可是对于我们这几个月一直看着Sunnie和叔叔阿姨一家一步步走过来的人来说，真是一个令人振奋的消息！

小cy噢　婕一直都是一个鼓励我的角色，看之前的聊天记录，发现她真的有很多很多让人开心的想法。很多时候，在我极端沮丧的时候，她都可以用最简单的方法来解决我的情绪问题，想必也是因为她是肖老师的女儿吧……很多东西耳濡目染，真的很有用，我会好好地为自己做好心理建设啦……在跟你们说一切都会好起来的同时，我也在跟自己说着呢！

牡丹　一帆，你曾经帮助过很多的人，尤其是那些受困的学生，今天你在美国得到那么多的教友和朋友的帮助支持，我想这也是一个轮回。华婕，你一直是从容淡定的，也是阳光快乐的追梦女孩，现在，你的梦想里多了一个愿望：重新站起来。一点一点地努力吧！婕爸，与你做邻居多年，一直觉得你是幽默风趣的，而且还觉得你有点异国情调——好大的胡子，现在看到你为家人带来力量，觉得你真正是个了不起的男子汉！祝福你们！

再见了，凤凰城的朋友们 / 5月11日

明天就要离开凤凰城了，屈指一算华婕在这里已经有整整80天，我们也是74天了，两个半月的时间，在平常的人生中可能一眨眼就过去了，所谓"弹指一挥间"。可对于华婕，对于我们来说，这是一段永远也不会忘记的刻骨铭心的日子。在这个到处都可以看见凤凰树的城市，也让我们处处都享受到善良人们的关心和照顾：不仅在转住的三个医院里得到医疗人员的精心医治和护理，让华婕的病情一直向康复方面进展；更难能可贵的是凤凰城的华人，在邝先生的言传身教下，他们不辞辛苦地天天接送我们，给我们解决了许多迫在眉睫的困难，还想尽花样给我们煲汤做饭、送礼物，几十名教友们花了很多的休息时间看望Sunnie，不仅给她带来许多的欢笑，更是抚慰着我们焦急不安的心灵，让我们忘记了举目无亲的困境。我们能顺利地度过这段艰难的时期，与你们实实在在的帮助确实是分不开的，也让我们感受到大同世界中温情融融，爱心满满。

晚上请Justin夫妇将我们放在他家里的行李送了过来，也是一起告别，本来想不能再流泪了，可当Queenie拥抱华婕时说了一句"好舍不得你"，弄得我们三人全都哭了，而且我发现Queenie流泪时好美，是那种圣洁的、宁静的美，只有内心善良纯洁的人才会显出那样的柔美来，能与这样心地真善美的人结识并得到他们的帮助，真是我们的福气。

我们一家真诚地感谢你们！

在残疾人的天堂坐飞机 / 5月12日

这是我们离开凤凰城的日子，也是在Healthsouth住了25天后出院的日子，训练师们送给华婕一件T恤衫，上面有大家的签名，有些人华婕都不太认识。Rachel本来安排是下午给华婕洗澡的（是教我怎样帮她坐着洗），知道我们两点要离开，她还特地赶在我们走之前给华婕洗澡，让华婕舒舒服服地踏上旅途。

　　上午我和婕爸忙着整理行李，东西很多，大都是华婕需要用的医疗物品，这都是必不可少的，有钱也不一定买得到，所以一件也不敢扔掉，清理完后共有五大件、五小件。幸亏邝先生带了教友Rit一起送我们到机场，帮忙搬运行李，才省了我们不少力气。他们还送了礼物，特别是邝牧师及师母不仅特地从香港带回来一本书《去过天堂90分钟》送给华婕，而且还给我和婕爸写了一封长达四页的手书信，充满了慈爱和祝福，让我们深深地感受到他们伉俪的仁厚之心。

　　坐飞机之前我们很担心华婕的身体，怕她出现血压时高时低的现象，所以事先认真地向医生请教过。但整个过程华婕都比较稳定，虽然会有些紧张，不敢睡觉，下来后也会感到很累，但没有出现什么异常情况，请大家放心了。一路上感慨很深的倒是华婕像一个贵宾：从登机开始，华婕就是第一个上去的乘客，而且站在机舱门口的四五个乘务员围着她团团转，我们本来在头等舱的两个座位是分开的，可乘机长只是问华婕："你想坐在哪里？"华婕刚指着第一排，乘机长马上说："好，你爸爸坐在你旁边！"接着几个人七手八脚地将她移到了座位上，这个过程至少花了十来分钟，等我们搞掂后，其他乘客才鱼贯般地进来。我的座位在普通舱，但是当我刚坐下来不久，一位先生走过来说着什么，这时只见婕爸也过来说："他主动要与你换座位！"喔？太好了，连忙感谢他，能坐在华婕身旁，我就会更加放心，可是要知道，头等舱的票价是要贵一倍多的！在整个飞行中乘务员总是问华婕："你舒服吗？"在飞机要下降时，她还特意用两个披肩结成一根绳，先围住华婕的胸，再将绳子绕过座位两边到后面去，请后面的一位先生拉着绳子，我在旁边看到那位先生端坐在那里，双手很认真地拉着两根绳子，尤其是快落地时，他身子前倾紧紧地拉住绳子，生怕有所闪失，一直到飞机停下来才松掉，我们三人都向这位不相识的好人致谢。

　　飞机在7点准时到达。飞机停下来后，我们是最后一个下，因为走的是楼梯，华婕的轮椅只能用专用电梯送下去，然后又有专门的工作人员带领我们绕来绕去来到行李处领了行李，又带我们去车站（车站也分了类，虽然婕舅来接我们，但他也不清楚），一直看着我们上车后方离去，当然，小费是一定要给的。有一个细节让我们留下很深印象，当华婕的轮椅要从人行道下来掉头去上公车时，本来在马路上疾驶的汽车突然全都减速，好像要给外宾让路一样，一眼望去，一线汽车几乎停在远处，留出一大段地带，雪亮的灯照着华婕的轮椅从从容容地向公车行驶，那一刹那感觉是在电影中才有的镜头，让我心头震撼不已！其实我看到华婕的轮椅离那些车辆至少还有一个车道宽呢，而他们对残障人士的呵护

却是如此小心，这不仅是法律保障的效果，更是爱心的表现，让残疾人感受到
自己的尊严。美国的确是残疾人的天堂啊！

评 论

　　拉拉爸　读了深受感动。给别人以尊严，我们就是一个高贵的人，一个内心充满尊
严的人。尊重别人其实就是尊重我们自己啊。肖老师的博客在教育着我们每个人。我们
不能立刻改变整个社会，但我们能够立刻改变我们自己。

　　但自勤　虽然坐在轮椅上，但精神的力量却比我们这些身体健全的人强大的多。

　　宋姨　天天看你们的博客，看到你们在艰难地向前迈着每一步，同时，又有那么多
善良的人在帮助你们，真的好感动。从婕婕的相片上仍然看到她还是那样单纯、阳光、
可爱，真是不得不让人牵挂，好样的！婕婕的治疗及康复，能配合中医、针灸是最好的
了，我查阅过一些资料也强调了这点，希望能找到理想的机构。

开始寻求中医治疗　/ 5月13日

　　今天一大早我们三人就赶到朱氏中医诊所就诊。婕舅先前来这里了解过情
况，这是一家以中医头皮针为主要治疗手段的诊所，朱医生就是专门治疗脊椎
疾病的老中医，他曾经用头皮针治疗一些病例都得到明显的效果，其中有一个
病例与婕儿的病情非常类似，是一个23岁的加拿大女孩因车祸导致颈椎C5、6、
7受伤，经过他的治疗后能站起来了，还回到学校念书。所以这是我们一定要来
旧金山的原因，想找到能让婕儿有所康复的大夫，我们始终不能接受美国医生
的结论：基本就是这样了，要康复也只是力量上的加强而已。让我们将婕儿就现
在这个样子（腰不能坐、手不能拿、腿不能动、大小便不能控制）带回家，怎样
都不甘心！我们一定要尽力为女儿找到有效的治疗途径，我们就是抱着这样的
希望来到圣荷西的。

　　中医诊所就在旅店附近（我们特地选了这所旅店），婕儿坐着轮椅大概十几
分钟即可到达。这是一家中西结合的诊所，房间的布置都是中式的，可是中间也
摆放着一些康复训练的器械，这也折射出他们的医疗风格，即中医加西式训练。

果然朱医生了解了一些婕儿的近况后，就让另一位肖医生在婕儿头顶上扎上十多根细细的银针，然后就由助手对婕儿进行一系列的训练，连续两个小时，中间休息后下午又是连续三小时。大量的训练让婕儿感到非常疲倦，而这正是朱医生治疗的特点，让身体所有的部分都要动起来。想来也有道理。

因为我们忙着要寻找便宜的旅店或Group Home，上午是婕舅带着婕爸去看了几家，下午又请Muz（她特地从密西根飞过来帮我们安置）带着我去看了几家，但是都不太合适，不是离诊所太远，就是太贵或不能住三人。刚要去买晚餐，就接到婕爸的电话，说婕儿导尿管出了问题，Muz急忙送我回旅店处理。

傍晚婕爸和婕儿因为太累，还没有等到Muz买晚餐回来就睡着了，我和Muz先吃，让Muz先回Wenshu家，她整天跟着我们跑来跑去也是很辛苦的。那两人一直酣睡到晚上9点钟还未醒，我担心他们会低血糖，将其喊醒吃晚饭。

寻找到新的住所　/ 5月14日

婕儿昨晚上发烧，加上又要翻身，所以我和婕爸一晚上起来4次，早上一直到婕舅来电话我们方醒来，一看钟已经8点15分了，立即起身，却又发现婕儿的尿袋有问题，等处理好已经是快10点了。将婕儿送到中医诊所，然后按计划马上去找新的住所。还好找到了一家家庭式的旅馆，有厨房设备可以做饭，这是我最满意的地方——民以食为天嘛。缺点就是离诊所远了一点，婕儿大概要行30分钟，还有就是床不理想，但可以以后想办法去租一张病床吧，还有就是洗澡也要想办法——婕儿要有专门的椅子才能洗，但这也可以自己去买吧。因为这个地方不是住宅区，所以旅馆价格稍贵一些，但是住在旅馆可以省掉很多的事情，能节约些时间，也值得。

接下来就是赶紧搬家，婕爸发挥他整理行李的能力，又将五大件六小件东西归原，请婕舅、Muz帮忙搬运，在下午就全部搬过去了。然后婕舅又带着我去购物，先去一家叫"Walgreens"的连锁药店买药品，然后又到沃尔玛为婕儿买帽子——加州的阳光很晒的，她每天要在外面来去一个小时，可少不了帽子，尽管她从小就不喜欢戴帽子，但现在敏感的皮肤必须要保护才行。这里的华人超市不少，最后又去了一家叫"大华"的超市，一下午过足了购物瘾。

在超市买了一些熟食，回来煮了一锅饭，Muz和我们一起吃，大家都吃得很香。吃完晚饭已经是8点多钟了，等Muz走后开始赶写博客。虽然写得少一些，但还是要向大家汇报我们的情况心里才安定。谢谢大家对我们的理解！

在美国看门诊真痛苦 / 5月15日

申请了医疗基金后一直想用它，可就是用不到，后来说是要经过医生的认可方能使用，所以先找家庭医生。可是家庭医生也不是随便挂个号就能看到的，前面有道道关卡，好不容易约到了，又告知要等到7月份才轮到华婕见面！有教友建议去医院看急诊，因为华婕出门挺累的，又不想影响训练，所以一直拖了两天，今天下决心去医院。

先在网上查好路线，要先坐轻轨，再转公交车。上午9点半准备好才出门。找到轻轨站去买车票，发现残障人只要半价，等上了轻轨后，发现给残障人留的位置却是三个人的位置。坐轻轨像坐地铁，很平稳的，只是在地面上可以看到外面的风景，没有地铁那么快，遇到红灯一样要停下来等的。下了轻轨又去找公交车，花了一个半小时才到圣荷西的中心医院，这是一家公立医院，占地面积很大，进入医院范围后，公交车走了几站才到急诊部。

进入急诊部一点都没有国内那种很忙乱的景象，反而很安宁，不久我们马上就会感受到它太安静了！先要在第一个窗口登记，大家都很有耐心，尽管有的人歪歪斜斜地站着或坐着，登记的小伙子一边问一边在电脑里输进信息，然后在病人的手上系上一个打印有个人信息的标带，这就算是挂号了，让病人到旁边坐下来等着。大约等了40分钟后，有一个护士叫了华婕去测血压、量体温，又让她等了半个多小时，有一个窗口叫华婕去登记一些详细的个人信息，说是准备文字材料，完了又让华婕继续等，这时已经是快1点钟了，肚子早就饿了，早上着急出门早餐也是随便吃一点，幸亏婕舅买了快餐过来充饥，也缓和一下等候的沉闷。医院中午说是没有休息的，下一个就轮到华婕了，再耐心等等吧。可这一等又是一个小时过去，一直等到3点半，整整等了4个小时后方让华婕进到里面，而且只能有一个人陪，婕爸就跟着进去了。我和Muz在外面等了一个多小时，才看见他们父女俩疲惫地走出来，而且华婕很沮丧地说："什么也没有解决。"原来他们进去后仍然是等候了20多分钟才看到急诊医生, 说华婕的情况要找康复医生, 可没有找到。然后还是推到家庭医生那里, 最后给了一大堆医疗机构的电话, 让我们自己打电话联系。整整花了一天的时间看医生, 还没有什么结果, 只是开了一点药就出来了。

幸亏有Muz在, 请她帮我们去送处方, 因为医院太大, 药房还在另一栋楼里, 说是今天还拿不到, 要明天12点以后才能来拿, 一天还不够, 让人还要来一次! 给人感觉他们是在制药, 而不是拿药。不知道其他医院是不是也是这样的效率, 还是因为公立医院才是这样。感叹在美国真是不能生病! 不要说保险金的问题, 就是不要钱也经不起这样的拖磨呀!

Muz明天就要回密歇根州大学了, 所以她回到住所又与华婕聊天到9点多钟才走。华婕是很舍不得她离去的, 这对姐妹经过那场灾难后, 情意更加深厚了, 这次Muz特地老远来看华婕也是她的承诺, 看看华婕康复的情况才会放心些许。7天来Muz天天帮我们忙这忙那, 正好遇到我们搬家, 为我们解决不少问题, 也分担了很多的焦急之情。辛苦了, Muz!

评论

Siew　我在英国有一次急诊, 救护车来接的, 到了医院却没有医生, 只有护士, 还是实习的。抽血就把手臂抽肿了, 护士给吃了一颗药就让回去了。医院说需要做手术, 但是手术安排在两个星期之后, 因为医生的时间都排满了。在之前的预约、排队、等待, 已经耗费了两个星期。医疗机构都换了3家。每次都是怀着焦急的心在等待, 恨不得买个机票就回国了。去治疗的时候, 除了会诊都几乎见不到医生的面, 护士给我们喝冰水, 吃的也都是冰冻的食品。当时特别担心医疗的质量, 睡不好, 也学不进去。

但是事情过去之后, 渐渐理解他们的制度了, 一层层都是有规矩的, 要急也急不来, 反而影响到自己。对待这种制度只能既来之则安之, 只能用人不疑! 因为这样心情会轻松些的。深有同感。

以前我常常听别人说Sunnie把衣服搭配得很美! 一直很羡慕她的开朗性格, 祝好!

拿药要签字 / 5月16日

虽然今天是周六，可华婕还是有训练，我和婕爸决定分工：他陪华婕去训练，我留在家里清理东西。等他们一出门，面对一屋子凌乱的物品，我第一件想要做的事情就是听音乐，赶快打开电脑，在韩红的《天路》歌声中感到久违了的舒畅，在宁谧的心情中再慢慢开始清理工作。以前累了时我就喜欢听韩红这首歌，它会让人心胸宽广，心灵自在安宁，摆脱眼前的烦恼。

下午婕舅带我返回中心医院专程去拿昨天开的药。事先Muz已经将医院的地图给我们，并将拿药处的位置标出来，一再叮嘱不好找。所以我带着地图、医疗基金卡和处方前去。进了医院的范围，婕舅就开始找停车的地方，这里不像凤凰城，很难找到停车位。终于在一个角落里将车停好，一出车门一股热浪扑面而来，据说今天是圣荷西今年以来气温最高的一天，虽然只是五月，炙热的太阳让人想起了凤凰城，好像一点也不逊色嘛！我们赶快钻进大楼里避阳光，然后再向人打听拿药处，按照所指的方向走了大概三百米，到了大楼的尽头，再询问一位工作人员，可她却说我们走反了，只好折回去；来到一电梯处看到没有路可走了，又向两位等电梯的工作人员询问，结果两人同时指着我们来的方向！真是晕了，只好第三次再走同一条路！可见这个医院大得他们自己都弄不清楚了。好不容易来到拿药处，只是一个小小的厅，等待的人不多，倒是里面的医药人员有五六个，药是马上就拿过来了，可我们不是本人，所以要求看证件，再登记，还没有完事，又拿了一份文件样的东西让你签字，我问婕舅：干吗还要签字呀？他告诉我，因为不是本人拿，为了保证以后不会出问题，要签字作证。可见美国在安全方面是考虑很周到的，法律意识也很强。这点我还是很欣赏的。

一大早就接到华婕在加州学校的同学Wenshu的电话，因为Muz在这里的7天一直是住在她家里的，所以她说她知道我们缺什么，她已经替我们准备了电饭锅、电烧锅等厨房用品要送过来，问我们什么时候在家，我告知要到下午约6点。果真到6点多钟时，她电话来了，让我们出去接她，我一看，她正大包小包地从车后箱里拿了一大堆东西，还把婆婆也拉上送骨头汤。把东西搬进屋一看，不仅有特地买的锅、碗，她还专门做了一桌饭菜送了过来，说是为了让我轻松一点，还真是解决实际问题，我们不仅两餐的饭菜省心了，而且味道不错，华婕吃得很香。难得她做妈妈兼做学生的同时，还这么有心地帮助我们。华婕让我一定要在博客中替她感谢Wenshu!

Sunnie对大家的感谢 / 5月17日

好不容易到了周日，华婕不用去训练，别说她轻松，就连我们也可以睡个早觉，加上昨夜起床三次，所以睡到8点多钟起来，再给华婕在床上做做运动，一上午很快就过去了。

下午我们一直在等着华婕旧金山的华人朋友到来，那是早就约好了的，4点多钟他们一行提着各种礼物来看Sunnie，这是华婕来往最密切的朋友：洪姨和贺老师、Elisa及双亲都来了，他们不仅带来了大家的问候，还将他们收到的一部分捐赠及信件都带过来交给我们，拿在手里厚厚的一大扎沉甸甸的，我们一封一封地看了一个多小时，深深感受到大家的爱心和对我们的关心，尤其是华婕学校同学的捐款中还有硬币，可以想象他们是将自己吃饭的钱都捐了出来！还有不少朋友给华婕写了卡片，给她鼓励和祝福。

Sunnie为了感谢大家对她的厚爱和支持，特带上辅助工具打了一封感谢信，表达自己对各位关心她的朋友们心中的谢意：

Today is the 1st Sunday that I'm in san jose. Although it's only been a week I feel like these days past so slow. Maybe because it's a new place, maybe because I stayed in hospital for too long, or maybe because I'm so happy to be back but partly I miss Phoenix too.

In the last 3 months that I spent in Phoenix, it was the hardest time for me and my parents. But because of all the nice people that came into my life, with their caring help it went in the smoothest way I can ever image and in the most joyful way that I can ever have. I'm a lucky Christian that under GOD's love there are lots of brothers and sisters, who didn't even know me before, offer their help and spent lots of time in all different ways. I don't know how to express my thanks but I guess at least I can tell them I miss them lots.

Back to California with this mixed feeling, I was welcomed by overwhelming greetings from my church family and friends, as well as numerious letters and donations from people that I never met and from school. I know there's nothing I can do except say thank you, and thanks over and over again. And I can only thank god for giving me all these blessings and really how lucky I'm again.

I know it's never enough to only say these easy words, I wish someday soon I could be able to do something instead.

评论

豆豆 Sunnie的文笔真是流畅，天天沉浸在那些laws（法律）复杂的文字中间，看到这么一篇就像是沙漠中的清泉。Sunnie越来越棒了哦！

医生为Sunnie定目标 / 5月18日

今天华婕正式接受朱医生的治疗。我们周二晚上到，周三一大早就赶到朱氏中医诊所去就诊，因为要找家庭医生的缘故，有时要办理一些事情，所以有时会缺勤。我们搬到新住所后离诊所有点远，华婕开电动轮椅要走20多分钟，加上现在天气热起来，尤其是中午的阳光太灿烂耀眼，华婕要在这样的阳光下来去近一个小时，她那损伤后的敏感皮肤很容易晒伤，只好由婕爸送她去，我在家做好饭，中午再送去。

经过几天的治疗，朱医生也看了华婕手术前的核磁共振的图像，了解到她的详细病情，所以婕爸向朱医生询问关于华婕的治疗方案，这样有一个具体的时间我们也好安排计划。朱医生从他治疗脊椎损伤的经验谈起，脊椎损伤的治疗关键期有几个三：三天、三十天、三个月、六个月、一年，越往后效果越差。再分析华婕的病情，他认为在未来三个月中（也就是出事后的六个月），华婕最重要的问题是加强她的腰部力量，能够坐得稳，挺得住，这样为以后站起来打基础；同时还要解决大小便的问题，一年左右争取能够站起来，一年半争取能够走路! 按照朱医生的目标好像华婕很有希望, 他认为西医只是从看到的现象去诊断, 而中医却是从人体中很多看不到的能量中去挖掘, 使之复活, 弥补、替代其所需要的功能。这听起来与心理学的理论还蛮相吻合的, 所以我无论是从理智上还是感情上都愿意相信他的理论, 更愿意相信他的目标能够达到, 因为那就是华婕的目标。

今天早晨华婕出门前还打了一通电话, 为了联系医疗基金的家庭医生必须打很多次电话, 常常是好不容易打通了, 又告知你必须打另外的电话, 再不断地去转拨, 真是锻炼你的耐心啊!

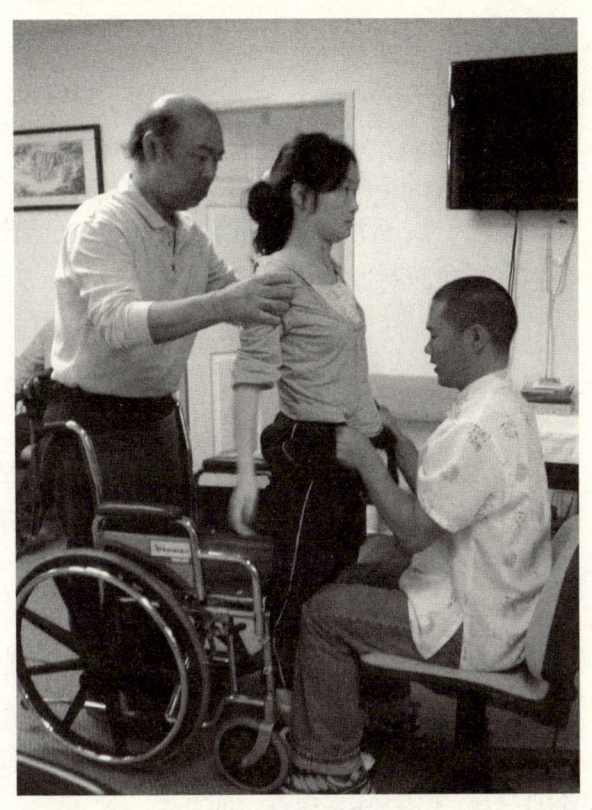

⊙ 诊所的小王在给婕儿做站立训练, 婕爸做助手

我们第一次为婕儿洗澡 / 5月19日

离开了医院就很明显, 缺少一样东西都不方便。今天上午婕舅有时间便请他带我们去了两家专门卖药品的连锁店, 还是想寻找洗澡的椅子和一些其他的用品。先到"Walgreen", 这个连锁店我们较为熟悉, 在凤凰城时常常可以看到, 它的连锁店都是在一个路口上, 很远就可以看到它那红色的草体店名, 记得在那里看到过不少轮椅和洗澡椅子的。今天去的这家店还比较大, 我们买了一些湿纸巾等用品, 但是只有一种洗澡椅, 不是很满意, 于是又到另一家叫"CVS"的店再看看。这家连锁店也较大, 可惜没有洗澡椅, 眼看又到中午了, 还惦记着要给

华婕送饭，所以急忙往回赶。

华婕现在按照朱医生的安排，每天的运动量加大，所以胃口也好起来，我这个做后勤的也要将营养跟上才行，所以下午去华人超市买食品。这个叫"大华"的超市是在一片购物区内，它的周围几乎都是中国食品店，婕舅带着我转了一圈，有上海菜、台湾菜、潮州菜等。超市里的食品很中国化，但是价格要比凤凰城略高一些，想到要给华婕做营养的食品，又买了一大堆牛肉、排骨、鱼和青菜，估计可以吃上好几天。今天跑了好几个超市，感觉就是一个购物日。回到家赶紧做饭，等华婕回来后就马上吃饭，然后还有一件重要的事情——洗澡工程。

华婕自从在离开凤凰城的Healthsouth前，她的OT训练师Rachel为她洗澡后，至今已经7天了，一直没有洗澡（原来在医院里是2～3天洗一次），因为她还坐不稳，原来一直是躺着洗，后来两次是尝试着坐着洗，但是必须有专门洗澡的椅子才能够坐稳，到这里来后一直就没有找到这种适合的椅子。头发只是用Tosca买的干洗帽洗过。今天我们决定就地取材，用旅店的靠背椅子试一试，但因是那种吧台椅，很高，又窄，所以我们想了一些办法，前后花了一个半小时，费了九牛二虎之力才完成这个"洗澡工程"，这让华婕先惊后爽：她自己不能自控，坐在高高的吧台椅上很没有安全感，看到我们那么吃力心里又很内疚，但洗完后全身轻松、干净，还是很舒服的。

三个月了，应该转折了 / 5月21日

今天离华婕出事整整三个月了。身体的康复上，三个月是一个阶段，其实对于心理上的康复，也应该是一个转折期了。我和婕爸现在应该说心情是慢慢地平静下来，度过了最难过的一段日子，那就是接受了现实——尽管是残酷的，但要从好的方面去想，正如一位与我有着同样遭遇的母亲陈女士告诉我的，比起那些失去了儿女的人来说，我们是很幸运的，他们看到我们能每天有儿女在自己的身边时，都非常羡慕，那就是我们的幸福！我也常常将华婕与国内的一些残障人相比，她也是幸运的：能接受美国先进的医疗康复训练，现在又接受朱医生这样中西结合的康复治疗；还有那么多的朋友们慷慨解囊，资助我们康复的费用，为华婕的治疗提供了物资上的保证，也在精神上极大地支持着我们应对这

事件。

从我学校得到的信息得知，出事后不仅在我本校育才中学，还在整个育才教育集团中，很多的同仁，认识的和不太相识的教职员工都伸出了爱心之手，为我们遇到的不幸主动地资助，表达了他们的仁慈之情，真让我意想不到，也让我深深地动情——感激之情，育才之情。原本想等我回去后再一一致谢，但因华婕治病要一段时间，深恐迟谢无礼，先借此文表达我及全家的谢意！

华婕昨晚一反往常地兴奋，一直睡不着，一晚上醒来四次，身上抽搐的次数增多，人也很烦躁，我们只好随着她频繁起身，帮她翻身、放平因抽搐而蜷曲的双腿、导尿等。弄到10点多钟方起身。到诊所后请教，朱医生言：在大量训练刺激后，引起身体的神经联动，会出现较多的抽搐现象，慢慢地适应后就会减少，这是一个过程。

果然到下午华婕回来时脸色颇佳，精神尚爽，主动与Heidi打电话联系明天来探望一事。晚饭有她喜欢吃的回锅肉炒香干、猪骨汤和空心菜，胃口很好。

评 论

晓梅　康复是场持久战。大家都期盼着婕儿一点一点地好起来。作为同事、朋友能够尽一点力，是我们心里略感宽慰的事，肖老师不要太过意不去。能够和你们一家并肩作战，共同面对不幸，也使我们每个人更加积极地面对生活呢。

新浪网友　非常感谢婕妈能够让大家分享这种真实有价值的经验记录，也感谢Sunnie即使在疾病中也能用她的乐观和顽强给其他人感动和鼓励。

为Sunnie读书共勉 / 5月22日

收到"Joni and Friends"（琼妮和她的朋友们）寄来的三本书，都是介绍Joni的事迹的，其中有一本是中文版《上帝在哪里》，网友TenaciousT（英国奶爸）也特地寄来此书给我们。我自己先看了一遍，了解到这是一个病情与婕儿类似、比她伤得更加严重的美国女士的故事。她17岁因跳水致残后，用嘴咬着笔作画，最后成为美国著名画家，经历了从绝望到自强的生命历程。

Sunnie也在网上听朋友们推荐过这本书，所以在华婕训练之余，我就读给她听。这是一本自传性的书，作者Joni在40年前与华婕有着同样的脊椎损伤，在经过对生命痛苦的思索后，对信仰和生存的认识都有着反复而深化的过程，包括自己与家人、与原来朋友关系的调整，自我态度的改善等。在人生重大转折后，这些价值观的重新确立太重要了，可是如果我们直截了当地说，华婕容易一听而过，以为是说教，但在阅读中感受别人的自身体会，就比较容易被接受。而且我在阅读中会有重点地将一些针对性的章节加重语气地慢慢读给她听，她也会很仔细地倾听，一边听还一边说："嗯，是的。"所以有时间她会主动地要求我给她读一章，感觉对华婕还是蛮有帮助和鼓励的。再次谢谢Joni and Friends和英国奶爸！

下午华婕在旧金山州立大学一起读MBA的同学Heidi和Mike考完试后，立即从旧金山过来看望华婕。他们先到诊所看华婕治疗，并与华婕一起走回旅馆。好像还有很多说不完的话。他们带来了同学们签名留言的爱心卡，将大家对Sunnie的情意和支持写了下来，华婕送走他们后，一个人仔细地看了很久，沐浴在同学的爱心之中。谢谢各位同学的鼓励。

中午请诊所里的小王开车带我们去Walgreers买了一个洗澡椅。晚上就让华婕坐在新的洗澡椅上洗了一个澡，虽然也较费力，但比上次顺利多了，华婕坐得也更稳一些，也舒服了许多。谢谢小王！

评论

Salala_zhu　看到你一点点的进步真的好开心！希望你还是以前在高中文艺部咱俩搭档主持工作时那个笑容甜美的Sunnie、个性阳光的Sunnie。我们永远支持你！

山海心　肖老师，深圳市中小学生心理辅导中心成立了，你仍然是我们团队的一员。三个月了，你的家庭走得很不易，也很顽强。我们在陪着你们走。你们也在激励着我们。共同努力！

今天是看望Sunnie的日子 / 5月24日

　　今天因为是周日，华婕不用治疗，又刚刚回加州，就成了大家专门看望华婕的日子。上午是我的表哥、表嫂听说华婕的事情后，立即从南方赶过来看望并资助。他们作为"文革"后首届研究生，80年代末赴美读博，一直在美国奋斗，颇为坎坷，现在进入稳定的生活状态。记得10年前曾经在姑妈家偶遇，看着他们风尘仆仆地奔波，还在为自己的稳定感到满足。可今天看到他们事业有成，儿孙皆全，而我们肖家却出这样的事情，不禁心生感慨。至今都无法向90岁高龄的长沙父母交待，心存愧疚。

　　中午，诊所的小王及他们的弟兄特地为华婕送来几袋牛骨髓，这是朱医生盼咐我们，要给华婕多喝牛骨髓汤，可一般超市不一定有卖，小王他们今天特地跑了好几家，才在"永和超市"里买到送来。谢谢你们！关心之情意我们心领了。

　　下午华婕团契的一伙7人也来了，小伙子们没有经历过这种场面，有点不知所措，不知道如何表达自己的关心。幸亏不久，又有同学来探望，这是州立大学的Songyan和其先生，还有Heidi也在华婕的邀请之下一起来到。Songyan的先生是长沙人，所以特地到一家湖南馆子买了一些湖南菜带过来，还带来了他们前一天去摘的樱桃。这是华婕很喜欢吃的水果，红艳艳的很诱人，她自己用无力的手指努力地抓住一个个樱桃吃。华婕想要修眉毛，三个女孩跑到洗手间嘀嘀咕咕地弄了半天，出来一看果然华婕的眉毛显得清爽了许多，满足了她爱美的愿望。

　　我们留下三人一起吃饭，难得热闹一番，Songyan带来的湖南菜很地道，盐菜蒸扣肉、腊味双蒸，加上我们煲的牛骨汤、青菜、家常豆腐，大家都吃得很香。华婕也享受了同学之间的温暖和快乐。谢谢了！

> 评 论

　　Songyan　看到Sunnie真是开心又心疼，我口吃嘴笨，好多话想说却突然间说不明白，自己暗自着急了半天，好在Sunnie一家让人感到很舒心，虽然面对各种困难，那种坚强乐观和通情达理着实让人很感动。更有幸吃到了Sunnie爸妈亲手做的饭菜，尤其是多少年没有吃到的骨头汤，让我想起了妈妈的手艺。昨天是非常开心的一天，祈祷上天眷顾我们的Sunnie，让她身体能够站立，腿能够行走，手能够抓握。

　　小cy噢　婕出事后，我也很担心长沙外公外婆的情况，他们年纪这么大了。我们都很难一下子接受的事情，不知道他们二老要怎么办？5年前，庇颠庇颠地跟小Sunnie去长沙看孙燕姿演唱会，就是住在外公外婆家。虽然就相处了几天，可是觉得真的是超善良的老人家。他们那么疼禹华婕，一定会很担心。

同是母亲，专程来传授 / 5月27日

　　今天有一位素昧平生的朋友陈春禾女士专程来访。陈女士的儿子在五年前也是遇到车祸，除了与华婕一样颈五、颈六受伤外，身上还有多处骨折和脑损伤，当时在医院住了三个月，骨折和脑伤基本治愈，但颈椎损伤却没有办法，她先生就是大学神经学的教授，深知西医对人体治疗和康复的局限性，因此在孩子住院期间就悄悄地将中医请来给孩子做康复治疗，出院后更是轮番请不同的中医治疗。到现在康复的结果是孩子已经可以扶住东西站立起来，也可以走几步，更可喜的是他的手指功能已经恢复了百分之七八十，虽然要坐轮椅，但是基本生活可以自理，孩子很快就恢复了正常的中学生活，而且被学校评为十佳优秀毕业生之一，并以优异的成绩被加州大学伯克利分校录取，现在已经离开父母在南卡的家，自己在加州独立过着大学校园生活！

　　陈女士早在4月初听说Sunnie的事情后就立即与我们联系，用她自己亲身的经验和体会给我们鼓励和建议，我在与她的往来中获益良多，印象最深的有两条：一是对中医康复的观念立即清晰起来，开始将华婕康复的希望转向了中医；二是对孩子的情况要乐观，身体的功能会慢慢恢复的，可能一年，也可能几年，一定要有信心，多给孩子鼓励。让我听了很舒坦。这次陈女士是趁到加州看望儿子的机会，特地从伯克利那边一人赶到圣荷西来看望我们。整整一下午她不仅帮我们联系了新的租房，到诊所看华婕的训练治疗，我俩还从母亲的角度去理解儿女的心情，相互交流护理病人的感受和体会，很有共鸣。陈女士既有四川人的直爽，又有女性的细心和睿智，在诊所与朱医生讨论了关于脊椎损伤

治疗的理论和流派，朱医生也不愧是"文革"前毕业的大学生，不仅中医理论精通，就是西医的理论也非常熟悉，功底颇深，让我们旁听者受益不少。

下午按陈女士替我们约好的时间去看出租的房子。这是离诊所最近的一片住宅，我们一直想在这里租到房子，可是就只有这一套，而且还联系了很长时间，今天才约到。等了半个小时主人才出现，是一个小伙子，他一走过来就将自己的外衣有意拉开，里面露出警徽和一把枪，不知道是什么意思。房间在一楼，是一个两房一厅的套间，面积不小，只是里面没有任何家具，房主还很挑剔，说是只能出租三个月，还要出示信誉证明才肯租。价钱要1700美元，我们还价到1600美元，据说很便宜，要买一套都要50万美元左右！回来后华婕就忙着打听信誉证明一事和买家具的事，希望能够顺利租到这套房子。

下午5点半陈女士才离开，返回伯克利路上要开车一个多小时，7点钟时打电话得知她才刚刚到达。非常感谢你的专程探望，我们也祝你儿子越来越健康，学业顺利！好人一路平安！

弱者也有法律保护 / 5月30日

看好的房子虽然很满意，可是房主却迟迟没有肯定的答复，一会儿说要信誉证明，一会儿又要经理写一个签注文件，弄得我们很困惑，当时陈女士替我们联系说要租他的房子时很爽快，说是马上就可以搬进去，让我兴奋了一阵，就开始筹划买旧家具等事务。可是我们看完房子后，他却态度暧昧，约他见面总是一推再推，感觉到他不想租给我们，那也可以明说呀，美国人的直率不是出了名的嘛？陈春禾女士回伯克利后还一直关心我们的租房问题，她知道这个情况后，再与房主联系，解释了我们想租房的原因，同时也了解到房主的担心：主要就是怕我们搬进去三个月后不肯搬出来，因为美国的法律是保护租客的，加上我们又是残疾人，更加受到法律保护，我们不肯搬出来他也是比较棘手的！这倒是我们没有想到的，我们作为弱者还有法律保护，这样的法律还是不错嘛！偏向弱势群体的法律应该是比较公平的。

不禁联想到在这里看到的一些现象：走在路上交通法律规定是，汽车要让行人，如果撞到行人，不管什么情况，总是重判开车人。怪不得刚来时，看到汽车我就条件反射般让开停步，却见人家汽车开到面前反而减速让我们走，原来以为只是人家有礼貌，后来得知是有法律制约的。关于残疾人的一系列法律更是保护这一弱势群体的利益。医疗上也是如此，记得有一位网友徐女士说过她自己的一次经历：她先生来美读书，她带着孩子陪读。有一次孩子生病住院，出院时先生一看账单吓一大跳，脱口而出："这么多钱，我就是倾家荡产也没有啊！"可医院人员一听就说："你没有钱倒好办了。"于是拿了一张申请表给他填，然后所有的费用全免了！因为美国有各种基金是专门给一些生活困难的人群的，包括我们申请的医疗基金也是这种性质。所谓劫富济穷！让没有钱的人也过得比较舒坦，这是资本主义吗？

　　再与房主联系，对方提出要婕舅出面作证人签名，于是今天下午又见面，婕舅也来了。对方是和他的父亲一起来的，并没有拿什么文件，好像只是要见一下面，感觉一下，确定一下需要准备什么文件，感觉他们父子还是比较美国化的，好像比较简单，缺的是相互信任，可能是文化背景的差别吧，希望能在以后的交往中相互理解。

评论

小cy噢　你是老天的赐福！

　　今天翻看了从知道你出事开始我自己所有关于你的文字。突然好像明白了一件事，其实你是老天的赐福，赐给我们所有人的。

　　从2月21日你出事开始，到3月1日我知道你出事，这期间，我的心情是十分忐忑的。从2月24日开始留意你有没有上网，那段时间正好家里网络瘫痪了，都是去同学那里上MSN。直到2月27日Muz找我的电话，我知道事情不对了。2月28日就开始等Muz的电话，同时也打你的电话，没人接。等到3月1日接到电话，知道你出事，并且这么严重，完全崩溃。同时开始依靠写东西来发泄情绪，因为无处宣泄。一共25篇未发表的东西，在电脑里，记录了这3个月情绪的变化：

　　从不能接受现实，怨天尤人，到慢慢接受现实寻找出路；从极端的不成熟，到慢慢长大；从悲伤到平静，从无力到振作。这是一个过程，我想对于很多你的朋友都是这样的。我只是把这一切在我身上扩大了，你知道我从来都是个情绪化的人。

　　你是上帝的赐福，它带给了你人生一个重大的挫折，却也真的留了一扇窗给你，你能看到摸到这扇窗，就在你眼前。你在不断地进步，你没有放弃自己，从没有，因为你是上帝的女儿，你一直这么跟自己说。我们这些并不信教的朋友，也从你这里感受到了，基督的教义拯救了你，这是真的，这个信仰对你来说，在这次事情上，显得尤为重要。

你是上帝的赐福，你不仅仅带给了自己光明的窗户，你也改变了你身边的人，你让我们的人生，因为你，而更加的不平凡，让我们因为你而迅速成长。这本来可能要花费几年的成长期，在这件事情之后，仅仅三个月，就让我们变了个人。你真的是上帝的赐福，请相信，它是要带给你更好的人生，请相信，你真的会拥有更好的人生。

租房合约终于签订 / 5月31日

虽然昨晚只起来两次，但还是欠困，今天是周日，所以放心睡，睁开眼睛已是8点50了！华婕也已醒来，就给她手脚按摩，睡了一晚上虽然翻了几次身，但身体会有些僵硬，加上手脚痉挛，更加需要放松一下。

本想趁周末将租房子一事搞掂，可房东很奇怪，一直不放心租给我们，但是昨天见面后又好像很好说话，很随便的，当时就约好了，今天下午3点拿文件（合约）来签，可一直等到下午2点半钟才将文件发过来，我们只好推迟见面时间到4点，以便有时间仔细看看长达5页有35条的合约。

听华婕说他们原来租房子的时候都有签合约，但一般是不会仔细看，那是一份标准化的合约，谁去一条一条对？但他们那么认真也就提醒我们不能懈怠，人就是如此相互影响的。所以我们先在家里看一遍，发现有七八处要修改，4点赶到租房处，又和房主一条一条地对查、增减。完了以后又按对方提供的物品表一项一项地检查，如果有问题当场提出，或拍照下来以示证明，因为按照合约，除了先交房租外，我们还必须先交1000美元的保证金押在房主处，如有任何损坏就要扣回，这钱到时能拿回多少我们实在是没有数，只好做得保险一点，有点"逼良为娼"的感觉。一直搞到5点半，终于双方签字确定下来。就等我们将一些主要的家具准备好，就可以拿钥匙搬进来了。华婕的团契朋友们早已等我们半天，赶快回到旅馆。

她们一行五人来看望Sunnie，还没有进屋就感到一阵青春活力，四个与Sunnie年龄相仿的女孩们和Michael提着她们自己包的饺子和洪姨托带来的粽子等喊着叫着进来了，让小小的房间顿时热闹起来，她们还准备了好几首教堂歌曲及伴唱带,打开电脑开始和Sunnie一起唱了起来,让Sunnie感觉是又回到了几个月前的团契活动,此情此景使她忍不住泪水夺眶而出,让旁观的我也意识到华婕原来的生活是多么快乐,有这样一大群聪明、活泼、友善的朋友们,怪不得她现在每到周末就会情绪低落,是否想起了这些愉快的教会活动?赶快好起来吧,女儿,争取回到她们中间,回到原本属于你的生活,就像她们歌声里唱的:

"拥抱新的一天,有爱就有奇迹,全新的世界,在等着你,每一个心跳,每一个呼吸,我们都应该好好珍惜。"

对朋友们的肺腑之言 / 6月1日

华婕一早起来就说:"今天是100天了!"我一算还真是,原来她还记得那么清楚呀!伤筋动骨一百天,她的颈部伤口和颈椎的愈合应该是没有问题的,这些硬件的恢复倒是很快,难的是整个中枢神经的恢复。可是到了朱氏诊所治疗后好像又看到一些希望,感觉到中医的观念是要将西医的不可能变为可能,将判为死刑的改为有期徒刑,在西医那里华婕的腿是根本不考虑能够站立起来的,即使给她训练一下站立机,那也只是为了防止双腿萎缩而锻炼锻炼而已,但是朱医生却是很自信地认为华婕有希望站起来,而且通过十几天的站立,华婕的双腿明显地感到站得较为自然,今天居然还使劲一下将弯曲的关节挺立了起来!这些点滴的变化不管是否能够达到预期的目标,总是给我们鼓励和信心。

等华婕与婕爸去诊所训练后,我习惯打开电脑,翻看博客的评论,看到小cy噢在上面的一大段评论,不知道是什么事情引起了她的感慨,但对华婕的感情之深跃然纸上,让我泪从心来:她和华婕从小学就成为好朋友,虽然从来就不在一个班,但是却交往甚密,以后高中、大学、读研也是各奔东西,但每次华婕回深圳必定要与她相会。尤其是这次出事后,她更是显出朋友本色:将自己所有的零花钱都捐了出来;回国到处替华婕找医生,考察医院,更不用说是博客上的主客了,虽然身在英伦,却过着美国的时间!连我们都担心她的身体会受到影响,可感觉她就像一个女大侠似的,一直要保护着华婕,给华婕那么多的鼓励,但她又是那么瘦弱的一个女孩呀,每次看到她我都会情不自禁地说:"你太瘦了，要多吃点！"看她的文字，才知道她又是一个情感那么丰富的女孩，华婕也感到她写的东西与平时接触的那个大大咧咧的小cy噢是不同的，让人感到"患难见真情"。同时她也真的是在这次事件中思考了很多：生命的价值、生活的意义、友情的分量，等等，眼见着成熟起来了。

我想可能不仅仅是她，还有华婕其他的朋友们或多或少都会从这次事件中感受到或反省到自己的生活，会更加珍惜现在拥有的生活，拥有的健康，拥有的一切。自从出事后，我一直想对朋友们说的一句肺腑之言就是：知足吧，朋友们！

评论

老合　因为婕婕是个好孩子，从小活泼开朗纯洁，与人为善，才会有那么多的朋友帮助她。我们也经常被她和她的同学、教友之间的真诚友谊所感动。谢谢你再次提醒我们：要珍惜现在拥有的生活，拥有的健康，拥有的一切。知足。我们知道你这些话的分量。

拉拉爸　这个提醒非常重要！很多我们所拥有的东西，当它们在时，我们总是漫不经心。其实真的是因为婕的事，对我们影响改变很大。

小cy噢　出事以来我跟我家人、朋友说得最多的也就是知足吧，什么都不重要了，一家人健健康康在一起最重要。

降低人工费用一举几得 / 6月2日

原来就一直有"外国的月亮比中国大"的说法，那时候这句话是带有政治色彩的。记得也有一种说法："早晚的太阳比中午大。"这可以从地理的角度去解释：早晚的太阳有地面上的背景衬托，才会显得更加的大。现在人们也知道"外国的月亮比中国大"一样也可以从地理的角度讲清楚。原来在凤凰城时晚上常常可以看到月亮和星星，感觉到星星和月亮不仅是大而且非常明亮，这是空气透明度高，也就是没有污染的缘故。为什么会没有污染？当然是他们保护环境意识是很强的，如在这个以汽车代步的国家，汽油就是一个可以污染环境的来源，可用的汽油是无铅汽油。但仅仅如此吗？我在这里当然是孤陋寡闻，只是坐车去医院或买食品，但无论是在凤凰城还是在圣荷西，就我经过的地方好像都没有看到什么工厂，问婕舅，答道：都搬到第三世界去了，美国本土只做设计、研发和第三产业，工业比例一直在降低。原来如此，怪不得没有污染啊！说中国就是美国的大工厂，将生产业搬到国外，既能保护环境，又能降低人工的成本，所以这里50%以上的产品都印有"Made In China"（中国制造）字样，真是感到有些悲哀啊。

据说美国人工费用高，能够替代的就尽量替代，记得还是在凤凰城Good SAM Hospital时，有一次在医院等电梯，看到一个外形像个洗衣机的矩形铁柜放在电梯门口，上面有一排红红绿绿的灯在亮着，我以为是有人要搬走的，可是电梯旁没有一个人，我正纳闷，电梯到了，只见那个矩形柜子突然自己行动了起来，径直开进了电梯，婕爸兴奋地说："嗨！ROBERT！"原来是机器人。在电梯里机器人想转回头，但因为我们站在它的旁边，它就在那里调来调去，想找到那个标准的距离好掉头，最后是我们先到了一楼出来后，它才转过来，但没有出来，估计是它要到地下通道，再回到主医院那边。但是它是干什么用的，我们却不清楚。第二天婕爸在与护士谈话时听见医护中心那边有一个类似警报器的声音在叫，他回头看，正是这个机器人发出的声音。护士走过去，将它的盖子打开，拿出一个大药盒子，再盖上后声音便停止，然后它又移动到电梯门口等着了。这是专门用来送药的机器人，可以省人工。护士如是说。我觉得奇怪，购买这样的机器人，还要维护它，从成本上来说会低吗？不过在这个大医院里使用机器人，只要发一个信息就可以准确无误地将药物及时送到，而且24小时都不会因为吃饭、交接班、聊天等耽误病人用药。从这些方面来说，机器人倒是一个很好的助手。

在美国不仅是制造业向第三世界转移，甚至是一些简单的咨询业也借用国外廉价的人力，如一些租业公司，就在印度等英语国家招聘办事员，在本国做美国的具体事务，用电脑、电话等通信设备来操作即可，可以节省一大笔人工成本。所以华婕有时候打电话咨询一些事务性问题，常常就会遇到操印度口音的女孩接听，在本土国家政府还欢迎这样的外国机构给人们提供就业机会，人们还要趋之若鹜地想进入到这样的机构工作。还是马克思说的对，经济地位决定政治地位！

Sunnie坐小车去见医生 / 6月4日

今天是我们盼望的日子——去医院约见康复医生。约见的日子是在上次去医院后确定的，那是5月15日，照美国人来说这已经是算快的了，没有错，本来是安排到7月份的，打了很多次电话后，终于找到具体负责安排的人了，那天华婕在电话里发脾气，开叫了，让对方负责安排的人只好答应再争取早一点，结果就提早了几乎一个月！但对我们来说还是天天盼望着，因为华婕需要的医疗用品几乎是粮尽弹绝了。在去医院之前我们就已经开好了需要的清单，共十几样医疗用品，虽然有一些我们自己等不及自费购买了，但是以后仍然需要医疗用品，见一次医生不容易，得有些预计才行。

怎样去医院又是一件烦心的事，如果按照第一次华婕坐着电动轮椅去，就只能先坐轻轨车，再转25路公交车，路上的时间顺利也要80分钟，这样到了医院华婕已经是很疲倦了。诊所的小王得知我们要去医院，就建议华婕坐着他的车由他送去，下车后就坐手推轮椅，这可是一次新的尝试！能行吗？因为约好了时间的，一是不能迟到，二是到了医院不用等很久，想想华婕最近一段日子在诊所训练，常常是几个小时坐在手推轮椅上，应该是没有问题的，试一试吧，华婕也愿意，那样就会省去很多的时间。

约定的时间是下午2点，华婕上午还去诊所抓紧时间练了两个小时，中午我赶到诊所送饭、排尿，然后将华婕推到小王的车前门旁，怎样将华婕从轮椅搬到汽车内的椅子上是一个关键的问题，在小王的吩咐下，我和婕爸各居其位准备好，只见小王将华婕一把抱住往座位上轻轻一放，我和婕爸还没有来得及做什么，华婕已经稳稳地坐在了座位上，再调整好坐姿，他们三人就向医院驶去，看着华婕坐在小车里向我微笑时，我的心里真是开心：太好了，华婕能坐上小车，这就是我们曾经祈望的目标之一呀，不仅外出方便了许多，而且意味着华婕以后生活的圈子可以大大地扩大！特别是回到深圳，如果只能坐在电动轮椅上的话，那她的活动范围不会超过两公里吧。因为在国内至今是没有任何交通车可以运载电动轮椅的。

只用了20分钟就顺利到了医院。虽然是2点见医生，但是1点半就有护士来登记一些表格，然后又有实习医生引导诊室，先由他询问华婕的具体情况，记录下来，再等了约20分钟，医生终于处理好前面的病人，走了进来。一坐下就很熟悉华婕的情况，看来事先已了解过，至于我们的要求，他只负责开药和一些排尿的用品，其他的要求他说不在他的职责范围内，但是他可以让社工、PT、OT分别与华婕约时间来处理。看来他们的分工是非常清楚的，这样各司其职带来的麻烦是华婕必须花很多时间往返医院。至少还有三次。今天开的药要等三个小时才能拿到，只好明天请婕舅专程跑一趟来拿药。不过总算是有希望了，就再耐心等着吧。

众力搬家到新居 / 6月6日

自从周一与房东签下合约，就开始清点东西准备搬家。从华婕住院以来这已经是第6次搬家了：在凤凰城就已经转过三次医院，到圣荷西来后前面换过两个旅馆，虽然不是严格意义上的搬家，但是东西却越来越多，主要是华婕的护理用品一点也不能少，感觉像个小病房。婕爸是打点行李的高手，也清出五个行李箱的东西。

因为租的房间是空的，所有的东西都要自己准备，幸亏有华婕的同学Songyan在网上发帖子，请大家帮忙赠送不需要的家私和一些家庭用品，很快就有网友愿意送物、出车、出力。于是都约在今天周五下午，由Songyan小夫妻及同事小刘，还有同学Heidi、Qy Qy，以及出车的网友一起将书桌等家具送了过来，还将我们的大部分清理好的行李一一搬到新家，来回几趟完毕已是8点多钟，也不肯留下吃点东西，五个青年人疲惫而去，辛苦了！

同时，婕爸与诊所的小王开着小王特地借来的大车，将买来的病床及朱医生借给我们的双人床运回来，更是晚上9点多钟了，连一口水都未喝，小王又连忙赶去还车了，谢谢了！

病床很好，还带着气垫，价格又很便宜，这样物美价廉的东西也是陈春禾女士在网上为我们寻找到的，她身为脊椎损伤者的母亲，深知病床对我们的重要性，所以急着为我们寻找。婕爸与卖主联系好，小王与婕爸到Santa Cruz去运床，在与卖主寒暄之时，他了解到华婕的情况，本来说好了是300美元的，可婕爸照数给他时,却只肯收200美元了,又遇到好人了! 有了专门的病床华婕昨晚睡得比较舒服也比较安静。升降功能更是免了我们"下跪"之苦,可以站着为华婕护理,轻松了不少。

周六上午我和婕爸将一些零星的日用品都收拾好,幸亏诊所的Laily预先借给我们几个大的包装袋,将一些锅碗瓢盘,加上华婕用的护理用具装进去,又有一大堆。婕爸向旅馆借了一个运杂物的手推车,整整放了一车进去,幸好从旅馆到新居只要过一条马路约500米远,我和婕爸一前一后,一推一拉地将一车杂物运到了新居。至此,搬家结束。

新居是一套两房一厅的格局,很适合一个小家庭居住,对于我们来说是大了一些,但是价格却与一房一厅的相同甚至还要便宜,原因就是房东只能租给我们三个月,这样短的时间是很难找到房客的。家庭住所最大的好处是厨房很大,冰箱大能放很多食物,正中我意,一家吃的、喝的全可以放进去了。住下来心里也安宁许多,其他的东西再慢慢清理了。

遥祝老母生日愉快 / 6月7日

今天在国内就是6月8日,是老母90岁整寿! 早在春节时就想好了要为母亲好好地做一次寿,送什么礼物、请几天假都想好了。尽管平时她是不做寿的,可人生难得有90高龄的生日可过呀! 没有想到自己现在想尽孝道都身不由己了,只能拜托在长沙的老友小宋替我去看看老母,并送上几盆鲜花,让她能够浇浇水、松松土、看看花,这是老母喜欢的消遣之一。

晚上算好了时间打电话回去,没有人接,再打一次过了很久,终于听到老父亲的声音,可他耳朵不行,不过头脑很清楚,好不容易听清是我,第一句话就是:婕婕怎样了? 我只能含糊应答:还好。他又追问道:双手能打电脑吗? 也只能含糊应答:还行。他松口气说:那就好。老人只知道华婕出了车祸,不敢告知有多严重,而他们也深知自顾不暇,但仍然挂念! 可接下来他却问我:你找妈妈有什么事情吗? 她送客去了。他现在记忆力严重衰退,连老伴的生日都忘记了,可还记得问婕婕的康复! 感叹着挂下电话。再第三次拨号回家,这次很快就听到妈妈那轻细的声音传了过来:是一帆吗? 我今天可忙了! 上午是小宋来送花看望，中午是单位请她和爸爸吃饭，下午又有她的几个老同学来看她，都是90岁左右的老人啦，最大的有92岁，可都是自己过来为老母祝寿的，几个老姐妹好久不见，自然话多，给缺少人气的家里增添了欢乐气氛。所以，老母在电话里笑呵呵地说：这个生日过得很热闹，不错！全然不顾老爸已将她的生日遗忘！这就是我母亲长寿的秘密！简单、善良、勤劳、快乐让她一辈子健康，从来没有生过什么病，直到90岁都一直自己做饭买菜（尽管退休以前是不会做饭的）、照顾老爸，不肯请保姆代劳，只是请钟点工隔三差五来做做卫生什么的。这让我既自豪又内疚：自豪的是有这样健康长寿的父母，但却为不能让他们享受儿女的照顾而内疚，更何况婕婕现在这样的情况，更是不敢想象以后……只能遥祝老母继续健康，争取做百岁老人！

评论

YC　看到这篇BLOG，看到老师笔下的父亲母亲，突然觉得好感动，以前不明白，现在觉得人生就是这样平平淡淡才是幸福，开心抑或是难过的时候，可以与亲人分享诉说，没什么比这个更好了。不知道从什么时候起，每天的第一件事，就是上网看老师的BLOG，渐渐地，好像成了一种习惯，华婕师姐的每一点进步，都牵动着我……或许坚持下去不容易，最近又是高考时节。想起去年高考时，曾给予我无限帮助和关怀的肖老师，很感激您为我们做的一切！我相信好人会有好报，祝老师的母亲生日快乐。

茫眼　记得老友谈起你们家在抗日时期的一位写诗的刚烈的母亲，事迹让人肃然起敬。那是谁？（回复：那是我的奶奶。）

大拇指还能动起来吗 / 6月9日

华婕告诉我："我的大拇指又不能动了！感觉很不好。"华婕的大拇指原来就是在早上精神好的时候集中精力才能动起来的，前几天她发现不能动了，以为是太累了，但连续几天都不能动，也不知道是什么原因，神经接起来又会失去联系？有时候病情是这样反复的吗？真是考验人啊！想起昨天网上一位学生说得好："这个世界本身没有什么奇迹，或许坚持下去本身就是一种奇迹。"这让我想起小时候熟悉的一句话："胜利往往出现在再坚持一下的努力之中！"所以，华婕的训练真是对毅力的磨练，现在有时候一个动作一做就是100遍，既单调又吃力，没有毅力的支撑，没有求康复的强烈愿望可能早就撤退了。那天一位病友的母亲对我说起华婕："你女儿很好强，练得那么辛苦，脸上还笑眯眯的，真不容易，现在的独生子女哪能吃这个苦呀！"我想，正是凭着华婕这股劲头，才会有希望。相信华婕的大拇指还是能动起来的。

婕舅将华婕存放在他处的几个箱子送过来，我想清理一下，可是一打开箱子看到华婕以前穿的那么多衣服、手提包，特别是她的高跟鞋，都不能穿了，心里又是一番感慨：有几双皮鞋是回深圳时我陪着她一起买的，穿在她漂亮的脚上很是高雅和淑女，原来还是为她参加工作而准备的……哎！与幸福的过去告别总是令人痛苦和难受，但又必须面对和经历。

评论

Sunny阿姨之一 手提包还要的！漂亮的鞋子也还要的！婕婕会站起来的！

退一万步说，坐着也照样可以阳光、高雅、淑女，靓包、靓鞋也可以用来装饰的呀！

拉拉爸 常常想象，如果我是婕爸，我能够承受如此巨大的压力而挺过来吗？我会不会自己先崩溃、颓唐、放弃？想到这些，对禹家夫妇真是充满了敬佩。做母亲的不容易，做父亲的也很不容易！

Nellie伉俪帮我们安装网络 / 6月11日

搬到新居后就没有网络和电话，签约时房东就声明了不管这些，因此我们必须到电话公司重新申请安装才有网络和电话使用。正当我们在犹豫是否要安装时（因为只住三个月，而安装费用要很高，划不来），诊所里的Nellie主动提出由她和她先生出资出力帮助我们安装。这真是雪中送炭，解决一个难题。

Nellie是一个很文静的香港女孩，平时讲话轻声细语，礼貌周到，因为我的英语粤语都很差劲儿，所以只是与她打个招呼而已，很少交谈。来诊所大约半个月后有一次她很费劲地用普通话告诉我，她和先生好不容易上到我们的博客，看了一晚上，虽然有的简体字看不懂，但还是很感人的。说着眼圈已经红起来，我感受到她心地的善良。

　　电话公司本来约好是周三将安装设备送来，可不知道什么原因到今天才拿来。在美国，这样不准时的事情是很少有的，约的时间可以隔很久，但一般约好的时间都会准时的。

　　华婕和婕爸一回来就说Nellie和先生下班后会过来帮我们安装网络和电话的，果然不久两人拿着设备都来了。一进来Nellie就一再跟我说，不用管我们，你们做你们的事情。看到我们一直没有吃饭，就问："你们为什么不吃饭呀？不用理我们的。"而她和先生一直站在那里忙着与电话公司联系，水都没有喝一口。打了近半个小时的电话，终于弄清楚没有接通的原因，是小区内部的原因，只能明天找小区管理处了。Nellie和她先生说明天他们再抽时间来，还向我们道歉，说是"要打搅你们多一次"。

Sunnie的情绪阴霾 / 6月12日

　　吃过晚饭，华婕自己从饭台上试着用手掌捧起唇膏，然后想打开盖子，手是无力的，她就尝试着用牙齿咬，但双手手掌却没有办法捧紧小小的唇膏，一歪，唇膏掉到地上，我赶紧捡起来，让她重新再试。华婕的眼圈已经红了，但还是不服气地要试。这次她用牙咬住盖子，然后用嘴唇将唇膏向外推，成功了！可再想用双手将唇膏往嘴唇抹时，唇膏再次从手中滑掉，眼泪终于流下来，她趴在我的肩上哭得很伤心。"想哭就哭吧，我知道你很难，想到什么就说出来好了。""我好没有用啊！什么都不能做！""今天早晨醒来，我就想到去年的今天，正是我们毕业考试刚考完，那时候好快乐啊……我再也不会有了。"怪不得今天感到女儿的情绪不太好，是的，英国考试时间是统一的，这使华婕联想到自己以前的学生生活，我在照片中也能感受到她那时的快乐，一帮男女同学，还有团契的教友们，聚会、旅游、拍照，留下了许多充满青春活力的照片，印证了大学毕业时候的美好时光。

　　人的生活是在积累的记忆中不断思考、回忆的，要将头脑中的这些信息活生生地"隔断"开来何其难也，而大脑的联想又是那么快速，情绪随之产生，高高在上的理智是很难及时到位调节的，有时也只能避而退之，让情绪的风暴吹过，也许能带走一些心中的阴霾，让心情慢慢晴朗起来。

华婕哭过后，我和婕爸又相劝一番，这些道理她其实也都知道，自己的生活轨迹从此改变，不能与以前相比，但现在的生活除了每天艰苦地训练外，没有任何乐趣，几乎连上网的时间都没有，每到周末看同龄人都忙着去聚会，就会很伤感。身体虽然没有感觉了，但是心灵却仍是年轻沸腾的，痛苦就源自这些矛盾。我看天还没有太黑，赶紧劝她出去转一转。小区外面有一个小公园，我陪着女儿在晚霞映衬的黄昏里走了一圈。天空清朗凉爽，公园里空无一人，宁静的环境让她的心情也慢慢平静下来。

评论

Erica　看得我好心痛，但是不知道怎么去安慰你了。Sunnie，永远要向前看啊。美好的风景在前面等着你，回忆中的绚丽只会让你迷惑而已。

Muz　最近我常常想起出事前的一天晚上，我们在车水马龙的拉斯维加斯走着，Sunnie说有个酒店门口有火山喷发表演，绝对不能错过。于是我们就朝酒店的方向走去，走了一半突然看到很宏伟的火光又听到音乐，Sunnie很兴奋地叫："开始了！！快跑啊！！"于是绿灯一亮，她就跟脱缰的马一样奔过去，我在后面追得屁颠屁颠的，一口气跑了两条马路，又再跑了50米到火山前面。然后两个人气喘吁吁地相视而笑，火光喷泉和我们兴奋的心情相映成辉。每次想到这个，我都挺心酸的，只可惜当时我们不知道这种自由奔跑感觉的珍贵，只可惜最近的将来没有办法再来一次。

Cheche　Sunnie的痛苦真的不是我们能想象的。阿姨你说得对，Sunnie的精神和身体方面的矛盾非常大，承受的压力也肯定很大。长大了，真的是有很多很多的痛苦和烦恼，有时候觉得自己真的很没有用，很绝望。希望Sunnie坚持下去！我们想知道你的点点滴滴。

ss98115　一个偶然的机会，看到你们的博客，知道婕儿的不幸，作为父母可以完全领略到你们的感受，尤其你们身处异地，要面对很多不知道的困难，而要一一地去克服真的不容易，在此亦感到父母之爱是多么伟大。

肖老师在博客中用畅顺的文笔，写出了一家人一条心去面对困难、婕儿坚持做康复训练、婕爸无怨为女儿付出辛劳。肖老师更不用说了，在繁忙的生活中每天写博客，使关心婕儿的人可知道你们每天的动态，这真是很不容易也很令人感动。为此，我有一点建议，肖老师请把所有博客文章保存下来，等回国之后集结成书，版税或售书佣金的收入，可以补助婕儿的医疗费用或成立基金，帮助有需要的人士。而更重要的，是希望这书能鼓励同样不幸的人，以你们的经历，给予他们一些信心和支持，去坚持康复的训练，使身体机能得到最好的恢复。如能加插多些图片，效果相信会更好，多给婕儿拍照，可留作不时之需。

看Sunnie扎针 / 6月15日

中午去诊所送饭，吃完饭后，因婕爸要回家接待安装电话公司人员，我就留下来，先是护理，然后肖医生要为她身上扎针（头上是一来就先扎了），必须有人在旁边照看，因为华婕最近痉挛现象严重，不要说扎针，平时翻身时稍微动一下，就会引起全身痉挛，翻个身要花十分钟，我们也挺紧张的。平时只听说华婕扎针时很痛，但没有看过，看到肖医生手里拿着一大叠银针进来，心里吓一大跳，要扎这么多针吗？果然，只见她先拿出一排银针"哗"地撕开，我一数有五根，从大腿往下扎，一直扎到脚趾，每一个脚指头都扎着一根针，虽然华婕没有知觉，但有些穴位有刺激还是会引起痉挛的，这时我必须紧紧按住她的双腿，避免抽搐时碰到银针。腿部扎完了，再扎腹部，最后扎手部，因为上臂及右手是有痛觉的，所以就听见华婕痛得叫，但马上就会对医生说："没有事了，扎吧！"看到女儿这样真是又心疼又开心，怪不得婕爸老是说："华婕扎针时我是不能进去看的。"今天看到华婕扎针我才明白，尤其是扎完后，华婕是从头至脚扎满了针，我数了一数，有46根针！可华婕说今天还不算多，有的地方还没有扎，如十个手指、脖子等处，都扎上会更加痛的。扎完后，肖医生还在华婕常常感到疼痛厉害的左髋关节处理了针，可能是一种特别处理吧，希望有效。

下班时分听见门铃响，又是Nellie和她先生来帮我们安装网络了，下午电话公司的人来装电话，发现原来不能装的原因，前一位住户用的是另一家电话公司的网线，将本来这家公司的网线给破坏掉了，现在必须重新再接上去才能使用！害得Nellie他们跑了两次，我们也推迟好几天都不能上网。原来哪里都有恶性竞争的事情呀！

排除了人为的干扰，网络很快就安装好了，Nellie很细心地为我们调好，华婕马上就上去试一试。很快，很爽。谢谢你们的帮助，Nellie伉俪！

Sunny阿姨之一　看到婕婕的坚强，不禁使我想起她曾是位大提琴手。大提琴那沉稳厚重中透着刚毅的音质，仿佛彰显着婕婕骨子里的坚强，要不在众多乐器中，她唯选大提琴？虽然未听过婕婕演奏，但知道她曾以一曲悠扬的大提琴曲赢得学生会干部的竞选。婕婕坚持下去，让我们有机会欣赏你的大提琴演奏！

　　Heidi　上次看到扎针场景的时候我也跟着疼，别说扎了，我看着就觉得痛，Sunnie还坚持着，说"不敢疼"。呵呵！

第一次一个人去购物 / 6月19日

　　加州的阳光是出名的明媚，但却不炎热，今天我穿着短袖T衫在耀眼的阳光下行走，风吹过来还感到有些凉意。从旅社走到诊所大约需要15分钟的快步行走，要穿过一大片办公楼，这里是属于世界有名的高科技区域——硅谷，可以看到很多著名公司的招牌，西门子公司对面的大楼就是索尼公司。正值午餐时分，我在路上遇到的人们个个行色匆匆，面色凝重，若有所思。人们有的手提午餐，低头疾走，好像要抓紧时间解决午餐，再继续工作。这里的人与凤凰城的人相比，完全是不同的风格。在凤凰城的感觉就是很放松，每个人脸上都挂着笑容，热情地打招呼，到处都可以听到人们哈哈的笑声，穿着也很随意，很少看到穿着正装的人，很平民化的生活，所以说凤凰城是退休人士居住的首选之地。而这里则是人们创业之地，是精英人士的竞争之地。

　　平时买东西都是婕舅开车带我去超市，因为超市是集中在某个地方，而这里除了自己开车去外，就没有其他的交通工具了，所以，一般人都是以开车时间长短来判断两地距离的。记得有一次我要给婕婕买帽子，在华人超市没有，就问沃尔玛有多远？婕舅说：就在对面。那我们去吧。结果带我去上车，我感到奇怪，原来人家说的对面，是指在高速公路的那一边！因为去COSTCO买的都是肉食类，没有青菜。今天早晨起来就用Wenshu送的铁烧锅煲牛骨髓汤，发现没有什么菜可一起煲，那怎么办？我想到了有一次Muz开车在离我们不远的地方逛过一个不大的中国超市，里面什么都有一些，到底有多远？我也不清楚，于是找来圣荷西的地图，一看才知道圣荷西还是蛮大的，原来只听说是一个县，此"县"根本不是国内那种县城，我感觉有长沙市那么大了，我们居住的地方只在圣荷西的西北角很小一块。从地图上看，那个中国超市有二三公里远。

接到婕爸的电话，他们去医院看医生，说是还要照X光片，就不回来吃午饭了，我顿感轻松，算算他们回来也要两个多小时，决定自己走到那个中国超市去购物。也不顾正值中午时分太阳猛烈，背上两个购物袋打着伞就出门了，按照地图上的方向一路走过去，看不到一个人，好不容易远远地看到有一个人在路边干活，走近去一看是个墨西哥人，向他问路，他很热心指着前方，说了一串话，可对我有效的就是"Chinese"（中国人）一词及他的动作。走到超市门口看看时间，整整走了25分钟，开车可能就是几分钟的时间。

这个超市好像是越南人开的，但里面的东西很多是来自中国内地和香港，摆放得很拥挤且杂乱，有的商品连价格都找不到，不过品种不少，食品、日用品都有，价钱不便宜也不是很新鲜，但位置在住宅区旁边，方便顾客，也是它的商业定位。一个人购物时间过得很快，花了50分钟，担心华婕他们回来，所以背了两袋东西急忙往回走，却是花了半个小时才到家。

本来想好了一进门就去打电话的，可刚开门就听见华婕在里面叫我："妈妈！你去哪里啦？把我们急死了！"原来他们提早回家了，还没有吃饭，看到婕爸在厨房里做饭，一声不吭的，知道自己犯错误了，赶紧说声："对不起，我不知道你们这么早就回家了。"大概是看到我背了两个大购物袋，才没有像往常那样责备，只是说："你事先要打个电话告诉我们呀！"后来华婕告诉我，当时爸爸很着急，不知道我去哪里了，也不知道要到哪里去找，出去转了一圈又回来了，担心我出去不会讲，更不会听，根本没有想到我会一个人跑那么远去买东西。我听完后心里还挺内疚的，以后要遵守家庭纪律，外出要通告，免得家人着急上火，还会影响家庭成员的心情。

评论

鱼　婕爸真的是模范好爸爸，每次看到你们一家三口互动的段落，就倍感温暖。

马　"婕爸一声不吭"里包含了牵挂、担心和淡淡的怨气，都是浓浓的情啊！看起来你们虽然辛苦，但也其乐融融，多么可贵！祝愿热爱生活的人也能被生活善待！

Sunnie第一次逛街 / 6月20日

昨天婕爸回来说，明天小王如果有时间带我们去看看电脑。华婕的同学送给她的一个语音控制电脑的软件一直没有用起来：一是华婕的确是没有多少时间去尝试，每天都安排得满满的，每天到六七点钟才到家，吃晚饭，稍微休息一会儿又要解决大小便问题，只有周日还有点空闲可以去做点自己感兴趣的事情；二是她的手指功能恢复得很慢，有点沮丧。那天与陈女士通话，陈女士一再提醒我，要让华婕进入到社会中去，回归社会才能让她感到自己生活的乐趣，感到自己还是可以过正常人的生活。想到一是可以看看电脑，二是可以让华婕逛一逛街，过一下平常人的周末生活，所以我听了婕爸的话也很高兴。

周六下午不用训练，正好小王也不用上课，所以4点多钟就开车带着我们出发了。首先去的是Fry's，这是一个专门的电器商店，有点像国内的苏宁电器，但是规模很大，外表像一个古城堡，进去后一眼看不到边，里面的人不少。我奇怪经济萧条时期还有这么强的购买力吗？但小王说，原来这里的人更多，结账要排很长的队。我们直接去了电脑柜，看了一圈，没有适合华婕的电脑，倒是有店员过来主动问起，才知道给残疾人用的电脑要到网上去买，这里只卖大众货。

接着我们去了Great Mall，想给华婕买点衣服。她原来的衣服现在都不能穿了，只能穿适合训练的针织棉料衣裤，容易穿，也很舒服。有时候我也会为她买，但她不见得满意，还是要她自己挑选的东西才是最满意的，同时购物也是一种享受嘛。Great Mall是一个超大的购物中心，是一个高级品牌的折扣店，人流如织，华婕的轮椅有时候还得等等才能走动。华婕坐在手推轮椅上，由我们轮流推着她。第一次在这么多人的场合出现，心理是有负担的，在进去之前，她自己说："如果有谁老是看着我，我就看着他！"可是我也注意了一下，好像只有小孩会盯着华婕看，华婕自嘲地说："他可能觉得很奇怪，我为什么也跟他一样坐在车上！"看到一件带帽子的白色休闲外衣，很衬华婕的皮肤，正好早晚凉时穿，可一看价格要59.99美元，虽然可打50%的折扣，想想还是挺贵的，但是华婕很喜欢，也要让她第一次出来有点满足感吧，于是拿去买单，结果只要24.99美元。据华婕说，这个牌子如果在国内买，至少要四五百元呢，于是皆大欢喜地回家了。

第一次逛街还很顺利，华婕也很开心。这幸亏有小王不仅将华婕搬上搬下汽车，小心开车，还帮我们前后地照应华婕，真是很感谢！

小王是诊所里的训练员，他原来在国内是武术运动员，获得过全国冠军，是凭着专门人才的指标移民到美国的。他是应朱医生的邀请来诊所工作，同时还当武术老师。小王为人真诚、质朴，非常热心，不仅在诊所尽力帮婕儿做训练，对我们其他的请求也是有求必应，给我们生活中很多的帮助，感叹好人都让我们遇到了！

可能是外出时间较长，太累，华婕晚上出现自主性神经紊乱综合征。自主性神经紊乱综合征简称"AD"，是当身体有一些问题时，信息无法通过神经传导到大脑中，大脑不会像正常人一样马上调节，这些信息就会通过其他的通道反映出来，最明显的症状就是血压上升。华婕的血压一下由原来的58/88升到87/130，并且有头痛、出汗、时冷时热、烦躁不安的症状。在住院时医生就一再叮嘱华婕，要学会处理这个病情，因为血压持续不下时，会引起生命危险的！我们赶紧找原因，排尿、排便后稍微下来一些，但仍然比原来的高，又给她吃抗生素，担心是尿道感染引起，又引起她胃部不适，要呕吐，一直弄到凌晨2点半方平静一些，但是血压还是偏高。半夜我和婕爸轮流起来照看，还好没有变化。我和婕爸总结，可能还是尿路感染引起的。真是一不小心就会出问题的。

小六子，你在哪里 / 6月24日

今天打了一个电话，是犹豫了很久才打过去的，对方是我家狗狗小六子寄托的主人小刘。大约十天前接到小刘发过来的一个信息："肖老师，这次小六子真的丢失了，已经三天没有回家了。"信息是夜间发来的，婕爸看到后，连声叹气，那几天心情都不好，总是在念叨：小六子还没有消息！我知道小六子本来就很逗人喜欢，一直是婕爸的开心果，虽然才养了两年，可我们一直把它当做家庭一员，所以我和婕爸都说要给小六子养老的。

而这次华婕出事后，更是对小六子增添了新的情结：刚开始听到华婕出事

⊙ 2008年暑假回家时与小六子建立感情

时，我和婕爸不约而同地想到，以后要照顾病残的华婕，很可能就没有时间和精力去管小六子啦！想到这很可惜但又感到是没有办法的事情。那几天小六子也许感受到我们家悲伤的气氛，很听话。记得大约是我们要来美的前两三天，我和婕爸两人在家里抱头痛哭时，抬头一看，不知道什么时候小六子站在我们身边瞪着两只大眼睛看着我们，虽然它不知道发生了什么事情，但也善解人意地往我们身上凑，好像是在提醒我们，还有我呀！懂事的小六子，婕爸一把将它抱在怀里，哭着说："六子，我们不会送你走的，我们再累也要养着你，你以后就是姐姐的伴了啊！"我们仨拥在了一起……

来到美国后，小六子常常是我们谈话的内容，特别是看到狗狗时，老是将小六子去比较，就像在谈论一位暂时离别的家庭成员一样，还常常设想，等我们带华婕回去后要怎样训练它。

自从小六子丢失后的十天里，我做过两个关于狗的梦，一个是梦见小六子站在我的家门口，瞪着它那双无辜的大眼睛看着我，好像知道自己犯了错误似的，怯怯的，尾巴在不停地摇晃着，这是我很喜欢的一个动作，是向人们表明它现在很开心，平时每次我回家时它都会使劲甩着它的小尾巴欢迎。

昨晚又做了一个梦，梦见我又养了一只小狗，叫"笨笨"。小狗很顽皮，一叫它就立即蹿到我身上，一会儿又跑下去跟一只猫玩耍。我想我这一辈子与狗是分不开了，无论是在感情上还是实用方面。回国后一定要养条狗。

Sunnie见医生　/ 6月25日

华婕这段时间经常要到医院去与医生、训练师见面，主要是为了申请各种医疗用品，好让医疗基金动用起来，解决我们的一些经济负担。但是要申请得到这些东西，要花费很多的时间和精力。如华婕想申请一个手推轮椅，第一次见面时就提出来，只说是考虑，下次再说；第二次倒是看了一些轮椅的样品，说下次还要约经销商来；第三次经销商来了，还要与医疗基金的人商量是否能就我们选的样品定下来，等到定下来后还要4个月后才能出来！每一次华婕都要花上半天的时间，虽然见面只有一个小时，但路上要花三个多小时，父女俩回来都疲惫不堪的，看了心疼却又无奈。

不过有时候还是有一些让人高兴的事情。今天下午他们又去见OT，预约的时间是3点半，在路上花了近两个小时才到医院，已经是4点多钟了，按照医院的规定，就算是自动取消。跟护士一联系，发现时间还弄错了，应该是中午1点半的！这时OT已经是在训练最后一个病人了，怎么办？OT是一个胖胖的中年妇女，很慈祥的模样，与华婕见过几次面了，有一些印象，看到华婕恳求的眼光，一边问华婕："你不介意我同时训练两个病人吗？"一边开始了训练。训练师还是很有经验的，看到华婕自己设计的几个动作后，就说她还是有一些潜力的！这句话让华婕开心啊！出来就给我打电话，让我也早点开心。

自从第二次医疗会议开过后，诊所为华婕又设计了一些新的训练内容，包括在垫子上翻滚等，让华婕的运动功能又拓展一些。华婕自己也突然发现，当身体平躺着时，自己的双手可以对握着，并两手臂贴着耳朵向头顶方向伸直！这样可以使她的双肩活动范围扩大。而原来只能伸到半空中一定会掉下来的，因为没有肌肉支撑。现在她双手各绑着一磅重的沙袋还可以将一根木棍举过头顶了，这些都表明她的手臂比以前有一些力量了。

用过的洗澡椅能退掉吗 / 6月27日

华婕刚来圣荷西时，就买了一个洗澡椅子，是那种专门给残障人士洗澡用的。记得当时在凤凰城医院OT训练时，就专门教过我如何使用这种椅子给华婕洗澡。但是华婕当时还坐不稳，这种椅子的靠背很矮，华婕坐上去很没有安全感，总要扶着她洗，每一次洗澡弄得我们也很累。正好想要训练她坐着大便，所以又去给她买了那种既可以做便桶又可以冲凉的椅子，因为两边有扶手把着，华婕坐上去就稳多了，以后一直就用着它。而那个洗澡椅就一直搁在旁边，当时婕舅说过，如果你们觉得不合适，可以拿去退货的。尽管记得这句话，可婕爸说：用过了的东西拿去退，总觉得不好意思。虽然我知道在这里穿过的衣服不合适是可以退掉，可洗澡椅是买回来安装好了，又用过好几次了，总觉得有点欺骗人家的感觉，所以一直拖下来。

但发现洗澡椅不仅没有用放着还碍事，何况这80多元的椅子放着实在是可惜了，到上周我又催促婕爸，结果婕爸找出发票一看，发票背面上写着，退货必须在一个月之内有效。刚刚过了几天！想想80元就没有了，好心痛。讲给诊所的小王听，他倒是很热心地替我们打电话去询问，没有想到对方说可以退！于是婕爸赶紧将洗澡椅拆掉，想放回原包装，可发现只能将靠背拆下来，而整个椅子却拆不下来了，学机械的婕爸本来做这些事情是很拿手的，所以他估计是设计时就是不让拆动，以保证安全性，可问题是，那还能退吗？不管怎样还是去试一试吧。

于是今天下班后，婕爸提着那件半成品椅子，请小王带他去"Walgreens"一试。约半小时后，就听见开门声，这么快就回来了？一看婕爸空着手，满脸笑容，就问道："这么快，退掉了？"婕爸也不回答，将手上的锁匙往台子上一扔，口中叫道："哈哈，美国人真可爱！问都不问一声就退掉了！"原来他们一到Walgreens就说要退货，马上有一位管理人员过来看看发票（还不是同一个Walgreens店），二话没有说，就将不成形的椅子拿进去，然后将钱打回到我们的银行卡上，几分钟完毕。我们原来担心的用过几次、有没有弄脏、又过期了等问题统统都不是问题。真爽啊！

Tangfuqiu　一帆大姐，昨天同学打电话告诉我您的女儿在美国遭遇车祸，正值午饭时分，听到这个消息我心情非常沉痛，一口饭也吃不下，也很难想象您当时及现在所承受的痛苦。我们都是奔五十的人了，心中最大的愿望就是希望子女幸福安康。

　　我读大学的时候，您像亲大姐一样关心我，经常给我餐票。我只想为您做点什么，但又帮不了什么忙，想多安慰您，但又找不到什么词语。请您相信，小弟是个非常重情义的人，您在长沙的父母需要我做点什么，尽管打电话告诉我，我一定会帮您照顾好。

　　Sunny阿姨之一　无因退货传递给消费者的是诚信、信心，买的总比退的多，品牌就是这样建立起来的。

Sunnie的一个好兄长 / 6月30日

　　昨天晚上婕爸接到Herby Lam的电话，说他今天有时间到圣荷西来看看Sunnie和我们一家，问我们中午是否有空，他想请我们一起进午餐。但是华婕今天11点到12点约了OT，回到诊所将近1点了，人会很累也没有时间。于是他说他会带午餐来看我们。

　　Herby是华婕在旧金山的华人朋友，原本也没有深交，他的年龄算是华婕的长一辈了，他的女儿已经在念博士。但华婕出事后，他却非常热情地帮助我们，特别是提出在教会、学校及社会上为华婕募集医疗费用。而且一直很用心地、有条不紊地在策划、组织和推动这个慈善活动。从3月份开始到现在的前后三个月里，这个活动为华婕募集到了一笔基金。正是因为有了这笔捐款，才让华婕有可能在加州住下接受中医治疗。但是在三个月里，我们一直是电话联系，Herby是个实干家，我们在关键时分总能够接到他不多的电话，每次电话的话语也不多，1、2、3，简单明了，讲得清清楚楚。到了圣荷西一个多月了我们也一直没有见面，虽然他总是托人给我们送来了全套餐具及一些卧具等用品，但就是不见其人。今天他能过来，对于我们当然是很期盼的事情。

　　大约1点半时Herby的车到了，他一下车就很热情地与我们打招呼，然后提出一个大袋子，说是专门为我们准备的午餐。因为在诊所内吃饭不方便，我们只能请他在诊所下面的小庭院里坐坐，那是我们平时吃中饭的地方。

闲聊了一阵后，Herby讲起一件事，让我感叹。在华婕出事的那天晚上，Herby做了一个梦，梦中他在马路上突然听到很响"砰"的一声，然后说有人出车祸了。第二天他就听见朋友说华婕出事了，这样的巧合让这位从小就在基督家庭里长大的他感到，这是老天在给他召唤，让他一定要帮助这位小妹妹。所以，他决定发挥自己的优势，开始为华婕募捐。因为他在几年以前就为一位来自深圳的残障女孩张佳欢组织过募捐活动。正因为有了这样的经历，加上那个梦，让Herby努力并成功地帮助我们解决了最实际的经济困难。太感谢你了，Herby！

评论

Sunny阿姨之一　题目贴切，真是"Sunnie的好兄长"。一直以来就相信，冥冥中有一种能量左右着这个社会。

Heidi　接触过几次，凯宾的确是很好的弟兄，切实地做了好多事，讲话也很受用。

YL　接到YM从美国打来的电话，说你女儿在美国出事了。我还说他瞎说，婕婕在英国，怎么会在美国？我刚含着眼泪看完你的博客，感到非常震惊！我的记忆里，婕婕从小就是那么灵气、懂事，惹人喜爱，出了这样的意外，真不知你们这些天是如何熬过来的。一直以来，你都是我们的大姐，对我们照顾有加。我们曾经是那么好的姐妹，真不知能说些什么，能做些什么。相信会有好的结局！

怀民　这几天我一直在为即将到来的同学毕业25周年的聚会而兴奋，没想到却收到了你的女儿出事的消息，我内心的震惊难以言表！真不知道你是怎么熬过来的！看了你的博客，感到了你的坚强、你的可爱的我还没有机会见面的乖女儿婕婕的坚强，看到那么多的好心人对你们的帮助，我又由衷地高兴！我相信婕婕一定会好起来的！

新良　早几天在长沙的几个同学商量要搞一个毕业25周年聚会，大家都很高兴。老姚给在外地的同学打电话联系，说联系不到你，我们都说你可能是旅游了，作为我们大家的大姐你很关心我们大家，过几天回来肯定会回信息。没想到今天却收到了你的女儿出事的消息，太震惊了，简直不敢相信，我们全家都很难过，我女儿都掉泪了。庆幸的是有很多好心人的帮助，婕婕有良好的心态，坚强的意志，婕婕有你们这样的好父母，看到婕婕恢复得很快，我们很欣慰。好心人一定有好报！

方便残障人士的Outreach车 / 7月1日

　　华婕现在常常要去医院,坐车就是一个问题。刚来到圣荷西时,婕舅就告诉我们,在这个Santa Clara郡内有一个组织是专门给残疾人和老年人等行动不便的人提供专用车服务的,叫作Outreach。这个组织是政府资助的非营利性的机构,一共有2000辆专用车,而且车型也有多种,根据服务对象的需要提供。

　　但是要享受这种福利首先要符合条件,其次是要申请,申请到了就可以享受低价的专车接送,每趟3元5角。那就申请吧,我们也已经习惯了这种按部就班的办事方式。申请的步骤一般都是上网查询了解,下载表格,填写表格,寄出去,等待回信。华婕是在训练的空隙中陆续做完这一系列手续的。那时还不用经常去医院,还没有感到这个申请的重要性,等到后来常常要去医院时,才发现实在是太费时间,不仅两头要走一段路,中间还要转车,而且天气炎热起来,华婕每一次回来都显得很累,还要接着到诊所去训练。这才想到这个专用车的申请还没有批下来,又打电话催了两次,上周总算是批下来了。要求我们预付一部分车费,25美金起,以后不用交钱,每坐一次就自动扣钱3.5元。每一次坐车前必须提早24小时打电话去预约时间,在电话里对方会询问你需要到达目的地的时间及需要离开的时间,然后通过电脑系统估测路程及需要的时间,再给你安排好等车的时间。一般约的时间会给你半个小时的区间。

　　周一、周二华婕去医院开始乘坐这Outreach车,来回坐了四趟,发现虽然时间和费用与自己坐公车都差不多,但好处就是人轻松了许多,好像是坐低价的残疾人专用的出租车,只要在家门口等候即可,直接送到诊所前。华婕在医院门口等车时也可以看到不时有这种Outreach车送人或接人。但也听到有些病人在抱怨,说Outreach常常迟到,据说这种专用车非常忙碌,按照路线会同车接好几个人,所以有时候不能准点也正常,做好心理准备就好了。

遥祝同学母校聚会 / 7月2日

　　最近几天陆续收到大学同学的邮件、留言和电话，是因为早在春节时就接到组织者姚利民同学的短信，告知今年暑假要搞一次毕业25周年团聚，当时我还很高兴地答应一定回长沙参加。华婕出事后自己一切的焦点就是华婕，一直在这里忙于照顾病重的女儿，其他的事情就像焦点以外的景象，模糊而遥远。

　　直到上周末家母告知，有大学同学打电话通知我参加同学聚会，因为联系不到我，才与家母通话得知近况。这几天脑海里不由得常常想到这些同学弟妹们。大家到这时几乎都是事业有建树，家庭有儿女，回到师大母校，在一起看看老同学，谈谈专业，讲讲家庭，当然是一件很惬意的事情，怎么不让人期待？原来的同学聚会是10周年、20周年一次，结果大家在一起感觉太爽了，记得2005年我们20周年聚会了两天，意犹未尽，不知道当时是谁提出10年一次太长了，要求缩短为5年一次，马上受到大家的呼应，于是有了今年的团聚。我在同学中是大姐，自然有大姐的作用，所以每一次自己都认为理所当然地要参加，没有想到这一次

⊙ 2006年暑假一家人游九寨沟黄龙，享受快乐时光

是肯定不能与老同学共叙旧情了。很遗憾！

但在这里我要谢谢各位同学弟妹对我们全家的关心和支持，在长沙的老父母可能还会要麻烦到你们，到时请多帮助，先谢谢了！希望在不久的将来华婕能恢复到不完全依赖我们而自己能够相对地独立生活，让我们在30周年的聚会上再相见！

评 论

XLP 刚刚上网看到了华婕的消息，很心痛，同时也为你的坚强感动，特别是华捷的微笑阳光般灿烂，让人不由得泪流满面……为你一家祈福！

Liu 伟大的父母之爱呀！在你们的生活中哪里还顾得上你们自己呢？一切都是华婕，华婕就是一切。生活是残酷的，又是让人充满希望的。华婕，加油啊，为了你自己，为了你的父母！

Taotao 打开你的博客，看着看着忍不住双眼模糊！为你漂亮可爱的女儿惋惜，为你们一家的坚强勇敢而深感欣慰！天意不可违，遭遇了无法逃避，只有勇敢面对，你们做到了，我相信孩子会好起来的。你们一家还可以回到从前幸福快乐的时光，有无数人在关怀着你们一家！

1441356395 肖大姐：你好！前些天在博客上看到了你对同学聚会的祝福，我将此内容告知尚未阅悉的同学，昨天凤华同学转告了你的祝福和希冀，同学一起聊天的重要话题是你们。作为大姐的你，无论是在学生时代对我们这些弟妹的关爱，还是工作、成家后给我们榜样性的引导，抑或是为10年、20年毕业相聚所做的奉献，即使是在这几个月的艰难时期也依然将同学友情铭记于心，都让每位同学感激。说起华婕，大家心情都十分沉重。记得6月30日你给我的信中一句"真是一言难尽"，让我格外心疼。前些天福球与我通话，我感到他在失声哭泣，电话这头的我，也只能哽咽地劝他。我们不敢想象，你们这几个月是怎么熬过来的，我们既抱怨上天的不公，居然让好人也遭此劫难；也感佩你们的抗争和坚强，特别是你们的爱女华婕；更难过我们自己只能给予情感和精神支持，不能提供实际援助。同学们说，等你们回国后，我们再来看望你们。你在长沙的年迈双亲需要我们做什么，我们都会尽力做到。

同学们提议要我代表同学写就此信，尽管自知书不尽言，但同窗的心意尽在其中。

全体同学

祝婕爸生日快乐 / 7月5日

　　婕爸生于55年前的湖南长沙市,在四个兄弟姐妹中排行最小,而且身体也很弱,所以受母亲的照顾要多一些,不过谁也没有想到这个弱小弟弟不仅后来个子是家庭中最高大的,也是最有出息的:在刚恢复高考的第一年就成为人之骄子的大学生,远赴外省武汉攻读理工学科,四年后毕业被留大学任教,但仍不知足,结婚后又开始攻读三年的硕士学位,让我们结婚之始就过着牛郎织女般的两地分居生活。刚刚毕业,口袋里带着叮当响的几文钱,凭着自己的一点资质直奔当时的改革前沿海南、珠海,后辗转来到深圳蛇口中集公司任职。夫唱妇随,隔年我也从长沙来到深圳蛇口育才中学任教,在深圳正式安家,开始过着三口之家的安定生活。此时华婕已经三岁,正好上蛇口工业区第三幼儿园。

　　婕爸生性属于自然状态,从不愿意被某些东西捆住,嬉笑哀怒都是从心到脸,直奔而来,迅速且鲜明:开心之时的幽默和直白可以让众人哈哈大笑,常常是朋友们的开心果,哪怕被朋友们涮一涮也无所谓;在朋友面前,他是大哥,是模范老公,更是疼爱女儿的老爸,而且从不掩饰他对家人的关爱,有时直露得让我会感到难堪,而他反而会感到困惑——男人的自尊在这时候对他是不起作用的。在处理事情的方式上婕爸也是如此,直面现实,简单快速是他认为最有效的方式,绕来绕去兜圈圈是他最痛恨的做法,因此他发现自己跟外国人打交道是很合适。

　　华婕出事以来的四个月,是婕爸一生中最难受的时间。谁能够想到,华婕从一个浑身充满了青春活力的女孩顿时成为一个不能动弹的高度残障人!这样的残酷事实让婕爸这个大汉轰然倒下,那几天他常常开着车就不能自已,只好将车在路边停下,趴身痛哭!最能睡觉的他,那段时间常常是睡到半夜突然"腾"地一下坐起来,大口地喘气,吓得我赶快给他捶背,只担心他心脏出问题,出事那一个月他整整瘦了10公斤!在华婕求医的过程中又遇到许多想不到的困难,加上日夜照顾婕儿的劳累,婕爸更是悲上加烦,情绪如同阴天的乌云,阴沉压抑,虽然难得有时看见阳光,但很快又会被吹过来的乌云掩盖,让我和华婕甚为担心,常常要看看这个晴雨表的变化,有时也会因此生出一些不快来,要求三人相互调整适应。

⊙ 2004年8月去英国留学之前, 父女俩华山留影

现在, 随着华婕医疗与生活节奏基本稳定, 一些求医的问题也一步一步在解决中, 婕爸的脸上笑容又回来了, 常常可以听到他讲起笑话, 学着奇志大兵的小品, 唱着长沙的扯白歌, 逗得我和华婕哈哈大笑, 让我们在苦中也能够作乐一番! 真是谢谢婕爸了!

昨天华婕送给爸爸一个生日卡, 并很认真地抓住笔歪歪斜斜地写下她的内心祝愿——爸爸: 生日快乐! 要保持愉快的心情和健康的身体喔!

是的, 那也是婕妈的心愿, 老公, 生日快乐! 请接受这一迟来的生日礼物!

评论

Sunny阿姨之一 边看边想起婕爸50岁生日时我们相聚的欢乐场景。时间过得真快, 命运也真作弄人, 转眼间婕爸已54岁了, 今年过生日时的心情一定特别复杂。在武汉、蛇口的20多年, 我们共同度过了许许多多难忘的快乐时光。此时此刻, 我还是想说那句话, 命运既然已经给你出了一道难题, 就一定会有一个合适的解, 你在考虑解这道难题时, 千万不要忘记身后还有我们这帮风雨同舟多年的同学、挚友。可喜的是婕爸已逐渐恢复往日的本我, 但愿回国时我们见到的依然是那位憨厚、耿直、幽默、快乐的大哥。遥祝胡子大哥生日快乐!

（婕爸回复——收到你的生日祝福后，心情很复杂。感谢、感动加上还有许多感慨，只言片语说不清楚，大段文章又不是我的强项。我和我的一家已从事件刚刚发生时的那种极端痛苦和不知所措的状态中走出来了。你说得对，既然发生了，就要面对现实。在你们一帮挚友的帮助和支持下，我相信没有迈不过的坎。）

1401647482　记得以前跟婕婕聊天时还说，没见过谁家的爸爸比我们家的爸爸更疼孩子的!

拉拉爸　真的很感动。这年头，这么好的男人像金子一样宝贵!

晓梅　呵呵……婕爸强壮如山，婕妈柔情似水，婕儿柔中有刚。好令人美慕的一家啊!

YL　美慕你们这对能同甘共苦的夫妻。我还留有你们恋爱时在武汉大学树林的照片，照片上两人洋溢着热恋中情人的快乐与幸福。今天读到这篇博文，仍能感受到炽热的情感。

老树苗　印象中的婕爸，和这篇博文中的婕爸一样，可爱憨厚，是个好男人。婕妈完全有理由为婕爸骄傲。但好男人也是好女人熏陶出来的。有婕妈，当然就会有婕爸，还有婕儿这样人品学识都很优秀的人。

我的爸爸

◎ Sunnie

爸爸是学机械工程的，与一般人对理科男的印象不同，老爸是一个直来直往、感性富有童心的人。他高兴时会像小孩一样哈哈大笑而不顾形象，说话兴起时手舞足蹈，有时也会稍稍有些口不择言地开点玩笑。心情糟糕时，不高兴都写在脸上，有时也发发小脾气。

老爸的童心让他十分喜爱小孩，还没有我时就老带着我的堂哥表哥们一块玩，据说他曾偷偷希望我也是个男孩，可以和他一块做运动玩耍。我虽然生为女孩，但从小摸爬滚打、上房揭瓦的本事不比男孩差，这点深得老爸遗传和教导。从有印象起，老爸就是我的玩伴，总是放手让我尝试想做的事情，又在身边默默保护我的安全，他很宠我却从不惯着我。

来深圳和爸爸团聚后上了幼儿园，每天都是爸爸负责下班去接我，妈妈则回家里做晚饭。我一直爱说爱动爱折腾，常常是爸爸接到我我却不愿意马上回家，要在幼儿园里继续玩滑梯等玩具，疯狂一番，直到只剩下最后几个小朋友，灰头土脸头发都汗湿了才走，老爸很少催我，只在旁边傻笑着等。后来我上大学后去看望幼儿园老师，她居然对我和我爸都印象深刻，说老爸看上去五大三粗的，但每次来接我看到我玩耍眼睛就笑成一条缝，很有耐性地陪我玩。

那时老爸的交通工具是一辆三角架单车，我喜欢坐在前面的横杠上，搓老爸左手是加油，搓他右手就是减速刹车，他总是很配合，就算上坡我猛搓左手他也奋力蹬车。有天回家路上，天色阴沉下起了零落的小雨，我坐在爸爸单车的前面着急地搓他左手，这回老爸没有加油，而是说地滑我们不急着踩，我问雨马上就要下大了怎么办？爸爸用特别逗趣的语气说："那我们就玩个游戏，叫——就让它去淋。"我喜出望外，原来除了躲雨和赶快回家还能有淋雨这样的选择，我指了一条回家稍远的路："那我们走这边好不好？"他欣然应允。两只落汤鸡到家后妈妈问怎么不躲躲雨，爸爸答道："最坏的不就是回来洗个澡就好了，我们这样开心啊，哈哈哈！"这个"就让它去淋"的游戏被我们保留并经常玩起来，后来又演变出就让它去晒、就让它去脏、就让它去吹（台风天穿着雨鞋雨衣下楼感受大风的洗礼）等各种疯狂的游戏。虽然比一些家庭玩得疯狂，但每个游戏工程师老爸都细心保证我的安全，他总说："爸爸在这里，你就放心地玩，爸爸不在的时候，就不要玩。"后来我明白了，他的原则是："做最好的努力，但一定要做好最坏的打算。"他无数次用这句话教导我，虽然他也许不再真正给我铺好退路，可是让我学会了放手拼搏同时也总记得给自己做好最坏情况的计划，在困难时不被打倒在地。在成长的路上，爸爸尽量放手让我独立，我也常常想起这句话，并总是记得

⊙ 小学时爬上南山顶上，山下是20世纪90年代的蛇口

做好了准备就可以奋斗向前。

在我受伤后，老爸的父爱本能又牢牢地保护着我，常常在比较糟糕的情况下，如将轮椅推上手扶电梯时，他就会习惯性地在我身后说：爸爸在后面抵死了的，不会滑，不用担心的！所以我知道无论何时爸爸总是我强大的后盾。

稍大一些读小学了，妈妈让我自己走路或骑单车上下学，便没有要爸爸接过。那段时间正好也是爸爸在工作上最拼命的时候，他是个工作起来非常认真的工科男，兢兢业业扎扎实实地做业务，有几年长期在大连、北京，忙得不可开交，很少回来，都是妈妈一人带着我。后来爸爸由于过度疲劳晕倒在洗手间，才知道身体已经超负荷挺不住了。读初中的时候他回到了深圳工作，但也很少能碰上面。经常是我早上7点出门时他还没起，晚上十一二点回来我已睡下。老爸每每回来发现我睡了，会轻手轻脚地打开房门看我一眼，如果我没有睡着，会和我打个招呼再离去。

我家有个家庭习惯，一般都会互道晚安，我睡前会说：爸妈我去睡了，good night。他们也回说good night。这个习惯一直保留到现在。我和父母间一直用长沙话交流，只有这句用英文，并不是想撇洋腔或什么，而是听说我小时候特别喜欢的一个动画片里面主角每天晚上都要和家人说good night，我很喜欢她所以一直模仿。如果我说了这个他们不回一句，我就不肯睡觉，所以一直就这么下来了。我有时和妈妈开玩笑，说她大学花那么多时间和精力学英文，大部分都忘了，用得最多的却是这句。

克服恐惧心理，学会道歉 / 7月6日

中午去诊所送饭，一进去就看到婕爸在与华婕很严肃地讲着什么，等我走近就停了下来，但是看得出婕爸是很不开心的，不知道发生了什么事情，我也不去细问。看看华婕好像还好就放心一点。等到吃饭时，婕爸走开一会儿，华婕主动开口："妈妈，我今天犯了一个错误。""喔，是什么？""今天朱医生要我坐着扎针，我不肯，我本来就坐不稳，头上还要扎针，我很害怕，但他坚持要那样扎，我就开始大喊大叫地发脾气了，让朱医生很难堪，爸爸也很生气，他已经批评我了。我知道自己错了，等会我会去向朱医生道歉的。"华婕的眼睛很真诚地

看着我，没有以往的委屈和气话，看起来她真的是后悔了。

我知道华婕出事以后强烈的刺激在她心理上留下了深深的阴影，以至于显得很胆小，极没有安全感，有时即使她爸爸抱着，只要稍微有一点点闪失，她都会害怕得大声地喊叫。婕爸原来常常很骄傲地说："婕婕小时候只要在我身上就会很放心地乱爬，一点都不害怕啦！"那时候爸爸就是她的安全岛，可现在似乎哪里都没有安全感了，这在某种情况下就会影响到她的训练，今天就是一个典型的例子。看到她着急的样子，我想，听话的门打开了（我原来给家长讲课时常常提醒家长：先要让孩子的心门打开，再对孩子进行教育才是有效教育），于是我趁机给她分析了她心理恐惧产生的现象，以及带来的问题和矛盾，包括平常也会在我们之间发生的矛盾，告诉她心理学上克服恐惧的训练方法——"系统脱敏法"，提醒她自己要慢慢地主动地去适应环境，克服恐惧，给别人以信任感——尽管对于本人来说并不是不信任对方，但却很容易使别人产生误会的。她也点头称是。这时婕爸回来了，华婕又告诉他："爸爸，我等会上去会给朱医生道歉的。"接着又补充一句，"真是使他难堪了！"待我们上楼去一进诊所，正好看见朱医生的背影，华婕马上叫道："朱医生，请等一等，我要向您道歉！刚才是我的态度不好，向您发脾气了，我知道您是为了我好，以后我再也不会这样了。对不起！"朱医生转回身来很大度地说："没有关系的，只是胆子要放大一点，这样才能进步的。"华婕立即接上："好，我以后会的，谢谢朱医生！"语气很诚恳，说得自然，显出了她的成熟，虽然这件事情是不应该发生的，但我很高兴她能够这样转变态度。

华婕在出事后，因为身体不能自控，连想睡得舒服一点都要靠我们将她调来调去，有时候还不如意，这很容易带来烦躁和焦急的情绪。记得有一个早晨，我刚起床去为她翻身，因为双腿几个小时没有动弹，我稍微抬起就会引起她全身痉挛，让她难受，一夜没有睡好的她一直显得很焦躁，总是不满意，在她又一声大叫后我终于忍不住了，扔下她转身就去了厨房——一晚上的折腾我早就饿了！婕爸闻声起床询问何事后，让华婕向我道歉，当我在厨房里吃早餐时，就听见华婕的声音弱弱地从身后传来："妈妈，我错了！我不该大喊大叫！"听了让人感到既心疼又生气。平息了自己的心情后，我还是向华婕讲出我的感受：她的难受我能够理解，但有时候是没有办法的事情，必须忍受的！同时也要理解父母的劳累才行。我也借用了凤凰城那个心理医生的话：要学会等待，学会忍耐。她躺在床上点着头："嗯，我以后会注意的。"我想还应该加上一句，学会道歉。

评 论

　　小cy噢　学会道歉是件很不容易的事情，我们能够意识到自己的错误都不容易了，还要勇敢地道歉就更不容易。

　　Sunny阿姨之一　都很不容易，也都很了不起！面对突如其来的巨大灾难，在极度痛苦、懊悔和几近绝望的心境下，处在异国他乡陌生的环境中，许多方面都不得不迅速作出调整，实属不易，只有你们三个优秀的人在一起才能做到今天这样。道歉是强者的声音，表明了婕儿的自信、乐观、豁达和坚强，这是促使她身心进一步康复以至今后能够快乐生活的力量源泉。

　　豆豆　开眼界了，见识到了阿姨的专家实力。我也曾经因为一个阴影而开始害怕不再信任，到现在还没能完全克服，虽然说跟婕的比是小巫见大巫了，不过我们一起努力吧！想推荐婕一首歌 "*I Didn't Know My Strength*"（我不知道我的力量），歌词对我的触动非常深，希望有一天我们能一起抬头挺胸地唱出这首歌。

　　Muz　Sunnie的豁达明理让我印象深刻，一般弱者不会主动道歉，强者才有足够的信心承认自己的不足。在照顾自己的需要上Sunnie是弱者，但她在心理上却是一个强者。

苏菲和她先生的故事 / 7月10日

　　朱医生的诊所虽然是中医，但前来求医的人中除了像我们这样的中国人外，还有本地的美国人，据说现在的美国人还很相信针灸，诊所有一位美国病人生病之前自己就是针灸师，持有针灸师证的。经常前来做针灸的还有两位是越南人，苏菲就是其中的一位。

　　苏菲是一个60岁左右的女士，她是在8个月前患急性脊椎炎，导致胸椎以下瘫痪，幸亏双手尚能活动自如，8个月前来到诊所医治。据说当时她的双腿也是不能动，腰身无力，给她做俯身下撑的训练时非常吃力，比华婕差多了。我们在两个月前刚来诊所时就看到过小王给她做训练，只记得当时她坐在轮椅上，双手扶着双杆，双脚拖在地上向前滑行。但这段时间我们可是看着苏菲在进步：她不仅是自己独立站起来，而且还可以双手扶着双杆慢慢地走起来了！我们在一旁看着真是极羡慕。身边苏菲的进步，对华婕和我们也都是一个鼓励，希望华婕也能够像她一样站起来，自己走路。

苏菲的先生很喜欢说话，只要他在诊所就会很热闹，婕爸有时间也常常跟他聊一聊，虽然他讲的越式英语不太好懂，可华婕在旁边适时地翻译一下，慢慢了解到他们的一些情况，还蛮有意思的：她先生原来是在南越西贡政府工作，而苏菲则是在美军部队工作的。当越共统一越南以后，他们一家就失去了工作，没有单位敢接受他们，而他们的子女是不能上大学的，只能念到高中。于是她先生和一大帮人共92人坐上一艘小船准备逃到马来西亚，结果船在海上遇到大风，船行驶了五天便没有油了，在海上漂流了18天，仅仅靠喝一点点水维生。就在奄奄一息时，一艘挪威油船经过，站在甲板上的船长看见了他们，及时救了他们上来，将他们带到了菲律宾，送到难民营。在那里他们申请来美国，但是还必须接受身份的检查，先生在西贡政府的身份是没有办法证明了，幸亏苏菲在美军的部队还在马来西亚，找到了苏菲的身份证明，这样才被批准，但是在来美国之前他还被专门送到马来西亚培训学习四个月，内容是学习英语和美国文化。他还记得当时有一条是："在美国男女是可以任意约会的。"这对于越南人来说简直是太开放了。

辗转来到美国——他们心中的天堂——五年后，她先生才将苏菲及4个儿女接到美国，安定下来。现在她的儿女都已成家，先生还在邮局工作，也算是一个很稳定的职位了。

怪不得这里的越南人不少，想必很多都是在越战以后逃到美国来的。诊所还有一个越南小女孩的妈妈也说他们是"坐船来的"。还有的是越南华侨，从凤凰城到圣荷西，我看到的华人超市几乎都是越南华侨开设的。他们都在这个国家找到了自己的位置。

突如其来的 "AD" 症状 / 7月13日

昨天华婕的好朋友及同学Heidi和Qiqi特地从旧金山市赶过来看望华婕，中午与同学们一起吃越南米粉，边吃边聊天。因为米粉有点辣，华婕就多喝了些水，没有想到两个小时后就引起麻烦。回到诊所我照旧给华婕导尿，完后我回到家，正在睡觉中就听到电话响起来，电话中是婕爸很焦急的声音："你赶快来诊所，华婕血压139/95，可能是憋尿了！"我一听急忙往诊所赶，走到半路看到一辆车好像是要转弯，却又停在路旁，原来是小王开车赶来接我了，这样也可以省几分钟的路程。一进房间看见华婕坐在床上，脸涨得通红，脖子周围全都是红斑，直说难受，婕爸一见我就说："她头痛，赶快导尿！"约五分钟后，导尿完成，婕爸再去给华婕量血压，我还说："等一会再量吧，没有那么快的。"可等血压量出来一看，已经就只是98/68了，就这么见效啊！而且华婕的红斑、头痛也立马消失了！这就是医学上称之为"自主神经反应失调"的现象，简称为"AD"，是脊椎损伤病人容易出现的一种紧急状况。华婕住院时，康复医生一再告诉她，要如何处理"AD"症状。这种并发症可以由很多情况引起，对华婕来说，这次就是憋尿闯的祸。因膀胱满了的信息，神经传导受阻不能够到达大脑，接收不到大脑排尿的指令，就会引起其他系统的相应反应，出现高血压、心跳加快、出汗、皮肤发红等植物神经的现象，如果不及时处理还会有生命危险，这就要护理及时才行。一旦解除病因，又会很快消除症状。所以生命有时候很脆弱，但又有韧性。

评论

　　晓梅　脊髓损伤病人的危险可能就在这些一般人看来很小的细节上，每次讲到婕儿突然血压高或者血压低我都感到很担心。真难为婕妈了，如同消防队员一般，紧急出动解决问题。

　　Mini妈　应该让婕爸也学会导尿，自己的孩子没什么大不了，关键是救急，万一你一时赶不过去怎么办？！

Sunnie又一次让我心痛 / 7月17日

　　昨天早晨起来后，华婕感觉还好，体温37.6℃，自己提出要去诊所治疗训练，于是我们赶紧为她作准备，起床、吃饭、洗漱等，虽然比平时晚了一点，但能够去动一动可能还让她的感冒好得更快一点。虽然是只做了一些比较轻松的训练，但是体力不足让她感到很疲倦，中午我去送饭时，看到她满脸的倦容，吃了一点稀饭就想休息睡觉，朱医生给她扎针后又感觉好一点，她就坚持训练下去。在垫子上训练时婕爸发现华婕的肚子自己撑了一点起来，这可是好现象，一回到家，华婕就很开心地告诉我这个变化。

晚上照常的大便没有排出，我想可能是这两天没有吃什么东西的缘故，不要勉强，大约在11点钟洗漱后睡觉了，我们也赶紧冲凉睡觉。12点钟她醒了后给她排尿。睡到两点钟时起来为她翻身，刚睡下一会儿，又听到她叫唤，我赶紧起床，原来是她要大便了，来不及搬她下床，就让她侧身排，但是这样让她很吃力，而且感到她很烦躁，老说不舒服，过了约20分钟，她要求起床排便，我只好将熟睡的婕爸叫起来，将她搬到马桶椅子上，可我发现当婕爸像平时那样将她扶坐起来时，华婕的头向旁边歪着，婕爸还问："怎么了？"她"嗯"了一声没有说话，等到把她搬到马桶椅子上后，婕爸低头去拉马桶没有注意她的情况，我站在她身后让她靠着我，突然听到华婕叫："爸爸，快点！我手发冷！"我赶忙去拉她的手，是很凉，婕爸急忙过来按住她的腹部，可是发现华婕已经闭上眼睛了，他大声叫着："婕婕！把眼睛打开！说话！"只见华婕勉强睁开眼睛无神地看了一下，突然抽搐了一下就僵住了，往后一靠失去了知觉。我和婕爸大声地呼唤："婕婕！""婕婕！"没有任何反应。婕爸说："快！把她抬到床上去！"也不知道哪来的力气，我们迅速地将华婕搬上床，再看她脸色如灰，我把她抱在怀里，一边摸着她的脸，与婕爸一起使劲叫着："婕婕！醒醒！婕婕！"我感到自己的声音都已经变调了，在宁静的夜空里回响。也不知过了多久，突然听到华婕叫了一声："妈妈！"但是眼睛仍然没有睁开，婕爸马上说："婕婕，不怕！爸爸妈妈都在这儿！""婕婕放松，别紧张。"我也赶快安慰她，尽管我自己焦急得很，华婕打开了一下眼睛，马上又往后倒去，"妈妈，按我的人中！"这一下提醒了我们，婕爸反应快，立即用他的大拇指摁住了华婕的人中穴位，"说话，婕婕！"我好怕她再晕厥过去，那一刻让我感到华婕一下离我们很远很远，心里真是害怕极了，紧紧抱着她的头不敢放下。

慢慢地华婕将眼睛睁开了："妈妈，我很难受！"婕爸见她稍微稳定一点，放下她立即去拿血压计，血压是128/93，我们担心是AD反应，尽管离上次排尿时间不到3小时，还是晚上，但我还是为她排尿，果然排出很多尿液，而且华婕的脸色已经明显好转。

可是到这时我才感到自己的心跳剧烈，不能自已，真是心有余悸啊！半个小时后躺在床上，可头脑里还老是浮现出华婕失去知觉时的模样，不断地敲打着我的心, 久久不能入眠。我可怜的女儿, 请不要这样吓爸妈了! 我不想再有如此心痛的感觉了!

评论

　　Muz　看了这个之后才觉得Sunnie的每天还是平静中暗藏危机, 不可以掉以轻心。看来排泄对Sunnie是个大问题, 不注意很容易引起血压突变。希望一切平平安安, 直到Sunnie的身体对血压的控制越来越好。

　　小chi　这个也太恐怖了! 辛亏叔叔阿姨反应比较快, 然后这方面的知识面也很广。很多针对常人的惯例到Sunnie身上可能就要需要一些更改。叔叔阿姨又要扩展知识库了。呵呵。

　　Erica　看得心惊胆战, 很担心。生活中本来最平常的事情, 也成为了Sunnie面对的困难, 想着也很心痛。我会一直帮你祈祷的!

朋友们带给Sunnie快乐 / 7月19日

　　华婕上星期感冒及并发症让大家为她担心不少, 多谢大家的关心了。华婕这两天已经逐渐好转, 虽然早晨起来还会有点低烧, 但是精神却好起来, 昨天下午在家里还主动要求婕爸在床上帮她做垫上训练。

　　今天上午华婕的MBA同学Qiqi与先生一起来看华婕, 本来她是邀请华婕去参加她家今天下午的Party, 但是华婕这一个星期身体状况都不好, 肠胃也有问题, 我们担心她太累了, 所以只好谢绝他们的好意。尽管我们知道华婕应该多参加这样的社交活动, 只是心有余而力不足, 希望下次还会有机会。

　　下午与华婕常常聚会的朋友们在Elisa的带领下, 也从旧金山市过来看华婕。Elisa是华婕很喜欢的一位优秀的姐姐, 来自香港, 大概因为华婕的粤语还好, 又喜欢说吧, 曾经被Elisa邀请到她家里与她的父母聊天、吃饭。这些都是华婕以前在电话里告诉我的, 说认识了一个很厉害的姐姐, 懂几国语言, 到过很多国家。出事以后, 当我们还在凤凰城时, Elisa刚从埃及考古回到旧金山市, 就与洪姨一起赶到凤凰城代表朋友们看望华婕, 并将拍摄的录像编辑成小片放到网上，让华婕的朋友们看。Elisa平时非常忙，因为她担任几份工作，平时是在旧金山市一家大建筑公司上班，但同时又是耶鲁大学考古研究所的兼职人员，因为研究所需要一名学建筑的人参与，当时正在耶鲁攻读硕士的Elisa被研究所看中，于是她开始了这一项既艰苦又很有意义的工作。每年她都要去几次埃及参加考古工作。6月中旬，Elisa又去了埃及考古，今天当我们问及她的考古工作时，她还将她电脑中考古的工作照片放给我们看，让我们大开了眼界。看到她在气温高达50℃的沙漠中工作时的情景，不禁对这位耶鲁大学的才女倍生敬佩，也为华婕有这样的优秀姐姐感到高兴。

谢谢Qiqi夫妇，谢谢朋友们，谢谢Elisa! 让Sunnie有一个愉快的周末。

在不愉快中慢慢成熟 / 7月21日

前一段时间记载过华婕与朱医生发生过一次误解的事情，昨天几乎又在诊所重演了一次不愉快。

昨天上午因婕爸在等房东办事，所以我陪着华婕去诊所训练。小王没有来，朱医生很忙，我就在旁边当助手，练了几个内容后，大概看到华婕练站很不错，朱医生从墙上取下一个辅助行走器想让华婕试着站起来，华婕这时可能有点累，显得没有平时那么兴奋，因为是新试的工具，我心里也没有底，华婕能行吗? 但我相信朱医生会把握分寸的，正好华婕的同学Qiqi也来看她，可以在旁边助一把力，第一次尝试发现撑手的位置太高，于是将华婕放了下来，看到华婕并不是很高兴的模样，我还在猜想，可能是因为婕爸不在，她没有足够的安全感吧。正在这时，婕爸提着饭盒进来了，看到我们还在训练，说了一句:"12点多钟了，还要做啊?"华婕也点点头，朱医生正在劲头上，说:"还早，她不是10点多钟才来吗?"我也说:"再试一次吧。"再看看华婕，脸上没有一点笑容了。当时也没有顾及她，就忙着调试高矮去了。等到华婕在大家的帮助下从辅助器上站起来后，我们旁边五个人都很高兴，可是我从相机录像中发现，只有华婕一人仍然没有笑容，我感到有问题:"怎么回事?"但是在这样的场合下是不能说她的，于是我照常说着话，做着事。

等到收拾完我们下去吃饭，婕爸很热情地在介绍他做的午餐，华婕还是那样无精打采的模样,于是婕爸问她:"是不是有什么事情,怎么显得不高兴呀?""我觉得很累!"我也趁机问她:"是呀,今天试那个辅助器时,你好像不愿意?"华婕一下提高了声音说:"我说了我不想试,你们都不听我的,一定要我试!"喔!原来是这样,认为没有按照她的意思办,就耍脾气!我想是要提醒她了,于是我给她讲到我自己的感受:当别人都在为你努力、高兴时,而你作为当事人却在生气,还在为没有听你的而耍小孩子脾气,你应该吗?你理应感谢别人才是,我都为你害羞!虽然你是有些累,但是心理上的作用可能更大一些,如果你激起自己的潜力,完全可以做得更好,你现在的干劲远不如在凤凰城医院时的大,你现在是要与时间赛跑,像这样拖拖拉拉,最后受损失的还是你自己!我虽然讲得比较平静,但是语气却是不轻的,婕爸也在旁边支持我的讲话。华婕开始还有点不服气,可听着听着就点起头来,并用她那双清澈的眼睛看着我,很诚恳地表态:妈妈我知道了,我是不应该那样,以后我会注意的。

果然,昨天下午婕爸说华婕练得很主动,做垫上撑训练做了60个,是最多的一次,而今天一天也练得不错,还有一些小进步,垫上撑更是做了120个!把小王都累得直叫腰痛(因为要他一直提拉着华婕才能做)。看来做引导还是要在合适的时间,做到点子上才会有效果的。不过不知道华婕能坚持多久,有反复也是正常的。让华婕在反复中成熟起来。

评论

杨汀　面对妈妈的批评能坦然承认接受,我看得好感动,我就做不到。

鱼　嘿嘿,有个心理学专业的妈妈就是不一样,太厉害了。一下子就看出我们耍小孩子脾气的那点小伎俩,我有时候也会这样耍小孩子脾气,我自己都不知道呢。呵呵。

彧呈　婕婕的独立性从小就很强,突然间要毫无隐私地依赖父母和医生,这样的变化是任何人都很难适应的,也许这两次不愉快只是很长的这一段时间负面情绪沉积的显露。凡事多征求婕婕的意见,我想这样也许她的情绪会慢慢稳定下来。

Sunny阿姨之一　多好的一家人啊!善良、理性和睿智。婕婕是不是因为长时间进行枯燥、艰苦的训练,不仅身体高度疲惫,心灵也有些懒散了?出现一些情绪波动在所难免,这不是谁的错。

张尧　一直都很惦记着你的。那天我做梦,梦到你忽然在我家楼下,就像小时候那样，头发剪得很短，叫我去上学，然后我就看到你能走路，但是就是有个拐棍，你还说你看你们都这么担心我，我恢复得很好。……呵呵，好兆头好兆头。我去日本的时候参观了TOYOTA的汽车展览，那里有一种专门为残疾人设计的车，非常人性化！这种车座位可以90°转出来，婕就能直接上车了。加油！想你！

一次以退为进的尝试 / 7月25日

很多朋友都在问，华婕好不容易申请到的医疗基金能做什么。美国的医疗制度很复杂，没有经历过的人还真不清楚，就是医疗基金也分成不同种类的。华婕申请到的基金叫Mdi-CAL，是专门给没有正式身份的人用的，又叫"白卡"。推而可知，这样的基金就是只给你一个最基本的医疗保障，落实到华婕身上就是：她去医院看病是免费的，但要至少提前一个月约好医生，急诊除外；还有就是每周一次的见OT、PT训练师；吃药、检查是免费的，但都必须是医生认为需要的；日常体现的就是能够免费用上一些医疗用品，如排尿管（但棉签、碘伏、手套等要自买）、尿不湿等常用品；但就是这些也给我们解决了一些实际的问题，因为就是这些常用品每个月如果自费的话也要三四百美元！是一大笔开销。所以华婕第一次见到医生后，医生就开了三个月的药和常用品，但必须分三次要，每个月要一次，每一次要之前又必须通过药房和下面的护士去办理，没有想到，这个环节还真是令人头痛！

华婕那天在训练空隙中打电话给护士，可打了三次电话过去都没有人接听，每次她都留言，没有回音。第二天再打，第四次打过去一个护士接了，一听是华婕，就开始抱怨说她打电话太多，如果每个病人都像她这样来电话，她们怎么受得了？华婕也火了，说我的东西马上要用完了，你们又不回音，我不打电话怎么办？对方当时态度还软下来，说：你可以传真嘛！还告诉华婕一个传真号码（后来才知道这个号码是没有人用的）。可是又过去几天还是没有消息，华婕与代理商联系，对方说也没有收到医院的单子。真是急人！好心的Naili看到华婕在训练时还要老是被这些事情烦扰，就主动请缨，提出她帮华婕去与医院联系，好不容易有人接电话了，对方一问不是华婕本人，就更加不理睬了。就这样半个月过去了，我们自己买来的常用品又快用完了，周三那天华婕要去医院见OT，我们决定先去找护士问问，到底是怎么回事。

　　来到医院就诊室，先跟前台的接待人员讲，我们想要见某某护士，她进去看了出来，说让我们等等，这个等的习惯我们都已经被训练出来了，就耐心等吧。看到旁边有一对中国老头老太太也在等，只听见老太太在念老头：怎么要这么久？你再去问问，过一会儿看到有人拿着一叠东西过来递给老头，原来是老头将自己的病历忘了拿，回头再拿居然等了半个小时才拿到！我们大约等了15分钟，也去催了一次，见到那位护士出来了，与以前笑盈盈的她完全不同，简直判若两人，一脸的冰霜，口气僵硬，一口气说完，不容人分说，转身就走！虽然我听不懂，但从她的身体语言就知道，她很生气。问华婕怎么回事，华婕也很郁闷，只说她抱怨我们不该让别人来骚扰她们。这样也太不讲道理了吧，如果你们早给我们办理，谁还愿意打这个烦人的电话呀！但是当时我们为了不影响华婕的情绪，婕爸用他简明快捷的办事方式说："不用理她，再等一等，实在不行，我们再给她发个传真，解释一下；再不行，就去投诉她！"我想在这样的情绪下也想不出什么好办法，先"冷冻"一下再说，正好见OT时间快到，所以我们三人都不再提这件事情了。

　　可是逃避虽然可以避免一时的不愉快，但不能解决根本的问题，只有直面问题才能真正解决问题。这是我以前在讲课时也经常讲到的一个平衡心理的原则。第二天当我面对尿裤马上又要告罄的情况时，我提出了这个大家都避开的问题，虽然婕爸不愿意讲，但是华婕和我都坚持应该马上写一份道歉信传真给那位护士，这样才能给自己打开一条活路，我们作为弱者是没有资本与对方玩的，否则吃亏的还是自己。我们经过一番激烈的争执，还是让华婕花费了约一个小时写完了一封短的道歉信，带到诊所传真过去。这样我们才放心，我们该做的都做到了，对方还要坚持无理，我们就只有投诉了！

　　到下午5点钟，接到代理商的电话，医院已经将发货手续办理好了，明天就可以发货过来！看来有时候以退为进还真是个办法！总之，医疗基金用起来还真不容易呀！

　　新浪网友　*真是上了一课！受益不浅。心理学知识运用到生活中还真有实效呢。*

　　鱼　*我怎么想都是这个护士的态度有问题嘛。但你们居然想了道歉这一招。太绝了。*

呵呵，估计是这个护士自己也不好意思，赶紧把该做的事情做了。看了博客，又对美国的医疗系统有了些了解。这些看似琐碎的事情，做起来还真花时间和精力啊！估计你们一家都是整天忙碌着。

东阳 跟华婕也算是老同学了，呵呵，虽然只是幼儿园。一直不知道该说什么，一直也不敢说什么，有的只是微笑和一颗真诚的心。自己没经历过的事情永远体会不到其中的感受。我相信，您的坚强，不仅仅是因为您是学心理学的。华婕、爸爸，甚至身边的朋友和远在中国却心系着你们一家的朋友，都是您能够坚强的原因，我也愿意成为其中的一个。

学会一样一样地解决问题 / 7月27日

Elisa今天下午又从旧金山市赶过来（开车约需要40分钟），特地帮我们书写申请签证延期的报告，以及处理保险公司的账单和一些问题。她做事高效，一进来就说，我大概需要40分钟处理这些问题。果然，从她打电话让我们去门口接她到她离去，就一个小时，除了中间有一些间隙聊几句外，她一直很专注地做事，做完就走，留她吃饭也不肯，真的好实在。让我感到才女就是不一样。要不她怎么可以身兼几职，还可以做这么多的慈善事情！听华婕说，她在朋友聚会里也是很活跃的人物喔！

到美国已经快半年了，当初签证以为是三个月，后来才知道是半年的期限，而转眼到八月份就是半年了，又得重新申请签证延期，不知道能否顺利得到延期签证，反正该准备的都准备齐全，谋事在人，成事在天了。自从华婕出事以来，不断地遇到大大小小的一系列问题，不断地磨练我们，目前除了签证外，还有包括保险公司追账、房契也快到期限，等等，都是我们面临着要解决的问题，我们也学会耐心地一样一样地去想办法解决，一道道地过关。也只能用这种态度去对待问题，才不会烦自己，也不会去烦到别人了。

我家的敬语 / 7月29日

"怎么样？这样舒服了吗？""好了！谢谢妈妈！"凌晨两三点钟，当我给华婕翻身盖好被子后，常常会听到的一句话。本来睡得有点迷迷糊糊的我，每每听到华婕的这句话，心里就觉得很值得，女儿还知道我的辛苦！

我们家人本来相互就比较尊重，记得大约十几年前一位同学来深圳在我们家小住几天，就发现说，你们家人之间都很客气。有些朋友第一次看到我们那么客气，都没有想到我们是一家子，可我们自己并没有觉得，大概都已经习惯了吧，尤其是婕爸，有时候在家里无意碰到哪里了，或忘记什么事情了，他都会马上道歉："喔，对不起！"立马让你没有了脾气。

我们也注意从小培养华婕养成讲礼貌的习惯，记忆中用得最早、最多的几句话当然就是进门叫"爸爸、妈妈"，出门告别"我走了，Bye bye！"印象最深的则是"Good night！"这句话。那是在她大约三岁开始一个人睡觉时开始的，说了这句话，意味着睡觉开始了，我们就离开她的房间，留下她慢慢进入梦乡。虽然华婕逐渐长大，可这句话一直成为一种睡觉前的形式，只要她说"妈妈，Good night！"（晚安）我们就会认为她睡觉了，不会再进入她的房间，尽管后来知道很多时候她还在看碟、看书或做其他事情。华婕后来到英国、美国读书，有时一年才回家一次，她回家也一直保留着这个习惯，而且每次道晚安后，一定要我们也回应了她"Good night！"她才睡觉，否则还会说一次的。我想，这样是否她睡得更加安心？

还有就是教华婕学会说"谢谢"。如我们在华婕上六年级时规定她每天晚饭后要洗碗，因为这时候她的时间空闲一点，但是有时候她的作业很多，或者有其他的事情，她会请求："妈妈，能不能帮我洗碗？"我和婕爸了解到她的原因，会适当地替代她的活，但是她必须要向洗碗者道谢："谢谢爸爸（妈妈）！"记得每当她说了这句话时，都是很开心的，因为她觉得自己的事情有人替她做了，当然也让我们心理上得到满足，女儿知道感谢就好。所以有时候只要我告诉华婕，"婕婕，妈妈给你买（做）……了"，她不管喜欢还是不喜欢，都会说"谢谢妈妈"，似乎形成了条件反射，或者是内化成为一种行为。我们不仅是嘴上说，言传身教一并用上也是更加有用的，在家里婕爸说"谢谢"的频率是最高的，给他端了一杯茶、买了他喜欢的食品等，他都会及时说上"谢谢"，而且说得很自然而顺口。这对华婕应该是一种无形的示范。

其实在家里只有我自己的嘴是最拙的，敬语说得最少的就是我自己，尽管有时候对家人的某些事情心里觉得对不起，或者很感谢，但常常只是点点头，笑一笑就过去了，总认为家里人不必那么礼貌，随便一点好了，否则就不像一家人了。但是自从华婕出事后，一家人在一起的时间大大增加，免不了会有些相互摩擦的事情，特别是在为华婕护理的时候，会有些不周到的地方，如在给华婕翻身时不小心碰到了她的疼痛点，或动作快了让她出现抽搐，又或忘记了某件事情，等等，在这样的时候我发现自己也常常将"对不起！"挂在嘴上了，好像只有这样才会减少一点自己的过错，或者是减轻一点华婕的痛苦。的确也是这样，每当我"对不起！"脱口而出后，华婕脸上的痛苦似乎就会消失得快一些，让我感到敬语的作用。

的确，每个人的内心都是希望得到别人的尊重，而敬语就是尊重人的一种直接体现，无论是在外面的社会上，还是在家庭这个社会最小的单位里，都是如此。

评论

Sunny阿姨之一　肖大姐不愧是学心理学的，把家当成学术实验室，并取得了实实在在的成果。正是这些良好的习惯让婕儿赢得了很多人的关心、喜爱和尊敬，当说敬语成为一个人的习惯或本能反应时，也体现一种素养。我还认为，作为家庭的一员，虽然心甘情愿地付出时间、精力，甚至生命，但对方不能认为这是应该的，应给予尊重、感激，往往一声"谢谢"或"辛苦了"，会使我一身疲劳顿时全无。记得曾经有一天早晨打的上班，我一上车先对的哥说："早上好，师傅！麻烦到……"结果我下车时，的哥对我说，他今天一天都会好心情！人与人之间的情绪感染就是这么厉害，家人也一样啊。

彧呈　突然想到，敬语一方面表示了相互的关心，另一方面是不是也更清晰地划分出了彼此的边界？边界清晰了，关系才可以处理得更好更轻松。

小cy噢　有时候打电话过去，婕不在，或者不方便听电话的时候，叔叔总会很抱歉地跟我说明，挂电话的时候还要说"谢谢"……我是一直没想明白，这到底在谢啥呢……原来这就是个习惯……一个让别人舒服的习惯。

我也是个对不太熟悉的朋友，把"谢谢"挂在嘴上的，感谢家里的老革命外公外婆……以前不觉得，上了大学、出了国之后，遇到越来越多的人，才真的感到这是自己跟别人不太一样的地方……时刻知道要说"谢谢"，听的人是会觉得心里很舒服的……哇哈哈，我们都是好孩子……

不过我跟很熟的朋友……好像就没有这个觉悟了……感谢的话都不太挂在嘴上……我也总跟婕说，别老感谢我……不爱听……觉得特疏远……嘿嘿……习惯问题。

拉拉爸　肖老师真是优雅的女人。把女儿教育得这么好，也把先生变得如此绅士。相形之下，我们都见绌了。我一直觉得，孩子是父母惯出来的；同样，妻子或丈夫也是你自己"惯"出来的。好女人才能"惯"出好丈夫、好孩子。好男人才能"惯"出好妻子、好女儿。真要向肖老师学习。

三土　Sunnie在英国也一直都是这样的有礼貌，是你们教女的成果，是你们的骄傲！！

新浪网友　中国不少家庭自认为是一家子，关起门来说话就容易很随便，甚至轻易说出伤害亲人的话，认为只对外人用敬语其实是很狭隘的。

妮子　每来一次这里，我就落一次泪，同是妈妈，太知道孩子在妈妈心上的感觉……

见医生如见高官 / 8月4日

昨天是华婕第二次约见医生的日子，虽然没有像第一次那样焦急，但中间隔了两个月，又遇到一些新的问题，都积累在一起等待着医生解决。医生的权力太大了，华婕医疗基金的使用权都在他的手上，所以，华婕早早就想好了十几个问题要请教医生。

约见的时间是9点45分，按照这个时间往前推，华婕事先定好的Outreach车是在8：45—9：15这半个小时之间到，按照这么多次的等车经验，一般车子都是在后15分钟才会到的，加上要起得早，眼看已经是8点40了，华婕还没有吃完饭，还要洗漱等，只好让婕爸先到小区门口等，等我帮华婕搞掂后准备出门时就听见门铃响，以为是婕爸来叫我们了，赶紧应声开门，打开门一看，一个美国人手里拿着一张单子，见我就说："Outreach, is Hua Jieyu？"我没有听明白，可华婕在里面马上回应了，原来是Outreach的司机！他在小区的另一个小门准时等待，不见我们，就直接找上门来了，还真是一个好人。这样华婕与婕爸就很顺利地到达医院。

到达医院后首先是到前台报到，在外面等了大约半个小时，才进到里面一间房里，（每个病人一间，不会干扰，也保持隐私），又大约等了半个多小时，先是由护士来做一般的询问、登记，就是上次那个冷若冰霜的护士，这次华婕主动与她打招呼，她倒也随和了不少，还算是有职业道德吧。然后走进来一个实习医生，一看就是亚裔人，也是博士，华婕的问题都先向他提出，有的问题他可以解决的就马上解决，其他的问题由他向医生反映，这大约花去一个小时的时间。最后医生终于出场了，坐下后就针对华婕的问题一一回答，而且，他一边讲，实习医生就在旁边一边记录医生答应的事：检查、出证明、开药等（实习医生也是医院的工作人员，不是学生，是有处方权的）。讲完后医生马上去见下一个病人，剩下的事情就由实习医生交给护士去办，只见护士将实习医生的记录一一输入电脑，然后将药方及一些资料交还给婕爸，这才算完事了。时间已是12点半了，前后约花去三个小时，而真正见医生的时间大约十多分钟！下一次见医生的时间却是在三个月以后了。

怪不得说在这里要去看私人医生的话，一个小时要几百美元，像我们这样享受医疗基金的人能免费见医生应该是很幸运的了。华婕回想起在凤凰城住院时，还常常与Dr.Barnes、Dr.Evans聊天，有时一聊就是半个小时呢，现在才知道那可是在花美元呢，好在是保险金在挡着，不过与这两位医生的交往也让华婕增长不少医疗知识，现在回想起来还是一种精神享受。

评论

66妈　昨晚梦见我在四海公园碰到了六六（小六子），它跟我的一个很久以前的熟人在一起散步。突然看见它我非常惊喜，急急地把它抱在怀里，嘴里还不住地说，这不是六六吗？这不是六六吗？也不跟熟人打声招呼，抱起六六就往家里走，走着走着不停地跟六六说，家里有3只猫，你不能咬家里的猫知道吗，边走边想着怎样训练六六不咬家里的猫。好像还没走到家，梦就醒了。

自从六六走失，心里一直愧疚，要是六六可以放在我这里就一定不会走丢的，要是没有这些猫，六六是一定会在我这里的，要是没有这些猫，我也可以为肖做一点事情……

你们是我值得骄傲的朋友，我常常为华婕祈祷和祝福。上帝一定会为你们与命运抗争的精神和坚强所感动，一定会为华婕打开希望的大门。

向*Yes，You Can*的译者致谢 / 8月6日

在我们的桌上放着几本书，其中一本就是*Yes，You Can*（《是的，你可以》）的中译本。这本书最早是华婕在凤凰城John C. Lincoln Hospital做手术后住院期间医院给华婕的，当时Muz拿在手上就在一些急需看的章节旁边注下一些简单的中文，等我们赶来时，华婕已被转到Good SAM Rehabilitation Institute，当时我们面对华婕的脊椎损伤是一片茫然，对于这样一种生活完全不能自理的状态，感到自己进入了一个陌生世界，根本不知道如何去应对和护理，虽然来之前，我还在电话里跟华婕说，从现在开始我们一起去学习。但如何学，要学习什么，我们都是非常模糊的。看到Muz交给我的这本书时，虽然英文我看不懂，但Muz将目录念给我听后，好像大脑突然有了一个比较明确的指南了，意识到这本关于脊椎损伤后康复知识的书对我们是一个直接、具体的帮助，我有如获至宝的感觉，但是苦于我不懂英文，我脱口而出地说道："要是能翻译成中文就好了！"Muz是一个很灵活的孩子，马上说，那我去想办法。果然，她在Google Group上一说，很多华婕的同学、朋友立即应声而上，共27章的书很快就被大家自告奋勇地承担了翻译工作，有的朋友不仅自己翻译，还拜托朋友同时翻译了好几章，而且在很短的时间内翻译的章节就通过Muz这位联系人陆续送到我们手上，让我们及时学习到有关脊椎损伤的知识及有关的护理常识。大约在5月份我们离开凤凰城之前，教友Karen（Queenie的妹妹）又花了大量的时间将书中的图示一一插进去，并将一些章节重新进行了编排，最后全部打印出来，装订成为一本漂亮的图文并茂的中文书，送到我们手上，让我们随时方便翻阅。

这本书不仅翻译得很快，而且大部分章节翻译的质量还是不错的，因为是脊椎损伤的内容，所以医学的专业名词很多，与大家所学的专业相差甚远，不难想象给大家的翻译平添了很多的困难，但是从我们看到的资料来说，大部分内容都翻译得很通顺，显示了Sunnie朋友们的文字水平，当我在夸奖翻译得很好时，Sunnie很自豪地说："那当然，你女儿交的朋友还用说吗！"其中特别让我感动的是还有Sunnie在深圳A-Level学校的老师、凤凰城本地的朋友们，都是在自己工作、学习之余挤时间做的，表达出大家对华婕行动上的支持。直到现在我

们时不时还要仔细地阅读它,特别是遇到华婕有一些新的病情时,首先就会想到这本书,虽然在这段时期内,也会积累了一些资料及书籍,但是*Yes, You Can*却不同,它承载着各位朋友对华婕的一片关爱和期望,是大家爱心的付出,所以于情于理都会更加偏爱它一些。

这几天我将书的翻译者整理一下,有如下朋友:(按章节顺序)

Steve Wu、孙欣、Erica、谢予、孙欣的表姐、Joey、Ruby、张怡、邓铭涛、CY、Hale、Young、李萱、Karen Fong。还有些朋友没有留下大名,在此一并特表我们的感谢之意。

评 论

新浪网友 向翻译此书的"小海龟"致敬!将来如能在国内出版,也是广大脊髓损伤病人的福音呢。

锡弧氏 中国关于脊髓损伤治疗康复的书不多,这本书要是能在国内上市就好了!

写在事件发生半年之际 / 8月21日

一直在想着这个日子该写点什么,半年前发生的事情到如今有了哪些转变? 华婕的康复之路走得这么艰难,换来的收获有几多? 也该我们反思了。

这半年是我一生中印象最深刻的一段时期,当然小时候在"文革"中,家里遭到红卫兵的抄家、侮辱的情形也会令人难忘,但在当时那种愚昧的大环境下,感到自己与众不同,是"黑五类"子弟,虽是恐惧、害怕,也只能逆来顺受了,反而没有觉得那么难受。而这次的事件发生在一切都那么顺利、那么充满希望的时候,女儿从一个充满青春活力的健康女孩,顿时成为一切都要依赖他人的重度残疾人! 20多年的期盼,眼看就要实现,突然间遭如此的打击,今后女儿的道路如何走? 尽管我们一直没有想要在女儿那里得到什么,却也未曾想到自己就是女儿的终身依靠了! 让我们做父母的怎么想? 无尽的焦虑、痛苦,夹杂着些许的抱怨,充满了整个身心,不知所措!

不幸中的万幸是女儿心态没有垮掉。躺在病床上的华婕,虽然几乎是面貌

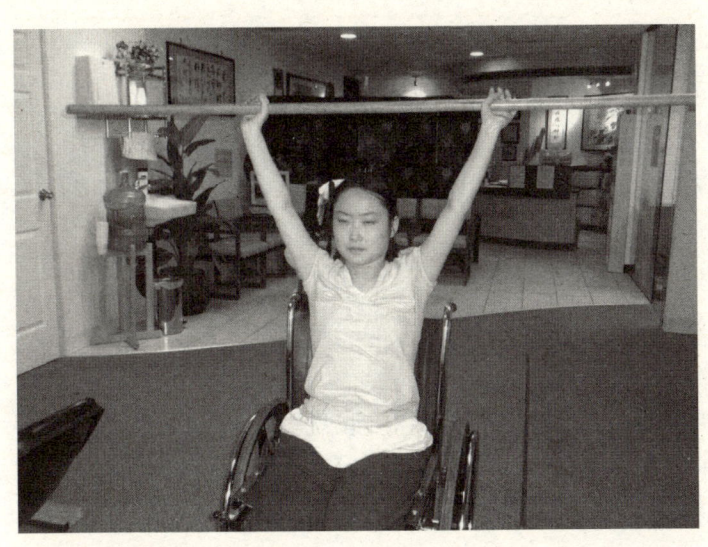

⊙ 双手可以举着几磅重的
木棍过头顶，并且举得
直直的！

全非，除了头以外全身都不能动弹、没有感觉，但是她仍然能够平静地面对这一切，在《圣经》诗歌中寻找内心的安宁，祷告上天让自己能挺过这个难关。当然众多的兄弟姐妹们也的确为华婕带来数不尽的关怀和慈爱，还有许多的朋友们帮助我们一家度过这段最艰难的日子，使我们一家克服了保险金不足、医疗基金的使用、寻找租房、联系医院等一个又一个的困难，坚持到如今华婕的康复渐渐地出现一些好转。这也是我要向各位关心华婕的朋友们汇报的内容。

在凤凰城两个医院华婕主要训练腰部、肩部及手臂的力量，最可贵的是，他们用乐观和幽默给了华婕心理康复的环境，让她渡过那种因失去对身体的支配能力而产生巨大失落感这道心理难关。我很庆幸华婕遇到了他们，他们真是华婕的天使。

华婕回加州后在圣荷西中医诊所坚持每天5~6个小时的治疗和训练，按照当初医生为她制定的治疗目标努力，虽然很累，但她仍然充满信心。西医认为不可能的一些情形，在她身上慢慢地出现：原来西医认为她的三头肌没有了，手臂是不可能举高过头了，可她现在双手可以举着几磅重的木棍过头顶，并且举得直直的！

经过三个月的训练，腰部的力量得到明显的改善，婕儿可以自己坐稳在靠椅上一段时间，这是以前不敢想象的；在其他人的辅助下站立的情况也比医生预料的要好；特别是她的双脚开始能够自己有意识地动起来，虽然只是一点点，但却给华婕和我们极大的信心，让我们看到华婕及全家人的努力有了成功的希望。

华婕现在不仅每天有大量的训练,在训练之余和回家后还要处理一些事情,上网寻找资料、查看有关信息、打电话联系等也都要自己进行。她开始与社会接轨,可以说这都是康复的结果。

半年来我们的感受良多:社会上的好人很多,没有这么多朋友的支持和帮助,华婕不会得到这么好的医疗康复条件!如果没有博客上这么多的朋友们在支持着我们,精神上也许早就垮掉了!

在突发事件面前,心理的素质实在是太重要了。可以说,心健才可能身健,心垮身体会加速度溃败!我们华婕做得很好!

在遇到各种困难和问题时,家人的相互支持和理解是不可缺少的精神支柱。而每一个家庭成员不仅是被支持者,而且都要成为支持者,才能让家庭成为不仅是让人修身养息、放松身心的温暖之巢,更是一个集家人智慧应对困难的团体!

六个月后的今天回顾所发生的一切,我不仅为华婕的康复进步高兴,也为我们一家进入到一个比较平静的时期而满意,尤其是我们心理上的重新调整,"隔离法"真正起到作用。过去的已经成为我们的一段历史,尽量不再与自己的过去相比,现在我们一切都学习从头开始,在这样的现实中如何活得更好一些,这才是我们的生活目标。

既然命运让我们进入了一个黑洞,那就让我们的眼睛在这样的黑洞里重新适应,减低我们对黑暗的阈值,大大提高对光明的敏感度。我们在用自己的行为来证实"适者生存"这一看似简单却具有挑战性的道理。

⊙ 双手的抓握能力虽然还没有,但是可以利用大拇指与手掌来操纵勺子自己吃饭

评 论

小cy噢　这半年对于我们很多人都是印象深刻的，我永远不会忘记刚刚接到电话的崩溃，不会忘记自己如何从无法接受，到变得坚强，不仅仅是在Sunnie的事情上变得坚强，在很多自己身边的事情上，都变得豁达了。

Wangyuanyin　看完了这篇博客直想流眼泪。不是因为文章写得好，而是它散发着生命的馨香。一个遭遇了灭顶灾难的家庭，凭着他们的爱心和信仰，手挽手走出人生低谷。灾难使他们成为华婕的"再生父母"，把一个生命几乎归零的小生命，重新抚养教育成健康的人——不仅能够部分做到生活自理，而且从内心深处充满快乐和阳光。

这是一份了不起的成绩单。读完这份成绩单，仿佛觉得他们一家人穿越了黑暗的地狱，突然间重新出现在我们面前。没有沮丧，没有怨恨，脸上挂着爱意和笑容。肖老师提到了"文化大革命"。我们都是从"文革"地狱中走出来的人，当年我们在父母的搀扶下走出地狱的时候，有过这样的表情吗？没有。我们充满了怨恨、沮丧、悲凉、失望，没有圣洁的爱召唤我们。

肖老师一家经历了这场生死考验，母女、父女、夫妻之间的感情，将是他们今生最珍贵的财富。作为旁观者和朋友，我们都见证了这一切。我们希望分享他们的经历，分享他们的痛苦和快乐。希望有一天能够读到描写他们经历的出版物。

Sunny阿姨之一　这的确是让人痛心、揪心的半年，我们也感到沉重了许多。这周日晚上大家又聚在一起了，虽然像过年，但始终摆脱不了没有你们一家参与的缺憾，尤其是太太们，每当谈到婕婕，就情不自禁地眼圈发红、鼻子发酸。当云妈对云儿说，以后等我们都老了，就该由你们轮流照顾婕婕姐姐了，我看到一向万事无所谓的云儿一脸严肃与郑重地"鸡啄米"般点头。

Yuyuhappylucy　婕婕没有跟我们分道扬镳，我相信她有一天能成为真正的白领（如果这是她想要的），而不仅仅您说的像个白领的样子。我们会一直并肩作战的，她的坚强和阳光在不停地鼓励周围关心她的人，这不也是一种了不起的成就嘛！

Liu　这半年你们有多难，也许我们知道的只是一点点；这半年你们有多伟大，我们却知道得很多很多，敬佩！

淡泊　今天上二中的网站无意中看到了您的博客，很感动。其实在半年前就听孩子回来说起过您女儿发生的事情，半年的时间对于我们可能是一晃就过了，但对于你们全家却是点点滴滴的记录，是坚强和乐观的体现。祝福您的女儿早日康复！

我孩子是您的学生，现在还在育才高三，我会把您的博客推荐给他看的，因为我相信您女儿的坚强对他也会是一种激励！

新浪网友 你的博客深深地吸引了我，半年来与我的思绪感触相融，我从中体味了太多太多。除了你是我身边熟悉的人发生的不幸，深深地攫住了我的心，觉得生活太残酷，根本就是无法分担的事实，那份无奈无助外，还有就是对你的认识：你才是心态最好的人，在渡大家去彼岸。通常人的劣习你都没有，比如：脆弱、无力、逃避、痴妄、怠惰、放弃，什么也不会想了也不会做了，从众，只是表面挣扎挣扎，怨天尤人。没有，都没有。你的博客说的都是大实话，让我们明明白白；但每次总有一些话触动我的心，让我内心涌动不已，事后又变成一股力量和感动，随着你连绵的思绪，没有停歇。就好比生活像河不停流着，丰沛而充盈。我感觉到了你的不凡！二十年居于蛇口的光阴有了实证，你赢得了时间。你女儿一定会更好起来，你们家一定会幸福快乐起来！

遇到一个刁蛮的房东 / 9月1日

小区内有一套一房一厅的房子出租，要比现在的租房便宜几百元。可是我们与房东联系后，这位菲律宾移民却三次随意更改时间，知道华婕情况后又是要求看社会工卡，又是要求交两个月的房租和保证金，在婕爸的力争下我们只交了300元定金，并且讲好9月1日一手交一个月租金的现金，一手拿钥匙。我就一直在做搬家的准备，期待着等到9月1日早上拿到钥匙，趁着Muz在这里，就搬过去，没有想到到头一天事情急转直下。

8月30日晚上，朋友听说房东要求全部的房租和保证金等必须给现金后，马上提醒我们，一定要验看对方的房产证明，确认其房东身份。于是婕爸当晚发了一个邮件提出要求要房产证的复印件，并提出按原来的约定在9月1日7点半一手交现金，一手交钥匙。

第二天周一中午，接到这个房东的回复，气势汹汹地提出两个新要求：第一，如果要租房子，除交第一个月的房租外，无理地将保证金改为两个月租（签约上是一个月的，这是常规）；第二，9月1日她不能按约定的7点半过来！改为10点半（没有任何商量的余地），而且还提到还有人想租她的房子。

我看不懂英语邮件，Muz后来看了也说，这封信的口气非常无礼，意味着一种威胁，给人感觉非常不好。当时婕爸接到这封邮件后告诉华婕，华婕知道我是很想搬过去的，可是突然遇到这样的麻烦，又想到为这次重新租房先后找了三个房东，还要跟现在的房东周旋，常常要在训练中接听电话，联系事务，心情也受影响，感叹：租个房子怎么这么难啊！加上她认为对方不想租给我们与她是残疾有关，更加难过，趴在训练床上痛哭起来，将诊所的人都惊动了，以为是训练出了什么事情，婕爸在旁边看着是又心痛，又气恼。

下午父女俩回家我就发现他们的情绪不好，以为是累了的缘故，听到华婕说完情况后，联想到这个菲律宾房东之前三次与我们约定，三次擅自改时间、还要迟到半个多小时的行为，是一个很不尊重人的房东。倘若住进去以后麻烦可能还会不断，更重要的是会常常影响到家人的心情，就算是便宜了几百元也不值得！所以我们立即决定，我们不能与这样的房东合作。

婕爸开始着手写邮件回复对方，正在写时，对方来电话，我们没有接，听留言，口气还是那样没有礼貌地要求我们明天见面。婕爸在邮件里就声明，第一，凭什么违约将保证金提高？第二，你不按约定时间，凭什么不作任何商量，要求我们按你的时间表做事？第三，我们已签合同，并交了保证金，你说有人要租你的房，是什么意思？另外，明天10点半我没有时间见面。

婕爸睡觉前接到女房东回复的邮件，这次更是连称呼都没有了，开头就说，你是第一个要看我房产证明的人，对婕爸提出的三个问题都避而不答，又强调明天10点半钟见面再说。婕爸回复道：你是第一个提出房租要现金的人，而且是一个大数目（2900元，在美国拿现金是可以逃税的），这正是我要看房产证的原因。婕爸强调，你必须正面回答我提出的三个问题后，我们才有可能谈下去。

一晚上华婕都睡不安，我们起来了4次。早晨8点多时电话响起来，我一看是女房东的，婕爸大手一摆：不接！与这种言而无信的人没什么可谈的，一切都邮件往来，以文字为准。等一会儿听见有留言，打开一听，对方的口气软了下来，还是想今天见面再谈。

我们因为事先准备搬家，电话、网络都停止了。婕爸到诊所后发现对方又发来邮件，这次一开始就道歉，说不想我们认为她是很粗鲁的人，自己当时头脑发热所致，还是提出要今天解决问题。给人的感觉就是她很想拿到钱。婕爸告诉对方，你打乱了我们所有的计划，我今天一天都没有时间。而且我提出的三点你都没有给我答复。婕爸一边回复，一边念叨说，太欺负人了，你想跟我玩把戏，找错人了，这些简单的商业谈判你还不是我的对手！婕爸在公司比较擅长于商务文件的处理，曾经也是通过与一家美国公司交锋，据理力争，斗智斗勇，让那家公司第一次给客户赔了款。没有想到这种工作上的能力今天在生活中也运用起来了。

　　Muz今早返回密歇根，这次她过来五天真是帮我们很多，不仅带我们购物、游玩，还给我们做了几顿可口的饭菜，没有想到她还有几手厨艺呀！虽然这次没有搬成家，但给华婕也带来很多的快乐。谢谢你，Muz！

评论

　　新浪网友　赞同阿姨暂时不搬家，稳妥为主！在美国租房子搬家对谁来说都是有风险不太平的一件事，还是谨慎为好。另外，我怀疑这个房东是不是二房东，因为在美国转租很多见。

　　卉子　我希望婕婕能明白，对于一些心灵有缺陷的人来说，在将来，无论婕婕是不是现在这样行动不便，他们如果有心去伤害她，都能找到理由。有可能欺负她年龄小，有可能欺负她是女孩子，甚至有可能欺负她是华人，那些伤害她的人，他们心灵上的残疾却是永远无法治愈的。而康复是很漫长艰辛的过程，能承受这个过程的，是百分之一百、高人一等的强者。所以婕婕呀，别因为他人灵魂上的残缺，忘记了自己的强者身份。用一句北京土话说，咱不跟孙子一般见识。

　　拉拉爸　看肖老师的博客，总是联想到过去玩的电子游戏《小玛丽》，一关又一关地跳跃过去，然后吃到苹果，得到奖励，获得积分，慢慢强大，再跳跃更难的高度和关口。最后闯关胜利。

Sunnie出游到更远的红杉森林了 / 9月8日

　　因为周一是美国的劳工日，是全国休假日，华婕也不用去诊所训练。所以她有两天半的时间休息，大概是上次去斯坦福大学出游尝到了甜头，华婕又想出去走走，于是我们请小王开车带我们一起去最近的一个红杉森林公园。小王很爽快地答应了，头天华婕在网上查到这个公园开车大约30分钟，还有一个大一些的BIG BASIN红杉州立公园，但是需要开车约50分钟，我们决定还是谨慎一点，就去近一点的公园看看好了。

周日上午10点多钟我们出发了。可是路上遇到修路，导航仪也开始出错，正在山中转悠时，突然发现我们已经驶上了那个大的红杉植物园的路上，那就将错就错吧，直奔那里了。虽然心中有些担心华婕会受不了，但是看看她好像兴致还挺高的，也就放心地欣赏外面的风景去了。在弯曲的山路上突然看见一个酒庄的招牌，原来就听说加州葡萄酒是有名的，婕爸立即说："走，我们进去看看！"小王将方向盘一转，车子驶进了一条小路，眼前立即晃现出一片绿色的山坡，都是葡萄林，一行行整齐地种植在山坡上，而且一股浓厚的酒香味扑鼻而来，再进去就看见一栋漂亮的红色庄园，前面的走廊上有不少人在端着酒杯品酒，怪不得闻到酒香！

等我们从酒庄出来一看表，已经是12点半了，幸亏小王有经验，带了一些食品和饮料，我们在山边的桌子上开始了午餐，吹着清新的山风，让我们想起了以前在深圳开车去三洲田吃的农家饭。

休息了一个多小时，又继续顺着山路行驶，一路上都是又高又直的红杉树林。大约3点钟我们终于到了目的地——BIG BASIN 红杉州立公园。这里就是天然的红杉树森林，我们将华婕搬到轮椅上，慢慢地在森林里漫步，阳光从高高的树叶缝中透射到身上，忽明忽

⊙ 背后是又高又直的红杉树林，我们享受着眼前的风景，忘记了身处的痛苦

幽，脚下踩着枯萎的树叶沙沙作响，眼中满是笔直的红杉树，粗的直径可以有两三米，高的有20多米。

我们发现一个令人注意的现象，在森林中常常可以看到因某些原因倒下的红杉树，就地横倒在那里，并没有被运走，而是让其自然腐朽，化作泥土，回归自然。婕爸感叹：人家就是有远见，要是在中国早就被拉去做各种用途了！

我们在森林中发现了一个木头剧场，里面所有的椅子都是用原木做成的，很有特色，剧场前面的演出舞台也是木头搭成的，还有一个卷起来的银幕。可以想象，夜晚在星空下，森林中，看着《哈利波特》的电影，还是很有感觉的！走着，看着，华婕说累了，一看表我们出来有5个多小时了，她坐在轮椅上也有近两个小时了，于是小王马上回到自己训练师的角色，就地给华婕做起站立训练来。

真是感谢小王，开了一天的车，而且都是山路，让我们欣赏到美国有名的红杉森林的景象，更是给华婕一个出游和检验身体的机会。

评论

新浪网友 Sunnie妈妈的文采太好了，结合图片，读起来很有趣味。这么宝贵的治疗探索过程，希望哪天能够出版，让更多的人分享其中的苦与乐。

晓梅 如果有时间带华婕出去走走，也是一种锻炼啊。秋天到了，美国一定也有很多美丽的风景，如果能够通过你们的眼睛展现给我们，那该多好啊！这篇博文感觉真的不错，欣赏美景的同时，还有对生命的思考。

兄弟，你一定要挺住！ / 9月15日

前几天，婕爸给一位朋友打电话，本来的目的是再次感谢他在华婕出事不久就立马汇给我们一笔慈善款到美国，同时也向他讲讲华婕康复的情况。婕爸的通话刚刚没有讲几句，朋友的声音就不对了，"TT怎么了？""红斑狼疮！"我在旁边一听立即放下手中的书，扭头转向婕爸，忍不住问道："怎么会？确定了吗？"婕爸手一摆，沉着脸认真听电话，华婕正在上网，也立即开始搜索"红斑狼疮"的资料。

朋友的孩子是我们看着出生，看着长大的，现在正是刚进初中的少年，小男孩看上去憨头憨脑，可又极爱思考问题，"奥特曼"是他小时候特喜欢的人物，常常会模仿一下。虽然几年前随着爸妈离开了深圳，可仍然记得他与我们一起旅游时的种种可爱的举动。去年还听他妈妈说，这孩子常常一个人抱着球跑到家附近的大学去找大学生打篮球呢，可突然得了这种病。记得原来也听说有人得过此病，后来都已经稳定，想赶快将这些例子告诉朋友。华婕也在网上查到一些资料，赶紧告诉婕爸现在可以治愈了！只听到婕爸对着电话大声地说："兄弟，你要挺住！yp，你一定要挺住！没有过不了的坎，这是我的经验，我们就是这样走过来的！我们一起走过去！"我在旁边听到婕爸这几句发自肺腑的喊声，心里不禁微微地颤抖起来。婕爸这是在用自己经历痛苦磨练出来的心给朋友鼓劲啊！这就是男子汉之间的鼓励吗？让人感到如此悲壮和震撼！我想对方是情感丰富的朋友，一定会感受到婕爸的真切之声，是的，真希望他们能够渡过难关，我们一起去面对。当时我很想接过电话给朋友说几句，但又怕自己忍不住难过反而引起对方伤感。婕爸放下电话，才知道孩子已经得病三个月，现在基本稳定，但是很容易复发和得并发症。我们都感叹，这些好孩子为什么都会遇到这些不幸呢？

周日有些时间，婕爸中午没有睡觉，说有些事情，等我起来后才看到，他又给朋友写了一封信，还分成两部分，前面是写给朋友夫妇的，后面还专门给孩子写了一段话，很少看到婕爸是如此用心！

在这件事中我也感到，婕爸是真正从自己沮丧的低谷中走了出来，才有了帮助他人的力量。

评论

Sunny阿姨之一　天啊，我一看就知道是哪个孩子了，好难过。也不知是不是因为这几个孩子太优秀了，老天有意要考验他们呢？但愿大家都能挺过去，TT和婕婕也一定会好起来的！

绿叶飞车　我是华婕上半年金融课的同学，我本人并不认识她，因为我跟她们年轻女孩子是不一样的，上课下课都是来去匆匆。直到一天教授说她的车祸，我当时觉得难过得不行。当天托同学捐了款，不过我一直没有看您的博客，我是两个孩子的妈妈，因为孩子幼小，上学比其他的同学要辛苦许多。我也一直不敢来看您的博客，因为作为母亲，我不知道您怎么可以承受这些痛，今天看了您的博客，您可以做得这么好，华婕也很棒。您是我的榜样，为人父母，能做到您这样，我无法用什么言语表达我对您的敬佩。我衷心地希望她能痊愈！

朗朗　Sunnie啊，我是郎朗啊，无脑人啊，哈哈。近来看你不错啊，一直没机会去看你。关键是，怕你还是像原来一样讨厌我啊，哈哈。还记得在深中的时候，晚上大家一起去看欧洲杯，你的荷兰和我的德国啊！为此我们还大吵了一架呢。自此，Muz等人就更加憎恨我啦，最终导致我没泡到Sisi啊，哈哈！兴尽悲来，我是很喜欢古诗词的，其中最enjoy的还是王勃的《滕王阁序》，其中有段是这么写的：嗟乎！时运不济，命途多舛。冯唐易老，李广难封。屈贾谊于长沙，非无圣主；窜梁鸿于海曲，岂乏明时。所赖君子见机，达人知命。老当益壮，宁移白首之心？穷且益坚，不坠青云之志。酌贪泉而觉爽，处涸辙以犹欢。北海虽赊，扶摇可接；东隅已逝，桑榆非晚。最后愿君与吾共勉之！

Sunnie正处在高原期 / 9月21日

　　周六那天因诊所改为全天开放，意味着华婕是全天训练，中午我去送饭，华婕还在训练。却见到华婕低垂着头在做手指训练，等我走近，她懒洋洋地看了我一眼，也不说话，我感觉她精神状态不佳，问道："是不是很累了？"她点点头。等到下去吃饭时，她吃了几口就说："没有胃口，不吃了。"我还以为发生了什么不愉快的事情了，可她和婕爸都说没有，只是没有劲。只听到婕爸在安慰她："这几天没有什么进步不要紧，咱们将能动起来的动作保持下来就可以了，不要着急！"原来是华婕近几天训练没有看到有什么新进展，老是重复着几个旧的动作，不像前段时间，隔几天就有一点新的发现，总给人以小小的成就感，这小小的进步就可以化作无形的鼓励，让华婕充满动力，带来希望。而目前这种原地踏步的状态让本来就枯燥单调的训练更加难以坚持，于是感到沮丧、失望，像泄气的气球似的拍打不起来了。

　　我感到华婕是出现"高原现象"了。心理学研究表明，学习者在学习各种新的知识和技能的过程中，其能力和水平的发展并不是直线上升的，一般要经历以下四个阶段：

　　1. 开始学习阶段：学习者要了解新事物、熟悉新规律，学习比较费劲，提高较慢。所谓"万事开头难"。

2. 迅速提高阶段：学习者初步掌握了该知识、技能的重要规律或找到了"窍门"后，成绩明显提高。学习者因此得到鼓舞，提高了兴趣，树立了信心，取得更大的进步。

3. 高原阶段：学习者这时已经掌握了一定的知识，也具备了一定能力、水平，剩下的多是疑点、难点，加之精神、心理等诸种因素的影响，进步速度比较缓慢，尽管学习者很用心学习，但成绩提高不大，有时甚至会下降，水平总体上处于一种停滞状态之中。这阶段又叫"高原期"，华婕正是处在这样一种状态中。

4. 克服高原现象阶段：学习者坚持学习，不断探索、改进学习方法，克服了学习上的困难，掌握了新的规律或技巧后，学习成绩又开始逐步上升，能力水平达到新的高度。

高原现象是在任何学习、训练过程中迟早都要面临的，运动员训练也都会出现高原现象的。当进入高原阶段后，如能认真诊断，对症下药，就有可能跃上一个新的台阶，取得新的成绩；反之则徘徊不进，难以突破旧有局限。

对于华婕来说，问题是怎样走出高原期。

当然，首先是要重新树立信心，相信即使在高原期，也是一个不断积累渐变的过程，是一个由量变到质变的过程，坚持下去必有收获！

其次，如何在旧有的训练基础之上有新的改进，探索、开发一些新的训练方法和动作，激起新的训练兴趣，也是一个重要的方面。

第三，要考虑对训练和生活的节奏进行变化，同时要让她参与一些其他的事情和活动，感受训练以外的生活，调节心情，积累能量，这也是必要的。

长期的训练让华婕无论在身体上还是心理上都很疲劳，生理与心理疲劳积累到一定时候就会促发"高原现象"的。记得有着同样经历的陈女士一再提醒我，一定要让孩子参与社会，心情愉快，感受到自己没有被社会排除在外，要不孩子会很难坚持下去的。想到华婕那天在抱怨说："我以前天天要听音乐，可现在连音乐都听不到了！"想想还真是我们的疏忽呀！看来是要注意给华婕调适一下，她才能以更充沛的精力进行康复训练！

评论

夏　婕婕，我理解你并相信你一定能克服眼下的困难！我们在地球的另一边为你加油！肖老师，你们夫妇很了不起，所做的一切让我们叹服，不要过于自责。望你们保重！

东阳　挺担心的。就感觉像是我们很多学钢琴的小朋友，学到一定的程度就不学了。是厌烦了？还是没有兴趣了？我担心孩子有这种情绪，所以每节课都给他们加入新的东西，让他们不断地练习，不断地受表扬，不断地提起精神准备接受老师布置的下一个任务。似乎孩子会在不知不觉中完成早就应该厌倦了的练习。不知道华婕是不是也需要这样？真想陪陪她，每天逗逗她开心也好呀！

Steve　Sunnie的进展让人欣慰。想告诉你们一些近况：Queenie的预产期是11月，Tosca和Irene的是明年春天。最近聚会的话题都离不开婴儿，姐妹们讲个不停，老公们都被投闲置散，几乎插不上嘴。哈哈！

小二马　长时间做康复是比较枯燥，坚持就能胜利，婕婕加油！

亚丽　每次看你的博客，都给人一种上进的东西。看到你们家的其乐融融，看到你对女儿细微的分析和引导，真是觉得做一个心理学妈妈的伟大，做一个学心理学妈妈的女儿的幸运。我一定向你学习，学习你的专业功底、你的乐观、你的睿智、你的坚强、你的好的心态、你的热爱生活……

Macy　嗯，"高原期"，原来我一直糊里糊涂的就是这些时期。Sunnie啊，你真是有个好妈妈！

Sunnie写给A–Level同学的信　/ 9月24日

Dear friends:

　　我终于在9月20日收到了期待已久的四叶草，我一直都非常希望收到这个本子。早在3月份的时候我就知道Santa做了这样一个本子，而且它会旅行到世界各地来找我，在4月份我还在凤凰城的时候，就已经听说它到达了加拿大，到了今天我终于拿到手上的时候，才真的感觉到，虽然这是迟到的祝福，但还是非常贴心和温暖。很多同学和老师在上面给我留言，许多人久未见面，或者从未谋面，使我非常意外。它经过了香港、深圳、上海、U.K,于4月底到了加拿大,现在终于传递到我的手里。四叶草的花语是幸福,封面上的健康、希望、爱和幸福也经过了大半个地球,传到了我的心里。

当我在翻阅这个四叶草本本的时候,看到上面有很多很多的贴纸照、照片以及留言,让我想起许许多多的往事,其中有一些点滴连我都不记得,但是你们却记在心里,我相信这些重要的回忆都将是我幸福生活的一部分。

最近我的生活已经趋于相对平稳,康复锻炼已经走上轨道,虽然早已不像当初你们留言的时候有那么多波折和挑战,但是我一定会继续努力,承载着那么多祝福和希望,我也不会放弃。很抱歉可能很多网上或者博客上的留言没有能够一一回复,我以后会尽量尽快地让大家听到我的消息。希望你们在世界各地忙碌的生活中也能保有健康、希望、爱和幸福。

PS:华婕前几天收到她A-Level同学寄来的祝福集。这本祝福集收集了当时他们第一届A-Level的大部分同学,还有朱源院长及姚亮等几个老师的祝福语,其中Macy更是用心写满了所有的空页。华婕是反复看着这些祝福,其中的一些往事及照片又引起她对以往的回忆。同学们的关心和鼓励对她很重要,也让她很感动,虽然她打字很费力,她今天本是想自己写一封回信的,可起床后眼睛又红肿了,正好小cy噢在线,华婕通过网络口述,拜托好友为她打了出来,在此也谢谢小cy噢啦!

评论

豆豆　那本子是在知道这件事情的第二天就开始做的。嗯,无论你在哪里大家的支持和祝福是永远不会变的!

Macy　亲爱的,你知道吗?你真的很坚强,即使命运对你不公,你心里一定装满了很多我所无法理解的痛苦,你比我们所有人都有资格抱怨哭诉,但我们看到的你却还是跟原来一样:珍惜自己的所得,并对之充满感激。你好像就是知道,生命里快乐一定比痛苦多。这些,我、豆豆和小cy噢全都看在眼里了,于是我们在悲伤沮丧的时候互相提醒,我们很幸运,我们要懂得感激,我们还要陪着你。

Fifi　Sunnie,真的很对不起!虽然四叶草没有经过澳大利亚……但是希望你知道:在我心里,你是那么坚强,那么积极乐观,永远支持你!

感受SCI-FIT的训练 / 9月28日

　　华婕上周在网上找到一个训练机构——SCI-FIT。这是一个专门为脊椎损伤病人训练站立行走的机构，华婕看到他们网站的视频上，有很多不同脊椎损伤的案例，经过他们的训练，都开始慢慢地行走了。虽然说每个人的病例各不相同，但也给我们带来一些振奋。华婕提出想去那里看看，我们也觉得可以，于是得到朋友的帮助，周四下午开车带我们前去。这个训练中心离我们住处就一个小时的车程，去之前华婕在网上查好线路，并打印出来，实际不到一个小时就到了。

　　与美国的很多机构一样，并没有什么门面的装饰，只要按照门牌号码就可以找到。在门前停车，将华婕搬移到轮椅上，只看见一个小门，就推门进去。看到有一个沙发围起来的接待处，最显眼的墙上挂着"SCI-FIT"的牌子及标志，周围挂着很多他们给病人做训练的照片。也没有专门的人坐在那里接待，办公室也是空的。婕爸往里面走去看看，有一位高个的男士走过来。因为事先是预约了的，所以知道华婕是新来评估的。他自我介绍，他名叫Jerry，是从圣地亚哥来的，是这里的主训练师。他问了华婕一些情况，正在讲话中，发现门外进来一位双手撑着拐杖的男士，华婕告诉我，这就是这个机构的创办人Dan。Dan是颈椎受伤后在圣地亚哥的训练中心受到一系列系统的训练，康复得很好，现在出现在我们眼前的他，双手拄着单只拐棍就能够自己行走了！（这是我们亲眼看到的第一个脊椎外伤后康复行走的实例）。Dan回来后就在北湾区这边着手建立了这个训练机构，所实行的训练方法、采用的训练设备基本是复制了圣地亚哥训练中心的，而且还从那里挖来了两位训练师作为台柱！

　　我们是提早到达，所以等了一会儿，到了3点钟，一位褐发女士手上拿着一叠表格与Dan一起过来，她自我介绍是这里的经理Bianca，旁边的Dan说："是我把她从圣地亚哥带过来的，我们现在是绑在一起了！"感觉这是正式开始了，看来他们的时间观念还是很强的，这第一印象就不错。在他们问答的过程中，我这个英文盲就只能看着他们的表情猜测了，华婕和婕爸在空隙中也翻译一些给我听，他们主要是了解华婕的一些病情及康复的方法，尽管在这之前，华婕已经在网上的表格填写过了，但当面了解应该是更加详尽。问完后，又拿出几张类似合约的说明，给华婕一一解释，然后让华婕签字同意，这些过程让人感到他们还是很认真的。

接下来Bianca带着华婕进入他们的训练大厅。如果说我们以前去的好几家医院康复训练中心是OT和PT共同训练场所的话，这个训练机构则是纯粹的PT训练场地，最明显的就是，训练的设备沿着长约20多米长的大厅一字排开来，很多都是我们没有看到过的。真是又开了眼界。

可遗憾的是，等华婕经过训练、检查完后，他们并没有给华婕一个整体性的评估，我想这是否一个商业手法，要等我们确定在那里做训练后才给我们？不过华婕说他们的训练师都很专业，感觉不错，她倒是很想到那里接受一些系统、专业的训练，我和婕爸也认为，华婕多一些训练方法，对她目前这种瓶颈状态可能会有更多的帮助，可以试一试，只是我们要解决交通问题后才能确定，毕竟她出门那么远不容易。

都是汽车闯的祸 / 10月1日

昨天是华婕去医院做膀胱造影检查的日子，照例是头一天就约好了Outreach车。去的时候还好，车子约定的时间是在1：30—2：00，实际是在1点45分到达，还算是不错的。下午回来的约定时间是在3：30—4：00，应该4点半左右就会到家了，可我在家里一直等到6点15分还没有见人回来。平时如果有什么事情，一般婕爸都会来电话告诉我的，可是今天却一直没有电话，我突然感到自己的心跳在加快——"不是出什么事情了吧？"我赶紧给婕爸去电话问询，电话那头听见婕爸很郁闷的声音："嗯，还要半个小时才到！"我知道一定是遇到不顺利的事情了，但是不敢具体问，只是轻轻地加问了一句，"婕婕没事吧？""没事，回来再讲吧！"婕爸很不耐烦地将电话挂掉了。我凭自己的经验猜想：可能是检查时间久了，他们没有能在约定的时间赶乘Outreach车，只能去坐公车再转轻轨回来了。这样的话，他们会很累，回家不愿意多说话，以前就是这样的。于是我赶紧将晚饭准备好，等他们回来就好全力护理华婕。

等到6点40分，父女俩终于进了屋，我立即扔下手中的活儿迎了上去，看到婕爸沉着脸，华婕一脸的疲惫，我很想知道是怎么回事，可婕爸就是不开口，我只好问道：“是不是没有赶上Outreach？”

"别问了！等车等了一个小时，坐车又坐了一个半小时！"

我不再问，我知道坐公车加上转车，的确是很费时间的，于是赶紧将华婕搬上床，放松屁股的压力。没有想到，华婕一躺下，脸就朝里面，等我将被子盖好后，只见一大颗眼泪挂在她的眼角，憋得脸通红。

"怎么了？是不是很累？"

她摇头。

"是不是跟爸爸……"

她也摇头，哽咽地说了一句"我就是想哭！"之后更加大声地哭了起来。尽管我心里着急，因为一定是遇到什么事情了，才会有这么大的情绪波动啊！可我知道这时问什么都没有用，让孩子发泄吧！我只好默默地帮华婕擦眼泪，泪水已经打湿枕头一大片了！纸巾用了一堆，华婕抱着我的头哭诉道："我这个人有什么用！天天练就是这个样子，什么都要靠别人，别人有的烦恼我都有，别人没有的烦恼我更多！"我感到自己的眼眶也湿了，但我不让自己哭，我不想让这种悲情再蔓延，那样对任何人都没有益处的。女儿整整哭了20分钟，才慢慢平息下来。眼睛哭得又红又肿，让人心疼。我用湿毛巾为她洗脸时，她用那不能动弹的手指抚摸着我的手说了一句："妈妈，对不起！"我心头一软实在是忍不住了，赶紧回到洗手间去擦眼泪，我懂事的女儿！你想哭就哭吧，妈妈知道你心里很苦，哭出来舒服就好。

回头看看婕爸，要是平时这种情形他立马会过来安慰宝贝女儿的，可是此刻他一直坐在那里一动也不动，一声不吭。我有点责怪他，说，"你也过来说句话呀！"他瓮声瓮气地说："我能说什么？我也想哭！"

吃过晚饭后，华婕也累了，早早地睡了。我这才问婕爸缘由：原来他们4点钟就开始等Outreach车，可是一直等到过了约定的4点半还没有来。打电话过去问，回答是还要等10分钟，到了4点45分司机又来电话说要再等，一直到5点钟才好不容易上了车。刚刚走了几分钟，司机又接到指令，要再去接两个病人。婕儿和婕爸以为是顺路就算了，可发现方向完全相反，加上正是下班时间，路上又塞车，就这样在车上坐了一个半小时！在美国，一个半小时可以开出好几个城市了！最令人烦心的是，那司机只是随意说这种情况并不是经常发生，又有意无意地问婕爸是做什么工作的，这下可真是"哪壶不开提哪壶"！一般司机不会问这样私人的问题，更何况在这种极不愉快的情况下。本来就感到很窝火的婕爸更加恼火，像这样一误再误时间的事情已经是很烦人的了，而且想投诉都无门，因为这本身就是福利车，是给最贫困的阶层人士提供的，就是服务不佳你也得忍受！正是这点让婕爸感觉特别郁闷！于是婕爸很不高兴地回答司机："我现在没有工作！"婕儿当时还劝爸爸别生气了。我听后理解了华婕的心情，车子延误让她也很烦躁，可看到爸爸还被那个司机刺激得很生气时，又非常自责、内疚、委屈，这些情绪集成一股容不下的激流要喷射出来，化成伤心的泪水。

再看看仍旧很郁闷的婕爸，我也能理解他的苦闷，为了女儿的康复他忍辱负重，在国内早早就是有车族的他，到了这个架在四个轮子上的国家却常常为了等汽车而受气，沦为贫民阶层，而且多次感到没有汽车真的是太难办事。考虑到华婕本来也为了去SCI-FIT训练需要解决交通问题，所以婕爸决定马上去考美国驾照，再设法解决汽车的问题。

评论

Tyler　"再强的人也有权利去疲惫……"永远支持你们一家！

Candy　Sunnie，不哭。最艰难的时期都挺过去了，你一定可以的。还记得你那天在电话里答应我，你要好好训练的。嘿嘿，那天听完你讲粤语，让我心里爽歪歪的，赞一下，很准的。

Mini妈　如果是在美国打持久战，那就一定要拿个驾照，买辆二手车很便宜的，那样该有多么方便啊！一年后再卖掉就是了，所以你们太有必要自己开车了。

小cy噢　叔叔，你是坚强伟大的父亲，这绝对不是戴高帽，跟你们一家人接触多了，我开始明白为啥婕以前说到你的时候脸上都会流露出那样的笑容，她一直都为您感到自豪。肖老师，这个时期的心理建设太重要了，他们父女俩太需要你的开导了……挺住！

妮子　远在他乡，又经历这么大的磨难，你们也有理由发发情绪，心理学虽然让我们学会正面思维，但是并不见得负面的情绪没有帮助。看了这篇，我也不由得落泪了。肖老师，大家给你鼓劲！

水穷云起　我很能理解婕儿和婕爸这种情绪上的烦躁，相信发泄出来也不是一件坏事，释放了压力反而能走得更强。永远地祝福！

Sunnie重返朋友之间——又过了一道心理关 / 10月4日

　　记得在凤凰城第一次见到洪姨和Elisa时，看到朋友们为华婕精心制作的祝福集，希望华婕能早日回到他们中间，我当时心里就想，这是不可能的了。可是半年之后我们不仅回到了加州湾区，而且昨天中秋节，Sunnie又回到了聚会的兄弟姐妹们之间。

　　早一个多月前，有华婕的朋友来访时我就提出自己的愿望，希望华婕有一天能够回去参加他们的活动，感受兄弟姐妹之间的能量，我相信，整体的力量大于个体之和，在那里哪怕是在一起吃吃饭这样的普通活动，也会给华婕带来不一样的感受。

　　善解人意的洪姨在几天前就来电话告知华婕，说中秋节她准备在家里搞一次烧烤，请朋友们一起来聚一聚，问华婕能不能够来，他们可以过来接送。华婕当时没有回答，我和婕爸也说让华婕自己考虑。尽管就我心里来说，是很想让华婕参加的，但是我还是想给华婕一个思考的空间。过了两天，没有动静，我忍不住问华婕，她说要别人接送太麻烦了（从旧金山到圣荷西车程约一个小时），我知道女儿的言下之意，其实也是我担心的一点——难过心理关，那种今非昔比的感受还是会作祟的。可是多年的心理工作让我清醒地看到，躲避只能获得暂时的、表面的安宁，可那隐藏心底的忧郁和担心却会时时冒出来骚扰自己的，让自己无处可藏。所以只有面对现实，知难而上，放松心情才能勇敢地跨过去。于是我将自己的想法和盘托出。女儿是明白人，她何尝不想去参加同伴们的活动呀，心中也是在矛盾着的，只是需要一些勇气和支持罢了，所以她欣然同意，并立即给洪姨回电话。诊所的小王知道我们的困难后也自愿送我们去旧金山。于是在接下来的几天里，我看到华婕就不断地在考虑要去参加聚会的一些事项了。

　　"过程就是享受"，我很高兴女儿已经开始进入兴奋状态了。当然我一直关注着华婕的心态，也很担心她由此会出现的一些负面情绪。

　　昨天周日我们一家都在为下午去参加这个活动作准备，因为毕竟是要外出四五个小时，而且华婕说旧金山的温差很大，我们甚至准备了羽绒衣带去。下午5点多钟，小王教完课后赶过来送我们。

　　这是我和婕爸来加州5个月后第一次去旧金山，车子开在101车道上（是贯穿加州南北的主要车道），一路上华婕不断地为我们介绍，感觉她兴致还不错，记得出事前她就一直说，如果你和爸爸过来玩，我就带你们去这里、那里……现在也算是兑现了吧。天气很晴朗，旧金山也没有华婕所说的雾，只是快进入旧金山地区时，从高速路上看到远处的楼房突然变得非常拥挤、密集，为什么都要挤在这里呀？我感到奇怪，华婕答道："不就是因为靠近旧金山嘛！"让我一下想到那些舍不得离开上海的人们，宁愿挤在窄小的房屋里的情形，原来世界哪里都一样啊！华婕的学校就在进入旧金山边缘，因为还邀请了Heidi，所以先去接她，也看到了华婕原来租住的房子，心里轻轻地叹了一口气，马上又飘过去了。旧金山的马路真是不平坦，所看到的马路不是上坡就是下坡，本来不宽的马路旁还停满了汽车。

　　洪姨家就在华婕学校旁，是一排国内常说的联排别墅。我们在路旁找到一个停车位，一下车就感到一阵寒风沁入体内，赶快将准备的大衣穿上，小王很顺利地将华婕移到轮椅上，一行五人向洪姨家走去。这是华婕很熟悉的地方，以前他们常常在这里聚会的。华婕还记得，她寒假回深圳来去时，都是洪姨去机场接送她的，而且回来时直接就带到他们家吃饭，再把她送回住处的。

　　在华婕的指引下，我们径直来到洪姨家，门好像没有关，估计是不断有人出入。我们刚进屋，就听见里面的人高声喊叫起来："Sunny回来了！"鼓掌声、欢呼声响起，走进里面一看，有二三十个朋友聚在客厅里，华婕熟悉的洪姨、贺教授、凯斌、Elisa等都在，还有《星岛日报》的记者施先生也在等着华婕采访了。

　　在洪姨家的两个小时很快就过去了，我们带着洪姨临时借给我们的取暖器，更是带着感激的心情向大家告别，谢谢大家给了Sunnie一个愉快的夜晚，让我们亲身感受到华婕的朋友们的热情和慈爱，同时也为华婕有这样充满爱心的朋友感到很欣慰。

　　回家坐在小王的车上华婕还很兴奋，一路上讲个不停。我和婕爸静静地坐在后面，看着天上明亮的月亮，心里很舒坦，华婕今天这一关过得很轻松，让我确实很满意，对她也更有信心了。

邝先生　很高兴知道Sunnie的进展。能够再次重返弟兄姊妹当中，又能得到热情的接待，Sunnie，上天真的是待你不薄啊！我们要感谢。我们在凤凰城的弟兄姊妹们会继续为你打气的。

Peluya0405　老同学，我一直都不相信这是你的消息，不相信这晴天霹雳是真的，直到找到你的博客才相信。才跟杜肃通电话，今天一天脑海里总在担心你，想着婕婕的近况。刚才初阅了你的博文看到了你记下的点点滴滴，从心里佩服你们的坚强、冷静与毅力！有你们这样的父母才有婕婕这样坚强的女儿，婕婕恢复得很快很好，也可以说是在创造奇迹吧！为你们为婕婕感到高兴！你父母这边需要我做什么尽管跟我说，我会尽我所能的，别担心。

Xiaojie　这样一篇写聚会的文章居然把我感动得泪湿……也不知心里什么被触动了，谢谢这样好的妈妈，在你的文章里，学到不少心理学知识和方法。作为两个小女孩的妈妈，真的要好好学学你的体贴和细腻。不知有什么儿童心理学的书可以推荐给我们看看。

Jade　那天本来不打算去的，因为要和父母吃中秋节的晚饭。后来被告知华婕也会去，我就直接打电话推掉了父母的晚饭。去吃BBQ是假，看华婕是真。看到华婕那一如以往的灿烂笑容，其谈话间流露出的坚强、乐观和幽默，还有精彩的"汇报演出"，心里不禁生出敬佩之意，也感到莫大的欢喜。记得我们那天说等你下次可以自己走进贺老师家的时候，我们要为你放烟花。这是我们的约定，你一定可以做到的！

我们一天的生活实录 / 10月9日

华婕的朋友新买了房子，距我们住所十分钟车程，因为只有小两口，有多余的房间，再三邀请我们前去居住，我们考虑到自己的种种不便后，感到不合适，只能谢绝了他们的一片善意。同时也想到了将我们的不同生活节奏给大家讲一讲，以得到朋友们的理解，可能在有些时候朋友们来电话、写评论或来邮件等，我们没有及时回应的话，都请大家谅解！

⊙ 午餐是在诊所的院子里完成的

　　一般我早晨要到8半钟左右才起床（因为晚上要起床给华婕翻身、导尿等，所以我的睡眠是断断续续的，只能靠拉长时间来弥补），再为华婕做起床的准备，首先是给她翻身，换个睡姿放松压力点，再喝水或果汁，接下来是给她做按摩，主要是手操和腿的放松，整个夜间她常常全身痉挛，导致手腿变得僵硬，做完后会使肌肉放松许多；做完按摩后要给华婕导尿，擦身，这同时要穿插着打开电脑，查看天气预报，好为她穿上合适的衣、裤、鞋袜；然后烧开水泡茶（喝一口热茶是我和婕爸在繁杂中的一点享受），准备早餐（虽然简单，但也是要加热或其他的准备），婕爸大约这时候起床了，我们一起给华婕穿衣、裤、鞋袜，最后由婕爸将华婕搬移到轮椅上，将坐姿调好，这时才算是华婕起床了。这个过程一般需要一个小时左右。

　　起床后是先吃早餐，为了省时间，一般都是我一边吃一边喂华婕；吃完后就是为她作刷牙的准备（虽然她能自己刷，但是挤牙膏、盛水都要准备）、洗脸、抹护肤品、梳头、吃药；再戴上墨镜或帽子（天冷了就是戴围巾、手套，穿上外衣），出门去诊所训练，这时一般是10点左右了。

　　目送他们父女俩走向门口，我才松一口气，回头我的任务就是收拾一夜和早晨留下的杂乱，洗衣等。待到自己洗漱完毕后，已经是11点钟了，赶快坐下来看看自己的邮件和博客评论，有时间再回复邮件和评论，这是自己比较惬意的时候，因为感觉自己在跟朋友们对话着，可是好景不长，到11点半就是我开始准备中餐的时间，总是有点依依不舍地离开电脑，走向厨房。

等我将中餐做好，再依次装进饭盒，带上饮料或水果，赶到诊所时已经是12：30—1：00。我们的午餐一般都是在诊所楼下的小庭院完成的，这里虽然是行人经过的地方，但是花木打理得很有层次，显得很幽静、凉爽，还时常有小松鼠光临啦。一边吃饭一边闲聊，也是给华婕单调的训练换个不同的节奏，所以吃完饭，还会小坐一会儿再回诊所，当然华婕也常常利用这个空当来打必要的电话（给医院、Outreach、医药供应商、医生秘书等，这些电话很多都是语音转机，要花很多的时间，令华婕很头痛）。

回到二楼诊所，又是给华婕导尿的时候，然后她午睡半小时，一般这时我就返回家里，到家后大约2点钟，将厨房收拾干净后，午睡约半小时，以补夜晚睡眠不佳的状况。下午起床后到做晚饭这一段时间是我一天最轻松、最悠闲的时刻，一般我会用来写博客，上网为华婕寻找有关医疗信息等，当然这中间可能常常还要煲汤、烧肉等为晚餐做准备，但却是很愉快地奔走在电脑和厨房之间的。

到5点半我就开始准备晚餐，将要做的饭菜都准备好，以便婕爸回来就可以直接操勺了（婕爸是我们家的大厨），也腾出时间护理华婕。华婕父女俩大约在6点后到家，婕爸到家后首先要看电脑邮件，华婕却要排尿训练和导尿。等婕爸炒菜后，我们的晚餐开始了，一般是在7点到7点半之间，因为有时间，所以华婕是自己吃饭，她是利用大拇指和四个指头压住食匙去舀饭盒中的饭菜，再慢慢送到嘴里，虽然慢一些，但也是一种生活的训练。

吃完晚餐，是华婕最轻松的时刻，这时我赶快将电脑放到她的电脑板上，让她上上网，看看博客或MSN，但是我们也会给华婕布置一些任务，让她在网上帮我们找一些资料等，尽管她操纵电脑不便，但孩子在网上的熟悉程度却是直达目的地的，可以省掉我们很多无谓的时间。到了8点半后，又是华婕训练大小便的时间了，这个过程一般需要一个到一个半小时。然后是一系列的上床准备：刷牙、洗手、洗脸、泡脚、擦身（因为受伤后她皮肤很少出汗，三天洗一次澡）、换衣服、穿上防垂鞋（防止双脚下垂的特制鞋）。仍然由婕爸将华婕搬上床，我再为她排完尿，将睡姿调好，一般都要用几个枕头帮她维持睡姿：平睡要用枕头塞在双腿的两边，避免她痉挛时会碰到床杠，侧睡时更是要用枕头垫在身后，因为她自己不能撑住，两腿之间也必须用小枕头隔开，避免产生压力点，这些都是华婕住院时护士教我们的护理知识，等这一切安排妥当后，时间是10：30—11：00。我们也开始睡觉前的准备，一般是在11：30—12：00就寝。

可是夜晚不平静。华婕不能自己翻身，又不能够长时间保持一个姿态，怕会产生压力点，引起AD综合征，加上她现在全身痉挛频繁，常常在痉挛后双腿不能回来，必须要我们帮她回复到原位。因此，即使在夜晚，我们也是要每隔两三个小时就要起来（有时隔一个小时），为她翻身、排尿，甚至排便。每个夜晚我和婕爸都要轮流起来好几次，有时候需要半个多小时，所以不仅是华婕，连我们晚上睡觉的质量都不好：常常是在梦中被华婕叫醒，睡眼蒙眬地爬起来，等到护理完毕，人又完全清醒过来翻来覆去好不容易睡着，又听到华婕在呼唤，因此生物节奏乱套了。也希望能够按照现在的需要建立起新的生活节奏，但是几十年的生活习惯似乎很难改变呀！

每天的生活繁杂而忙碌，唯一的目的就是女儿能得到最大的康复，那一切都是值得的！

评论

Sunny阿姨之一　无语！痛彻心扉的难过！这就是人们常说的生活方式的彻底改变吧？等你们回来，让我们加入进来，让我们分担一些！只要婕婕能好起来，我们什么都会学，都能做的。

拉拉爸　婕妈婕爸的生活状态，很清晰地展现在我们面前。我的理解是：肖老师不是在诉苦，而是全家人先后走出了最初的心理障碍，已经能够从容面对一切。所以才能如此宽容地、平静地与大家分享他们的生活。我把这种生活细节的开放与分享，看作是他们精神上的超越，是对最初手忙脚乱和紧张焦虑的阶段性胜利。

晓华　用爱铸成一天的生活，看得我们唏嘘不已。曾经晓华一有困惑和难题就来找你，如今常常从释心室走过，人去楼空，很感慨。看见你当下坦然地调适磨合生活环境，为女儿能够恢复得快一点好一点，不问劳苦不问艰辛任劳任怨，很感动。我们继续祈祷……

66妈　秋天的美丽最让人记忆深刻/树叶红得惊心动魄/天蓝得充满遐想/草地绿得沉静而美丽/那满地的落叶更有苍凉悲壮之意/我最怀念和向往的就是北方的秋天了/那满大街的厚厚的落叶/和飘落在半空中的一片片叶子/足以让你感受到生命的富足和厚重/感受到悲凉而飘落的美/生命的每一时刻/每一阶段都有其独一无二的

美丽／哪怕在秋天凋落飘泊之时／哪怕在冬天天寒地冻之际／心之感受，心之遐想／超越了一切时空／祝福你，肖／我知道你抓住了秋天的美丽／理解了冬天的含意／等待着春天那一丝丝绿色

忙并快乐着的婕爸 / 10月13日

　　这几天婕爸很忙，忙的原因是除了要帮助华婕训练外，还为购买二手车忙上忙下。华婕以后每周要去SCI-FIT训练需要汽车，平时要购买任何物品（食物、药品、日用品等）我们都要考虑怎样去请人帮忙开车带我们去……在很多的因素促使之下，特别是上次乘坐Outreach受够气后，他就下决心要解决汽车问题了。

　　要开车首先是要考驾照，虽然我们出国之前已经办了国内驾照的公证，但是按加州的规定，还是要考笔试后才能拿到一个临时的驾照，使用两个月，在这个期间你可以继续考路考，通过后可以拿到正式的驾照，而且在车管所这样的笔试随时都可以进行，交28美金后，拿到卷子做，也没有时间限制，做完后当场成绩就出来。总之在这个以汽车为普通交通工具的国家，会为你开车提供很方便的条件。而对于学机械专业的婕爸来说，这些考试是很容易的。所以小王头天为他拿来一份考试的模拟题，第二天他就跑去考试了。我还有点担心，别白交了这些钱，结果看他回来一脸的轻松就知道通过了。

　　接下来的问题就是买车还是租车，华婕到网上一查，发现租车加上税和保险，每天至少要50美金以上，而且还不能保证每次是那种能将华婕抱上去的汽车（需要前门宽大、车身低才好抱上去），每次租也很麻烦。所以婕爸决定买一辆二手车，像很多人一样，开一段时间后再退掉，还是很经济的。Muz知道后给婕爸发来一个专门买卖二手车的网站。打开网站，里面按地方分类，各种各样的汽车帖子几百条，很多都附有汽车的照片。那几天婕爸一回家就忙着查看，虽然我们的目标只是3000元以下的车，但是看到一些好车，他也会进去看看，那情绪总是处于亢奋中，让我联想到了女人逛时装店，看到漂亮的时装虽然不会买但也会兴奋的情形，我和华婕在旁边开玩笑："就是没有买到汽车，让你爸这么高兴，那也不错呀！你就慢慢看吧！"看了好几天，不是太贵了，就是太旧了，安全问题还是首要的。有的看上了，但打电话过去人家已经卖掉了。最后看到一辆

1999年的马自达626，进去一看照片我们都感觉喜欢，也符合华婕乘坐的要求，婕爸叹道，就是太贵了3200呀！我在旁边鼓动他：先去看看，如果满意再还点价吧，于是婕爸将邮件发过去。也奇怪，有的车主他发了很多邮件都没有回应，可这家主人还很快就联系上，并约好看车时间。

周日，小王下课后带婕爸一起去看车。一下车婕爸就围着汽车转开了。汽车里里外外都保养得不错，看上去也很新。这边婕爸忙着看车之际，那边小王已经与车主聊开了，还没有等到婕爸还价，车主已经主动降到了2900美元！因为前面的车窗开裂了需要重新配一块，需要120—150元。婕爸提出要试车，车主立即陪同，在车上攀谈起来，才知道他来自原苏联的一个地区，这辆车已是二手车了，他想卖出去利用这笔钱回国去镶牙——在美国居然一辆车的钱还远远不够配牙！不知道是汽车太便宜了，还是镶牙太贵！婕爸试车后感觉也不错，但想想，这辆车已经开了17万英里了，还是感觉贵了，再还价2600，对方还为2800，婕爸又退为2700，对方就说要与太太商量一下，回家去了一会儿，出来后说太太不同意。婕爸不甘心，又说那就中间价吧，2750，谁知对方居然没有听明白，自己开口说那就2700吧！婕爸重复一句2700？暗喜，成交！不管怎样，从3200减到2700，买到自己心仪的车，让婕爸高兴啊！

第二天一手交钱，一手接车，婕爸将马自达626开进了自己的停车位（我们的租房有固定的停车位，一直空着）。我和华婕立马下去看了看这辆暂时属于自己的汽车，颜色很雅，是淡青色的金属漆，车身也很大，想到以后再不用为车的问题烦恼，心里也轻松了许多。昨天刚刚拿到汽车，今天早晨就遇到变天，风雨交加，华婕的电动轮椅无法开出（因发动机在外面，不能淋雨），汽车立马显出它的作用，接送华婕去训练，太及时了！

在这个被形容"没有汽车就好像没有腿一样"的国家，让我们也尝一尝有了双腿的正常生活吧！何况有了车后还会让大家心里都舒坦许多，尤其是婕爸，这几天的心情是特别的好，尽管接下来还要忙着办理交接手续、交保险、配玻璃等一系列的事情，但他真是忙并快乐着。

我们的汽车上路了 / 10月17日

    这个星期婕爸一直围着车子忙碌着,自从周一将车开进停车场后,接下来还有一系列的手续要办:首先是要办理汽车过户,可是按照这里的规定,过户之前必须先买保险,可见美国人的保险是非常重要的。而周二那天是下了一天的大雨,经过打听后了解到在网上也可以买保险,所以晚上华婕就承担了这个任务。先到网上查到购买的程序和要求,看到保险公司的这个业务有24小时电话服务,按照电话打过去,不像其他的电话(如医院、Outreach等服务电话是机器转接,一个接一个地转下去,不断地要等待,好像是磨练耐性的机器,每次打电话华婕都要做好长时间的准备),马上就有人接听,而且态度温柔耐心,一项一项地跟华婕解释,然后很快又发了两个表格过来,让我们填好了发回去,大约半个小时的光景就搞掂,只等对方在银行扣款后就可以发保险单回来。第二天上午起床后婕爸在网上就收到了保险单,凭着这张证明,婕爸上午就去车管所办好了过户手续,不过又交了259美元大洋,大概是各种名目的税和费用吧。

    中午婕爸回到诊所与我们一起吃过午饭后,又马不停蹄地去换车前窗的玻璃了。这是小王推荐的一家汽修店,去之前小王就替我们讲好了价钱,125美元,当然不是马自达原装的了,只是杂牌货,而且是中国制造的。等婕爸去了后,他们将有裂缝的玻璃取下扔掉,才发现没有货了,要临时去买,婕爸问:需要多长时间? 老板说是40分钟。婕爸想那就等等吧,我可以想象婕爸在那种修车的地方绝对是不会郁闷的,看别人如何修车对他来说是一种乐趣呀。在等待中,老板让伙计买来一大杯可乐,用婕爸的话来说,是用水浇浇火气。可是等了40分钟,可乐喝完了货还没有送到,婕爸再问,答道,送货的搞错了地方,送到另一个汽修店了! 等到货到后他们倒是立即将玻璃安装好,老板指着玻璃上的标签告诉婕爸,这块玻璃不是中国制造,而是美国制造的。最后收款时,老板又少收了5块钱——好像是在用他的行动证实时间就是金钱这个道理,让婕爸快乐而归。

    这样,在短短的一天之内就将所有的手续办理完毕,赶在了周四华婕去SCI-FIT训练之前办好了。周四我们一家三口就乘坐自己的汽车送华婕去SCI-FIT了。这一天我们好像过节一样,大家都很开心:婕爸终于能开上自己的汽车接送女儿了；华婕更加开心，以后可以顺利地去SCI-FIT训练了，不用再担心如何去的问题了；我这个家庭主妇当然也很高兴，以后采购食品就不用再麻烦婕舅了——这五个月来一直是婕舅带我去采购食品，每周一次，真耽误他不少时间呀！辛苦婕舅了！

走马观花看小区旁的学校 / 10月20日

我们住的小区旁有一所小学。据说在美国学区的房子也是随着学区的好坏定价的，不知道这个小学的质量怎样，可能是出于从事教育久了的原因，对学校都有一种好感，有时在外面经过时老往里面看一看，今天与华婕带着相机也特地进去走走。

学校的面积很大，如果绕着走一圈要10—15分钟，学校外面就有一大块草坪，靠路旁有一个大的告示牌，不是像国内那种电子屏幕的，是用字母贴上去的，两边都可以看，而且是不同的通知。记得有一次经过这里看到上面写着8月24日开学的通知，今天又有一个会议通知了，好像是一个什么专门的会议。

⊙ 坐电动轮椅的小男孩与同学们一起跳舞

⊙ 教师的自画像

学校没有围墙，但有些地方是用栏杆围起来的，校门口也没有一个大门，一条笔直的通道延伸到马路上，而且也没有看到任何证明这个学校荣誉的标牌。

没有门卫，没有保安，我径直走进大门，四周环视，只在墙上贴着一个大约一尺见方白底黑字的告示，上面声明在此上学是必须登记在册的，方框里是规定在学校里禁止的事情，如吸烟、喝酒、吸毒、打高尔夫、滑板等，还有遇到紧急的事情可打的投诉电话。

墙上的宣传栏中贴有班级的师生合照，看来是很小的班级，每个班20人左右。

在一个教室门上我看到这样一幅教师的自画像，请华婕翻译后感到里面的文字透露出这位教师对孩子们的责任与关爱：

老师的耳朵是用来听孩子们的话语，两只眼睛会看到真实的你，嘴巴会讲积极的语言鼓励孩子们，一颗大大的心是用来激励和信任你们的，双手是用来拥抱和照顾同学们的，双脚会跟上教育的脚步，很多的口袋里装着各种教学的方法，尺子是用来衡量重大进步的，等等。

看到一个教室开着门，传出音乐声，我凑到门口看看，是一群学生在老师的指导下练习舞蹈，我居然还看到一个坐着电动轮椅的小男孩排在其中一起跳着、舞着，惊讶之余让我感动良久，印象深刻，这种对残疾人的尊重真是植入人心啊！

孩子们都走了，学校很安静。走在空空的学校里，想到国内的小学，面积可能只有这一半大，可学生却上千。且不管教学质量如何，光是这空间的享受，这里的孩子就很幸福了。没错，真是孩子们的天堂，包括残疾儿童。

评论

拉拉爸　那张老师的自画像，给人留下深刻印象。作为大人的老师，愿意俯身下来，以孩子画的水平和理解力，平等地与孩子沟通、交流。它体现了一种拒绝居高临下教育人的观念。

茫眼 "教师的自画像"值得学习，有老师想把这张图放到学校里借鉴一下，谢谢啦。

碧玺 真是篇好文章！比一般的教育考察报告还有用！那幅画和跳舞的画面都引人深思且难以忘怀，看来"不让一个孩子掉队"的计划体现在美国教育的方方面面。

Sunnie开始了在SCI–FIT的训练 / 10月24日

虽然说我们买车是很多因素促成的，但实际上的直接原因是华婕想要去SCI–FIT训练。自从她去感受过一次后就很向往，我们也想在接受中医诊所的针灸和训练之外，再拓展一些新的途径，既然华婕那么喜欢SCI–FIT，那我们就为她创造条件。有了马自达后，华婕立马与SCI–FIT的经理Bianca联系，因为在这里所有的事情都必须要事先约定，安排好时间才能前去的，等到他们有了具体的时间表后，我们开始了暂时每星期去一次的训练。

昨天周五又是华婕去SCI–FIT的训练日，我们头天晚上就将可能需要的东西准备好，这已经成了习惯，每次华婕要出门都是大包小包地带上，以备万一。虽然训练的时间是1:00—3:00，每次两个小时，但是我们路上要走45—50分钟，加上安放华婕上下汽车的时间，至少需要一个小时，1点正进了大门，已经有一个女孩进去了，看来都是这个钟点做训练的。

首先给华婕做训练的是一个男训练师John，第一个项目是在垫子上做，主要是做双腿运动，给我感觉是热身，将身体放松、舒展。垫上运动做了十几分钟后，就将华婕抬到了一个训练设备上，将华婕的双腿用皮带绑住，身体斜躺在靠垫上。首先让华婕自己用身体带动双腿动起来，让架子上下起动，训练师左手拿住的铁饼是加大助力的，因为华婕的腿力很弱，拉不起来。然后又用一个特制的绑带将一对小哑铃绑在华婕的手上（因华婕握不住）。训练师带动华婕的双臂向上举，训练她的手臂力量。一边做一边为华婕讲这个训练动作的目的，是要训练哪部分肌肉，所以你要怎么做，我会怎样帮助你，一定要注意哪些问题等，同时还会不断地询问你的感受，有一点点好的地方，立即给你反馈"good"（好）、"better"（不错）、"excellent"（很好），让对方得到信心，更加努力。不

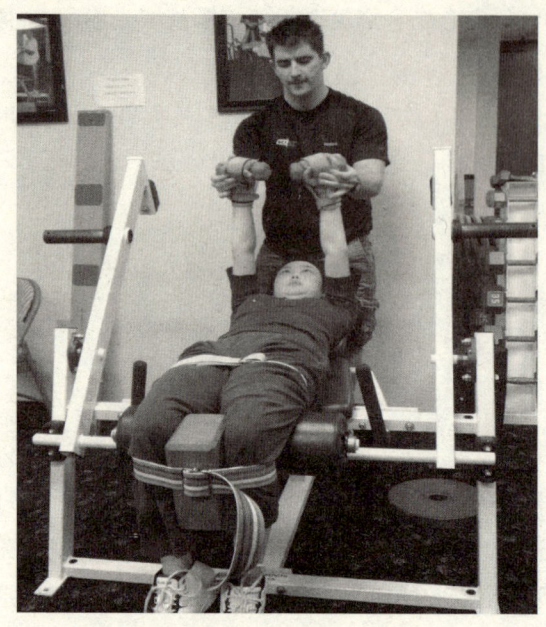

⊙ John用特制的绑带将小哑铃绑在华婕的手上做训练

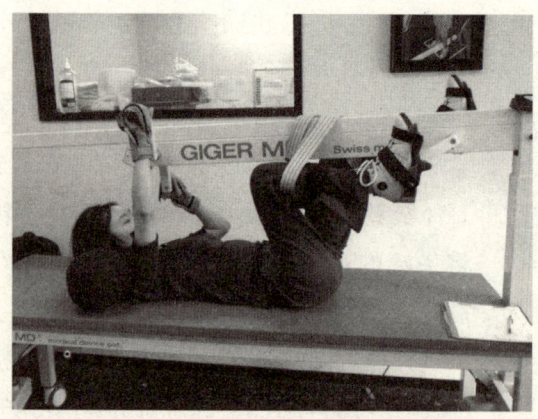

⊙ 华婕躺在一个设备上，双手和双脚都套在架子上，
然后华婕的手臂使劲转动，带动双脚转动

仅显示出很专业，还带着理解、给予激励，我想这也是吸引华婕的因素吧。

第二个项目做的内容有四个，做了很长时间，做完这个项目时，我发现他们互换了训练师，另一个女训练师Lynn来给华婕训练。我一看表正好一个小时，后来发现这是他们统一的安排，每次训练都是由两个不同的训练师替换，这样可以取长补短，还避免在两个小时内面对同一个人过于单调，考虑得真是人性化啊！

第三个项目就是从高坐凳上起身站立了，这是华婕第一次来感受时就训练过了的，后来回到诊所也模仿训练过，还是有进步的。Lynn虽然身强体壮，可也不缺乏女性的细腻、柔和，华婕还是很喜欢她做训练的。

第四个项目是斜板上蹬腿，华婕在第一次来时也做过，看到我们一直在旁边看着（我是全程录像），就叫婕爸去感受华婕大腿的肌肉是否在动，婕爸感受到后笑眯眯地直点头。

第五个项目又是一个新

花样，华婕躺在一个设备上，双手和双脚都套在架子上，然后华婕的手臂使劲转动，带动双脚转动（因为华婕的双腿不能动，利用设备让自身带动起来，这样在大脑中的连接就与走路相似了）。

在两个小时后他们很准时地将华婕放回到轮椅上，因为下一个病人已经等在那里了。不过华婕还有一个项目——踩电动单车。这是一个特殊的电动单车，通过电线连接在双腿的肌肉上，可以根据不同人不同的需要调节电流的刺激强度，去刺激肌肉；同时病人可以在踩单车时感应到自己使劲的强度，并反馈出来。它还带有一个电动控制的屏幕，将设备中的信息，包括病人运动的信息显示出来（第一次做时，就将个人有关信息输入进去。以后做时，凭个人号码就提取出来对照）。因为没有人工，这个项目是不算在两个小时之内的，但是要排队等候，华婕等了半个小时才轮上，又训练了半个多小时。

让我很有感慨的就是他们那种认真的工作态度，在训练中，他们每一个训练师不仅是一对一地帮助对方训练，而且每一个动作他们都会到位，绝不偷懒，该站时站，要跪时马上就跪，甚至趴到地上也是常常见到的，一点也不含糊，从经理到实习生每一个人都是那样地投入，可以感受到他们职业训练有素，职业道德更是内化到行动上了！这样好的职业素质受益者当然是顾客！

临走时已经是4点40分，已经快到他们下班的时间。回头看看训练大厅，那些训练师仍在认真地工作着，他们的时间非常紧凑，训练的病人不少，而且大部分都是年轻人，这也造成了一种相互鼓劲的氛围，加上里面播放的音乐都是很现代、很热烈的，给人很积极的感觉。我也很喜欢这里，心里很充实，好像又有了新的希望。

华婕每一次去SCI-FIT训练都是很开心的，尽管加上路上花费的时间前后要5个多小时，但我和婕爸都愿意陪送——因为只有心里通畅了，外在的困难会更容易克服，做起来也会事半功倍吧。

评论

　　锡弧氏　这里的条件设施还有训练师好像比中康都好，中康都没有这么多的训练机器，而且人很多，不能做到一对一，好羡慕！

　　新浪网友　每次来看这个博客都感到蛮大压力的，因为看到华婕受这么多苦。幸好曙光越来越明亮了！

我们被加重的痉挛所困扰 / 11月6日

脊椎损伤所带来的感觉、运动功能的丧失、大小便的失控都是显而易见的，但是随之而来的并发症也是不断要提防的。华婕最初经历的发烧、低血压等症状基本消除，皮肤在我们的悉心护理下还保持得不错，但是痉挛的现象却是愈加严重，两个星期来，几乎每晚她都被痉挛所折磨，而且从范围、程度和频率来看都明显加重：原来只是双腿痉挛，现在加上了双手，甚至腹部都有明显的痉挛。中间部位一痉挛就很麻烦，有几次我们将她抬到轮椅上时，她突然双腿和腹部痉挛，全身强直，差点从轮椅上弹下来，把华婕吓得大叫起来，很是危险，幸亏婕爸及时使劲抱住她的双腿，才转危为安。晚上更是华婕痉挛的高发期，常常她稍微抬抬手就会引发双腿乱动，痉挛后腿的关节就会扭曲，很难受，必须要我和婕爸起来帮她放到一个比较舒服的位置，但那又谈何容易？每每是好不容易将僵硬的左腿放回，右腿又突地一下痉挛了，等我将右脚摆好，左脚却又弹回去了，两只脚就像在床上原地踏步一样轮流缩回、伸直。我感觉自己就像堂吉诃德一样与假想的敌人在战斗着，在床的两边来回转，每次为了翻身摆一个睡姿，往往要花上很长的时间，弄得华婕很痛苦，我们也很辛苦。所以我们现在睡觉都非常容易惊醒，我有时睡一两个小时就会醒来，等着华婕叫；婕爸以前是很难醒的，现在一听到华婕的呼喊"妈妈，我的腿！"很快会醒来。这样一晚上要有三四次，最多是5次，我和婕爸还可以轮流起来，而华婕的睡眠可想而知是大打折扣的，为此事我们也讨论甚至争论过。

据专家们讲，当一些脊髓神经失去大脑的控制后，尤其是颈椎损伤者，与大脑失去联系的下方脊髓的反射会变得过度兴奋，就叫做痉挛。这时即使是一些简单的事如抚摸或刺激皮肤，或做一些肌肉伸展动作都会引起无法控制的肌肉反射或导致膀胱收缩。但是痉挛对于不能动的身体部分来说是有好处的，这样的被动运动可帮助保持肌肉大小及骨骼的强度，还有助于改善血液循环；另外，可以利用痉挛达到某种功能上的目的，如华婕刚开始站立时就是借用痉挛达到的。但是不断加剧的痉挛也会有坏处：病人很难受，会影响到睡眠、坐姿，甚至有从轮椅上弹出来的危险，可能会刮伤肌肉或导致肌肉破裂等。

痉挛带给华婕最明显的坏处就是影响到她的睡眠，而睡眠是那样的重要，不仅是白天疲惫的恢复阶段，更是损伤身体自我修复的时间，没有高质量的睡眠，华婕的修复又从何来？我们也询问过医生，对西医来说，就是吃药缓解痉挛，但是华婕听好些病友及训练师说，那样的药物是使肌肉疲软，抑制肌肉兴奋的，对于每天训练又是一个反向作用——可能抵消了训练的效果。所以华婕宁愿忍受这样的痛苦，也不肯吃药，而我看到女儿每晚都被这样频繁的痉挛所折磨，心疼又着急，想要她试一试先吃中药，副作用相对要小些，希望有些效果。

感觉华婕康复之路真是很漫长啊，还不知道前面又有什么难关在等着我们。

评论

向延安　一帆，你好，今天我收到简明的信息，才知道你的情况，看了你的博客，心情非常难过，但是希望你为了女儿一定要更加坚强。婕婕一定会康复起来的，希望你注意好自己的身体。

Sunny阿姨之一　看了肖大姐的描述感觉很难受，婕儿受苦了！婕爸婕妈受苦了！但愿这频发的痉挛是婕儿神经贯通的前兆！实在忍不住时就休息两天或吃点药缓解一下，千万别把自己和婕儿搞病了！

情绪由观念所决定——从Sunnie痉挛所想到 / 11月13日

华婕的痉挛牵动了许多朋友的心。的确，这段时间我们都为这随时都可能发生的痉挛所烦恼，华婕更是深受其折磨。吃了中药后虽然有所缓解，频率减少一些，但是还会扰人的。前天在诊所训练时，华婕的双腿痉挛，"腾"地一下就从轮椅上弹起来了，很是危险，把婕爸和小王吓了一跳，幸亏是他们都在两边，赶紧扶着让她站稳了。我前天半夜起来给华婕翻身，她的两条腿挺得笔直，就是搬不过来。华婕叫我使劲，可能太使劲我又扭了自己的右手臂，疼得我只好又放下来了。看着华婕还等着我翻身，自己左手因肌腱炎还贴着膏药也不好用力，心里真是有种苦不堪言的感觉。华婕还很懂事，说那就不翻身了吧，妈妈你去睡吧。带着沮丧的心情躺回到床上却没有了睡意，想着这可恶的痉挛怎么办？这样的日子怎么到头? 那一天真是好难过啊。

昨天夜里依然起来给华婕翻身, 看到她在床上自己使劲蹬腿协助我翻身的情景时, 我突然感到华婕的痉挛可能意味着是她双腿恢复的前奏! 因为以前她是完全不能够动的, 现在却可以利用痉挛来变换身体姿式——虽然很难受, 她要扭着、挣扎着去动, 可那也是一种好的趋向啊! 想到这点, 我的心情一下轻松了许多, 豁然开朗起来。也想到一些类似的例子, 想到华婕的主治医生Dr.Bannes说过, 脊椎损伤的人在早期是没有痉挛的, 进入恢复期开始出现痉挛, 痉挛是被动的运动, 身体恢复主动运动时, 痉挛便会消失。要经过这样一个从无到有、再到无的过程。早上起床后我马上将自己的想法告诉父女俩, 他们也同意, 让我又感到希望还在!

记得自己在深圳讲师团讲课时, 曾经给教师们介绍过著名的情绪ABC理论: 心理学家艾利斯认为: 在人们的生活中正是由于人们常有的一些不合理的观念才使我们产生不良的情绪, 如果这些不合理的观念持续下去, 还会引起情绪障碍。情绪ABC理论中: A(activating event)表示诱发性事件, B(belief)表示个体针对此诱发性事件产生的一些观念, 即对这件事的一些看法、解释。C(consequence)表示产生的情绪和行为的结果。

一般人们会以为诱发事件A直接导致了人的情绪和行为结果C, 发生了什么事就引起了什么情绪体验。但是艾利斯却指出, 同样一件事, 对不同的人, 会引起不同的情绪体验: 同是面对出门下雨, 甲可能认为自己很倒霉, 心情会郁闷起来; 乙却认为下雨凉快啊, 会感到心情很爽。这个差异就是B——个人对这件事的看法起着决定性的作用。

想起我们刚刚到诊所训练时, 因为周六也有训练, 而在这个商务区周六的人、车都很少, 有几次走在空荡荡的路上, 看不到一个人时自己常常是顾影自怜, 心情低落。有一次天气很好那天心情也不错, 走在路上突然感到, 在这么安安静静的大路上自己能独享这样的场景, 不是很好吗? 好难得啊! 所以以后周六去诊所时我总是会让自己这样想, 今天不会总遇到人, 多好! 有时间我还很会专门走到诊所去接华婕回来, 让自己多感受一次这无人的空间。观念决定情绪的又一真实例子!

回想当时自己讲课时, 引用了很多有名的例子, 还专门画了图示加上图片来说明, 振振有词地, 现在想来好空洞啊! 只有自己经历了、感受了才会更加深刻。

评论

　　茫眼　敬佩！理论与实践都很强。读后真让人感动。虽然艰难，但依然是幸福的家庭，那里有超越物质和时空的精神，生活中许多未知的大门将会一一打开。对于华婕的康复我们大家会更有信心。

　　彧呈　肖老师真强大，更加崇拜中。同样的事情，换一种心态会更容易去面对和解决。路漫漫其修远，心态很关键，加油！

　　亚丽　是的，"只有自己经历了、感受了才会更加深刻"！其实你一直在用这种积极的方式和态度面对着一切，所以我说你近乎伟大，"坚强、从容、淡定"！你是真正的心理学大师。在上学期曾经经历了一件事情，我当时很慌乱。有位同事说，你是怎么给别人做心理辅导的。现在想来真是这样，什么事情只有自己遇到了、经历了、感受了，体会才会更深刻，理解才会更彻底，帮助别人也会更有效。认知、看法、信念决定着我们过怎样状态的生活。

我们的车可以停在残疾人专用车位了 / 11月19日

　　在美国，虽然停车位不像国内那样紧张，但是在一些商场、医院等人口密集的地方还是常常要寻找停车位的。然而任何可停车的地方都会专门留出残疾人的停车位，而且是最靠近门口的位置，这是美国法律规定的。不过必须要有残

⊙ 靠近大门的停车位都是
给残疾人的专用位，两个
车位的中间有一米多宽的
间隔，方便轮椅上下

疾人停车牌，而且车上一定是有残疾人乘坐才能停在此位置上的，否则被警察抓到，会严重罚款的。

我们有车后就开始申请办理这种专用的停车牌。婕爸首先是到车管所填写了申请表，这个程序还简单。再到医院请医生开证明就不容易了，需要加州注册医生的证明才能有效。我们只能找州立医院的医生了。医生是很难见到的，按照医院的安排，华婕要到12月才能见到医生，只好拜托一星期见一次的康复师，请她们帮我们代办，这样一等就等了三个星期，看来她们见医生也不容易呀。拿到注册医生的证明，再到车管所去办很快就办好了。

有了这个停车牌后停车就方便多了。不仅是停车距离门口近，还有就是不会影响别人。把华婕从车上搬到轮椅上需要有较宽敞的地方才好转移，有几次我们正在搬华婕上下车时就遇到旁边车主也来了，尽管人家很有礼貌地在一边等着，但我们还是心有压力地手忙脚乱！而在专用停车位上就不会发生这种事情了，因为划分位置时考虑到这点，是留有足够空间，对于那些自己开车的残疾人来说，也意味着更容易停车了。

我们的停车卡牌子正反一样，随便怎么挂都方便。车卡上写着：加州残疾人停车卡；使用时间是到2011年6月。中间的小字是警告：非残疾人使用此卡，最高罚款可达3500元！最下面的小字是：加州法律规定，加油站必须协助残疾人加油（这里加油站均是自助），除非只有一人忙不过来时。就从这样的一个专用停车卡，也可以折射出对残疾人的保护。

妈妈，生日快乐！ / 11月22日 © Sunnie

我亲爱的妈妈：

生日快乐！希望你有身体健健康康，心情愉愉快快的一年！

我也会努力训练，尽量让你轻松一点，你不用老是担心我。

又快到您的生日了，过去的几年每到这个时候我总会寄张卡片回家，因为出来读书后没办法和妈妈一起度过，卡片也成了我的固定生日礼物。爸爸也总记得买束花回家，其中也一定有妈妈喜欢的白百合。今年没有了卡片，因为我没法出去买，也省去了鲜花（省点美金，嘿嘿），我想暂且把这篇博客当成一个给妈妈的

⊙ 母女俩2005年8月摄于英国莎士比亚故居前

礼物，于是瞒着她先发上来再说，也顺便给我妈赚点人气和祝福，因为她一直说把这里当成和远方的朋友交流的地方，希望大家多多支持。虽然我知道肖老师一直是个很低调的人，希望她不要怪我咯！

婕婕

评论

Sunny阿姨之一　今年的生日肯定是别样的心情！尽管与你们相识20多年，但原来真的了解不多。这半年多来，读肖大姐的博文，我们对你们全家更加尊敬和珍惜！你们的辛劳、你们的压力、你们的慈爱、你们的睿智和才学，无数次感动、教育和启发了我们。

拉拉爸　不知道你已经多少岁了，但一定很年轻。因为你的心理年龄一直很年轻，很恒定，很富有生命张力。祝你每年的生日依然健康，依然微笑。禹华婕很有心，用这种特别的方式，鸣谢生她养她的母亲。

患难更显情意浓 / 12月4日

天天在诊所待着，也见证了一些事情和人，其实每一个病人都有自己的故事，交往久了，常常被一些故事感动，总想写下来与朋友们分享：

大概在华婕来诊所的两个月，也就是7月份，诊所来了一位美国小伙子，杰西，他也是车祸导致颈椎受伤，受伤位置比华婕更高，坐在电动轮椅上整个手臂都是僵硬的，不能够动，小伙子个头还很高，大约有1.9米，第一次来诊所就说他本来9月份要结婚，我听说后心里想，真可惜，还差两个月就可以做新郎了，现在肯定是泡汤了。当时陪他来治疗的除了他母亲外，有时也有他的女朋友带他来诊所，这是一个蛮漂亮的美国女孩，高大、丰满还很文静，每次来都是静静地坐在杰西旁边看书，或者跟杰西低声细语地说着什么，但是将杰西扛起来也是一个人就搞掂。当时看到这个女孩，就很为她惋惜，真难为她了，本来是要为自己的婚姻大事快乐而忙碌的，却变成一个病人的看护者。到了9月份，华婕说杰西下周不来了，要去结婚了！我一听，第一反应就是，他们还真的结婚啊！接下来的感受就是那个女孩真伟大，其实在她举行婚礼前应该是有选择的，即使她有其他的选择，人们也会理解她的，可是姑娘却默默地接受这样的现实，以我们凡人之心真是没法理解，只有钦佩了。在结婚后杰西来诊所几乎都是由已经是他太太的那个女孩送来，他们好像很自然地就接受了这样一种艰难的生活。

常常来诊所的另一个病人克里斯汀，也是一位高位截瘫者，是第4颈椎受伤，已经一年多了。这是一位五六十岁的妇女，虽然病情很重，坐在电动轮椅上，头还要靠在后面的颈撑上才能够坐稳；可是每次来都可以听到她慢声细语地在说话，虽然我听不懂，但感到她是一个很优雅的女人。婕爸说，她还很幽默。她的先生是一位典型的绅士，几乎每次都是先生送来（有时候是她女儿送来）。他们家距诊所很远，说是开车要一个多小时，我看到她先生常常送她来后就累得坐在旁边睡着了，而等到克里斯汀要去站立机时，只要她轻轻地叫一声"John！"他马上就会起身走过去，站在她的身旁保护着，让人感到他们心灵相应。克里斯汀站立在那里时，她先生就一直陪在旁边，有一次华婕正好在旁边训练，听到她先生低声跟克里斯汀说，你可以闭上眼睛，想象我们现在漫步在佛罗里达的海岸边……我和婕爸听说后还笑着说，这对老夫妻还真浪漫啊！可是有一天，却听说那位绅士不是她的先生，两人原来是准备结婚的，可是发生了车祸就耽搁下来了！天啦！这又一次让我感叹不已，什么叫作患难见真情，这不就是活生生的例子吗？！他们做得那样自然，没有任何的张扬，就这样靠情意维系着困难的生活。

虽然他们之间的付出和收获可能是不成比例的，难得的是他们心里却是平衡的。他们用自己的行为默默地诠释着这样一条爱情的格言：爱一个人就是愿意为对方牺牲自己。

评 论

老树苗　感动！爱是付出，同时也是收获。就像杰西的太太和杰西、John和他的女友、婕爸婕妈和婕儿之间美丽的情感。

彧呈　能够一路走到最后的就是永远，做远远比说难千百遍。每一次看博客都有感触有收获。

Sunny阿姨之一　患难见真情，"情"字何其广！夫妻恋人情、父子父女情、母子母女情、兄弟姐妹情、亲戚朋友情、同学老乡情……情满天下、情系终身。情意何其深！可为情饥，可为情渴，可为情困，可为情累，可为情伤，可为情死……情义无价、情实可贵；尽情何其难！要吃、要喝、要睡，要为国，要为家，要工作，要生活，要抗内惧，要抵外压……可这次，能做的不能做的你们都做到了，做好了，既尽了自己的情，也为世人作出了表率。套句俗话，你们是既平凡而又伟大的夫妻、父女、母女！（回复：真是诗意大发呀！可见也是情意深深之人，尤其是在我们遇到灾难时，更加体现出我们朋友之间的情意了。）

到伯克利与陈女士母子见面　/ 12月16日

陈女士是我在华婕受伤后结识的朋友，真是患难之交，她的儿子也是在五年前颈椎受伤的，我在五月份的博客中介绍过她，那次是她专门来圣荷西看望我们，并且帮我们联系了现在的住房，华婕睡觉的病床也是她帮我们找到的。这次她又从南卡州飞到加州，看望在加州伯克利大学就读的儿子，我们一直相约要见面，终于在这个周日实现了。

为了这次见面我们早早就作了准备：华婕将到伯克利的路线图打印出来，周六晚上她就提早洗漱、睡觉，以便周日能够早点起床；婕爸将汽车及车上用品准备好，我也是将路上必要的物品一一打点好。华婕出事后，我们出门哪怕是只有一个小时，也要做一番好像是去旅行般的准备，幸亏有了汽车——这样外出活动就方便多了。

那天晚上华婕睡得比较好，痉挛少了一些，让我们也睡得安稳一些。周日早晨一切都很顺利，我们按计划时间11点出门了，按照网上Google的路线提示，在高速路上倒是很顺利，找到约好的地方停下车，已经是1点钟了。

陈女士将儿子安顿后就赶过来接我们，她显得比上次年轻，也漂亮了许多，很热情地带我们来到一个韩国餐馆，这是我们事先讲好的地方，大家可以一边吃一边聊。她儿子宇典已经坐在餐桌旁等着我们了，看起来还真是一个学生，一脸的单纯，看到我们淡淡一笑，两个酒窝就出来了，让人感到可爱。他虽然来美国十年了，但普通话很流畅，我们交谈起来很亲切，尤其是与华婕谈到受伤后的

感受，两人在很多方面都有同感。陈女士也讲到儿子受伤后他们一家的经历，讲到她当时遇到一些的艰难情况时，声音都哽咽了，让我感受到每一个受伤的家庭都有自己难言的困苦，都是咬着牙坚持着挺过来的。大约吃了一个多小时，宇典因为第二天要考试，他还得去图书馆复习，所以坐着电动轮椅自己先离去。

陈女士带我们去宇典的学生宿舍。这是伯克利大学专门为残疾学生安排的，地址就在餐馆附近。走不到10分钟来到一个铁门前，陈女士告诉我们，这个铁门一边是用钥匙开门，另一边则是用遥控器开门，专门给残疾人使用的，只要轮椅走近，那个大门就会自动打开。我看了看那扇已经有些生锈的铁门，感到很温暖，看来对残疾人的关怀还很有些年头了。宇典的房间就在一楼，进去还有一个围起来的小天井，可以放一些杂物，走进去大约有12平方米大小，除了床、书桌、书架外，还可以放下他的两个轮椅和一个站立机，另外有一个小厨房和洗手间。对于学生来说，这样的房间是很宽敞的了，这也是残疾学生的待遇。走进洗手间，我们看到，学校特意为残疾学生准备的冲凉、如厕设施，很是方便，让我们感叹这种细致的人性关怀！怪不得陈女士老是夸伯克利大学对残疾学生照顾得很好，让她放心送坐着轮椅的儿子一个人离家几千里来这里就读。（因为陈女士与先生都在南卡大学工作，如果儿子在那里上大学的话，不仅生活方便不少，还节省许多的费用，她也放心很多呀！）

坐下来后我们又逐渐了解到宇典的具体生活：虽然他能够自己独立地在轮椅、床上移动，能够自己打电脑、记笔记学习，但是还是需要请人照顾他的生活，所以他们请人在早、中、晚三个时间段来帮助他穿衣、做饭、购物等，当然都是勤工俭学的学生。陈女士还很骄傲地告诉我们，儿子现在已经在旧金山市环保局工作了，每周工作两天，是他自己坐轻轨去上班，我很好奇地问，他是怎样找到那里的工作的？她告诉我，因为伯克利是著名的大学，所以常常有公司来招聘，这次是旧金山市环保局有指定名额要招残疾学生，所以宇典一去就接受了他。我又问：做什么事情呢？她说就是帮他们做研究，查资料等，并且说儿子参加工作后，人都自信了许多。这样他可以一边读书一边工作，因残疾学生可以延长读书时间（一般学生有要求在指定时间内完成学业）。

正聊着宇典又回来了，原来他要上洗手间，图书馆离这里不远，所以回来很方便。接着他在他的站立机上站了起来，看到他自己撑着简单的站立机（其实是一个走路的Walker）从床上慢慢站立起来，开始还有些摇晃才能保持平衡，过一会儿就站得很稳了，他可以这样站上一两个小时啦！真让人羡慕！

在聊天中不知不觉已经快到五点了，帮助照顾宇典的学生也来了，虽然还有很多的话要聊，但是身为残疾人的家属，我们深深知道每一个家庭都会有很多的事情要处理的，我们也就起身告辞了。走出来虽然天色渐黑，还刚刚下过雨，走在湿漉漉的路上，可我们的心里却是感到很温暖，也更加有信心了，陈女士的话一直在心里环绕：不要着急，孩子的功能会慢慢恢复的。谢谢你，春禾！宇典！

圣诞往事

◎ Sunnie

　　年近圣诞节，这里的节日氛围愈加浓厚，让我回想起小时候的圣诞节。那时蛇口已有一部分外国人居住，每近年末就能在他们住所附近看见圣诞树和各种灯光装饰，这在20世纪90年代初的中国来讲是特别有圣诞气氛的，漂亮、闪烁、温暖是我对圣诞最初的印象。后来又听了关于麋鹿、穿红白衣服的圣诞老人、爬烟囱以及带来各式各样圣诞礼物的故事，我开始了解和期待圣诞，简单来说就是孩子期待一个能收礼物的日子。我问父母家里的小客厅没有烟囱，圣诞老爷爷怎么进来，他怎么知道该给我什么礼物呢？爸妈告诉我说圣诞老人会在每年的平安夜晚上来，我需要把想要的心愿写下来并偷偷地放在客厅窗帘背后的窗台上。那一年我刚读小学，在同学中最时髦的就是机器人形状带有好几个小抽屉的铅笔盒，每个小抽屉按一个键就能自己弹出来，橡皮、铅笔、削笔刀等都能分开在不同的地方放着，机器人头顶还有一个把手可以像手提包一样拿在手里。那时识字不多，还只会写拼音，于是满心欢喜地给圣诞老爷爷在一张贺卡上用拼音写下了我想要的东西："圣诞老爷爷，我是一年级二班的小朋友禹华婕，我今年表现得特别好，希望能够得到一个机器人形状的铅笔盒。"

　　写完贺卡，爸妈告诉我不用给他们看，在窗台上放好就可以了，我兴奋而且小心翼翼地把这封贺卡放在了窗台后面，乖乖去睡觉了。第二天早上起床立刻跑到窗帘后，圣诞老人果然送来了一个与期盼中一模一样的铅笔盒，我满心欢喜，于是得瑟地拿着它上学去了。我特别清楚地记得，一般铅笔盒都是放在书包里一起背着，可是因为是从圣诞老人那得来的礼物，我偏偏要把那个铅笔盒拿在手上，好让小朋友们都能看见我收到了这个特别酷的铅笔盒。见到相熟的

⊙ 7岁时在蛇口四海公园，
自行车就是圣诞礼物，
后面的楼房是Sunnie的
初中母校——育才二中

同学我会立刻把铅笔盒拿起来，边按下一个抽屉的按钮边得瑟地说：快看我的橡皮在这里！等着看他们脸上露出无比羡慕的表情。

　　和圣诞老人这样交流的游戏持续了几年，我又收到了心爱的单车、梦想的芭比娃娃等礼物，直到有一天，在学校和同学激烈地争论世界上是否真的存在圣诞老人，我非常肯定地说出曾收到过礼物的例子却遭到了他们的否定。回家后再次向父母确认，妈妈觉得是该让我了解真相的时候了，才告诉我真相。听说为了避免被我看到还把单车先寄放在邻居家里。现在我已记不起当时是不是很失望，但却清晰地记得收到过的惊喜和礼物。

　　从小到大，爸妈都秉持着让我简单快乐成长的原则，感谢他们为了保护我天真的圣诞老人梦而精心设计的圣诞游戏，让我拥有了一个温暖美丽的儿时圣诞回忆。

曲折磨人的租房过程 / 12月23日

　　一个多月前现在的房东电告我们，他们准备搬回来住，所以我们必须在1月5日前交房给他们。听到这个消息，我们感到又是一个大问题摆在面前，如何解决，能否较满意地解决？一切都是未知数，但是必须去面对。先在心理上做好不顺利的准备吧！的确，我们不像一般的租客，首先我们有自己的要求：因为华婕要在诊所治疗和康复，所以地址是离诊所越近越好，这个是我们选房的首要条件。我们现在住的小区是最理想的，华婕可以自己开电动轮椅去诊所，十来分钟就到达。中午我可以走过去送饭，看看华婕训练。其次还有华婕洗澡需要的那种淋浴房。

一个多月前我们就开始在网上寻找，只要有本小区的租房信息，华婕就马上发邮件联系，可是一连四套房发出去的邮件都没有回信。华婕再发，还是没有音信。想来唯一的原因是不愿意租给要每天做饭、炒菜的中国人。眼看到了12月中旬，我们只好舍近求远。诊所的Nili帮我们在附近搜索到一些租房信息，记得那天我和婕爸开车跑了五个地方，不是太贵了，就是人家又要信用证明又要租一年以上，都不行。天黑时走出租房处，拖着疲惫的身躯心里不禁哀叹，哪里能够容得下我们呀！

婕爸近来身体欠佳，不仅腰椎间盘突出复发，早年动过手术的疝气一个多星期前也开始隆起疼痛；这些都是不能够多做重体力活的老毛病，可是每天搬运华婕的任务是必不可少的，华婕数了一下，每天要搬10次！我也只能偶尔搬移一两次，婕爸现在是打着腰绑带坚持着继续搬运。如果住到要开车的地方，则搬运华婕的次数还得增加，而且婕爸每次将华婕搬到汽车上后，还要围着华婕的座位前后左右地摆弄，一定要让宝贝女儿坐得舒舒服服的才放心，全然不顾自己的腰、腹是带病撑着的，这实在是让我担心不已。想到婕爸撑不下去时的后果，我还是极力想在本小区继续租房住下去。那样婕爸至少每天少搬四次呀！

记得华婕加州大学MBA的同学Songyan建议过我们可以在小区内发帖子，虽然我们没有看到有布告栏，但是在询问了清洁工后知道在信箱室有一个小小的布告栏，于是让华婕打出一个求租住房的帖子放在上面。隔了几天也没有消息，我再去看发现被人拿掉了，只好再贴一张。慢慢地有人来邮件联系了，可是陆续看了四套房，对方看到我们的条件后也一一没有回音了。眼看搬家的日子要进入倒计时了，这边还是没有着落，怎么办？我甚至都在心里祈求老天了：不要再折磨我们了，给我们一点便利吧。

就在我们要放弃住在本小区的打算时，突然峰回路转，昨天有一个来自台湾的胡女士主动与我们联系，说她在小区有一套房子在装修，准备出租，今天下午约我们去看房。房子虽然有点脏还不要紧，唯一不理想的是，那套房间没有淋浴间！只有一个浴缸，真是世界上没有十全十美的事情啊！不过我们会想办法看能否解决洗澡问题，至少还是有希望了。让我们在圣诞节前能够安心一些。

评论

66妈　婕爸的身体要多加注意了，疝气是小病，但是要提早根治，不然会引起后患。我父亲的大病就是因为这个小病而引发的。看着你的博文深感在外面事事都太难了，婕婕的这种病治疗进展极其缓慢，这一年你们耗神耗力已经快超过极限了，精神和身体都需要适当的调整。每天都在牵挂着你们。

新年搬进新家 / 1月4日

　　就在人们准备欢庆新年即将到来之时，我们也期待着新租房的落实。房东胡小姐约了我们31日下午4点签租房合同，因为有了前一次与女房东的恶交（那一次是合同都签好了，只是没有拿钥匙），所以在没有拿到钥匙之前，我实在是放不下心来。不过这一次感谢老天安排，新房东胡小姐还是很爽快的，签了合同，交了两个月的房租支票后，她马上就将房门钥匙全部交给了我们，虽然合同上是从元月3日才算起。

　　于是搬家从1日就开始了，因为是在同一个小区，不用大动干戈，我们只是将杂乱的东西归到盒子里，婕爸就一趟一趟地搬过去。等到2日小王与他的朋友们过来帮忙时，就剩下床、柜、桌子等几件大的了，他们几个小伙子很迅速地就解决问题。这样再将一些零星的东西搬过去，这个小家基本就算搬完了。

　　剩下来的工作更加繁重，那就是做清洁。必须把原来租的房子打扫得光鉴照人，完璧归赵，否则我们在他手上的1000元押金还不知道要扣掉多少呀！据很多在美国租过房子的人介绍，还房子的时候不管你打扫得多么干净，房东都会找到理由或多或少扣掉一部分押金的，多的有五六百，少则也是300！那可是美金呀！所以打扫卫生工作我是提早好几天就开始做起来，也不敢太累，还得保存实力做护理员和家庭主妇，所以分开做：今天清洁窗户，明天擦门，后天清洁洗手间……客厅的地毯有点脏，那是最显眼的地方，我是分三次清洗的。重点是厨房，油烟机、灶具、冰箱这些油污的重灾区，美国人最担心的就是这点，婕爸就承担了这个艰巨的工作，洗洁精都用掉了半瓶，记忆中是平生花了最大气力做的房屋清洁。我和婕爸手里拿着抹布在房间里反复检查，可以说，比我们搬进去时干净多了，只可惜没有对比，刚进来时，听人叮嘱还将一些脏的地方拍照下来，可是到要交房时却又糊里糊涂地找不到了，只好作罢。终于赶在3日中午12点前，将整套房屋弄得一尘不染了，这是合同约定交房的时间。12点多，房东Brain赶过来，他是警察，还在上班中，只见他全身警察装备地开着警车来了，说是还要赶着去哪里，他身上的通话器不时在说话，似乎很忙，只是接过房间钥匙，也没有到各个房间去查看，说过几天他会将支票给我们的，他这个星期就会搬回来住了。但愿老天保佑，他会凭良心将押金如数退还给我们。

　　一个新年就在搬家的忙碌中过去了，这样也好，至少我们会有搬新家的些许兴奋，而不去回忆2009年留给我们的巨大痛苦。2009年的最后一天晚上我们是在没有电视、没有网络的平静中度过的，我们三人谁都不提这些事情。快到11点钟时我终于忍不住了，不禁脱口而出：让倒霉的2009年赶快过去吧！是的，这一年我们经历了太多太多的痛苦和折磨，在我们的人生轨迹中是180°的转折，也是人生最低潮的一年，我相信，我也祈祷，以后的日子慢慢会有一些好转的。

爱女之切的婕爸　/ 1月17日

　　晚上我和婕爸将华婕的洗漱等就寝前所有的事情都处理好了，她背后垫着两个大枕头，弯着双腿侧身睡在床上，将被子给她盖好后我转身准备去收拾物具，就听见华婕轻轻地叫了一声："爸爸，嗯！"我心想：还有什么没有做到吗？回头一看，只见华婕用手指了指自己的嘴巴，我还说："怎么，还要喝水呀？"却见婕爸迅速拿起桌上的唇膏，去掉盖子熟练地给华婕抹了起来。我摇摇头，心里感叹：这父女俩配合的，我是自愧不如呀！这些事情应该是当妈妈的做，可我自己本来也很少用唇膏，给华婕也是有一下没有一下的，而且我是将盖子揭开后递给华婕，她会用两手夹住唇膏使劲往嘴唇上擦。正想着，听见婕爸问："好了吗？"华婕："嗯！"点点头后，婕爸一边放回唇膏一边很得意地对我说："怎么样？什么叫蛔虫级服务？这就是了！"他常常自称自己是女儿肚子里的"蛔虫"，女儿要什么他都知道。看他那开心的模样，我不禁回想起婕爸对女儿的种种"痴爱"来。

婕爸在朋友们的圈子里一直被大家标以"模范男人"，尤其是被太太们所公认的，这不仅包含了模范老公的意思，更是对模范老爸的肯定。因为婕爸对女儿的爱与朱自清《背影》中的默默的父爱不一样，他是性情中人，不论在什么场合中都会体现得淋漓尽致：每一次外出，婕爸的眼睛的重点就是华婕，桌上只要有华婕喜欢吃的东西，他会当着大家的面夹给华婕吃，记得一个同事曾经形容婕爸爱女之切，说："你老公一看到女儿，眼睛就笑眯成一条缝了！"人家都说孩子的直觉是最准确的，的确如此，华婕从小就最喜欢爸爸。每一次回家当我为她打开门时，她会向我的身后大叫："爸爸！"我有时候会提醒她："喂，是你妈妈在给你开门呢！"华婕小时候最喜欢在爸爸的身上玩耍，只要一沾到爸爸的身上，无论是骑在头上还是被夹在手臂下，她都会开心得哈哈大笑不肯离去，婕爸也常常骄傲地说："婕婕只要在我身上就放心地乱爬！"

婕爸自己从来不穿贵一点的衣服，可是对女儿却是"喜欢就买"，不论是衣服还是其他东西，他都是很大方的。记得有一次华婕演出需要一双黑皮鞋，那时候蛇口商店不多，我们几乎将蛇口所有卖鞋子的地方都跑遍了，还是没有买到华婕满意的黑皮鞋。婕爸是最不喜欢逛商店的，那天晚上我都不耐烦了，可他还是很有耐心地陪着女儿一次次寻找，最后到晚上9点多钟了才在老街买到。他在家里一切都是以华婕的需要为中心，每次我俩外出如果华婕在家里，那他一定是要急急忙忙地赶回来的。记得有一次我们带华婕去看东方歌舞团的演出，还没有看完华婕要睡觉了（华婕那时候一到9点半就要睡觉），吵着要回家，婕爸马上抱着华婕就离座，全然不顾当时剧场中那视觉、听觉的美好诱惑，我只好一步三回头地跟在后面，心里还在可惜花了好几百元的票钱呢。

华婕受伤之后，婕爸伤心得肝肠寸断，好多次痛哭流涕，刚来凤凰城的几个月，本来只有一圈头发的他，每天枕头上会脱落一层下来！来到女儿身边后他更是无微不至地照看，贴身护理，为了让华婕得到比较好的康复治疗，他硬是克服了身在异国的种种困难：从医疗保险金的使用到申请加州医疗基金，从凤凰城到圣荷西，从早上陪着华婕出门到天黑陪着华婕回来。尽管大半年下来身体渐渐出现一些不适，可婕爸一定要让爱女能够最舒服地坐着、躺着，可是对于一个重残的人来说，做到这点却是要花费很多力气、想很多办法的。因为常常要在低处（床边、轮椅等）给华婕护理，为了少弯腰只能跪着做，如今他的膝盖都已跪出了两个厚茧！但婕爸却坚持着。婕爸能睡是出名的（也幸亏他能吃能睡，才撑到今天），倒在床上几分钟就可以鼾声渐起，早上叫醒他也需要好几分钟的时间，可是现在华婕晚上常常是要我们帮她翻身或导尿的，虽然华婕的叫声不大，可是婕爸却可以很快醒过来，华婕说："有时候听到他还在打鼾，我刚叫一声'妈妈'，爸爸就马上应声起床了，睡眼朦胧地奔向床边。"

这就是婕爸，一个爱女爱到骨髓里的老爸！

评论

新浪网友　看了这篇文章，真是很感慨，因为最近我一直对老公的"女儿要富养，儿子要穷养"的娇宠女儿的理论有看法，看到婕爸的所作所为我也就释然了，原来天下老爸爱女儿都是这样毫无"原则"，毫无"理性"。对待女儿，婕爸的做法和我女儿的爹简直如出一辙，所以女儿说自己是爸爸前世的情人，这辈子老爸对她就只能不离不弃了。一个和睦温馨的家庭，每每看到肖老师的博客我就总在想，如果华婕不出事，该有多好……

Xiaoyi　去年跟婕婕吃饭的时候，我们还在感慨说我们家的各位爸爸都特别疼孩子，我们几个小孩都是被爸爸宠着捧着……真的很幸运，也很感激！谢谢爸爸们！

新浪网友　记得在A-Level住一个宿舍的时候我就感觉Sunnie跟家人的关系特别密切，那时候大家都考虑读大学的事，Sunnie跟我们说希望可以减少一点家人的经济负担，让婕爸婕妈过得好一点。当时这么多同学，Sunnie是第一个这么说的。这些一定是因为Sunnie一家子的感情深厚，懂得互相关心体谅对方。虽然都说父母爱孩子天经地义，但是像这么温馨的家庭现在确实是不多的。我每次来这里看都觉得很感动。

Sunny阿姨之一　过去我知道父爱坚如山，今天我知道父爱也柔似水。孩子就像一只雏鹰，长大就飞走了，尽管父母舍不得他们离开，但还是希望他们能够成为一只雄鹰，飞得更高、飞得更远。婕儿出事后，折翅的雄鹰又回到了父母的怀抱，深深相爱的父女能够长相守，其间有苦也有乐……说句不中听的话，有时还挺让人羡慕的。（您说得很对，这是我生命中非常重要的东西，是最让人动容的，我想很多人也深有同感，我非常感谢老爸——婕）

拉拉爸　有一点敬佩，又有一点妒忌；有一点伤感，又有一点崇拜。不仅禹华婕有一个好爸爸，肖老师也有一个好丈夫。这种男人可不是谁都能碰到的。第一是要手气好，下手快，比别人先抢到。第二是抢到还不算，还要有耐心慢慢培养，慢慢回味，慢慢欣赏，然后才有极品的表现，才能"相看两不厌，唯有敬亭山"。我的理论是：没有肖老师的贤惠，就没有禹爸爸的完美。这一家人都挺让人佩服的。

Peluya0405　我们同为父母，但你们做得太好、太伟大了，能做得像婕爸对爱女的那种全身心的关爱体贴和付出的父亲真的不多。婕婕能有这样的父亲是她的骄傲和幸运！她的感受肯定比你深，如果是婕婕写出来会把爱女爱到骨髓的婕爸描述得更生动、更感人！

豆豆　"蛔虫级服务"，太经典了！不是都说女儿是爸爸的心头肉么，就是有深爱自己的婕爸和婕妈，Sunnie才会如此坚强、阳光！

龙崎杀　看到婕婕姐姐一天比一天好了，很高兴。偶（我）现在也在努力奔放滴（地）活着。烦人的事情总会过去的。全世界的熊都一个熊样，不理他们。不管怎么样我们都不是一个人哇，希望你们勇敢闯过难关哦。

Sunnie的新轮椅一波多折 / 1月21日

　　华婕受伤后，一开始是自己完全不能够动，只能让别人放到电动轮椅上，利用右手的手掌来操纵轮椅行动。电动轮椅设计得很灵敏，华婕只要轻轻地控制操纵杆，就可以进退自如了。但是电动轮椅很笨重，如果要上汽车的话，必须要有专门用于上下的板，车上还要有足够的空间才能放下，一般的汽车是不能上去的，所以只能坐手推轮椅。眼下华婕要外出就借诊所的一个轮椅，因为是一般的轮椅，华婕坐上去很不适合，不仅太宽大坐不稳，而且没有软坐垫（因为诊所是做训练用的），坐久一点就感到全身难受，甚至出现痉挛，严重影响到她的坐姿和情绪。

　　购买手推轮椅的计划早就在7月份开始，但是执行起来却慢如蜗牛：首先我们是通过医院的训练师去购买，因为她告诉我们，医院开证明就可以免掉9.25%的购物税，但是没有想到随后却是一个漫长而拖沓的过程，与医院联系的厂家可能是皇帝的女儿不愁嫁，每次与他们见面比见训练师还难，几个星期才见上一面，这样光是要给华婕量身就过去了两个月，然后是要商量各种适合华婕的配件，又是一个多月过去了。好不容易将需要的东西确定下来，让他们报价，吓我们一跳，比我们的最高预计多出50%！于是婕爸通过邮件还价，可这一去就没有音信了，婕爸一连发了三封信，天天回家就看邮件，人家没有任何回信，把婕爸郁闷得天天沉着脸。

　　10月份我们去了SCI-FIT训练后，坐轮椅的次数多了，更加迫切地感到一定要买一个手推轮椅了，就连SCI-FIT的训练师Lin也说：看到你的轮椅就难受！何况那里的残疾人的轮椅都是自己专门度身定做的，不去管式样如何酷，至少是很舒适了。11月份正好有一家轮椅厂家前来邀请SCI-FIT的经理Abenna去参观，她回来后就介绍我们联系。于是在一次训练完后，我们直接去了这家公司。到公司后有专人接待，是业务员Susan，她也是坐在轮椅上工作的，从他们挂在墙上的工作摄像情形来看，这家公司有好几个员工都是残疾人呢。随后来了一个技术人员，看起来是南美人，他首先给华婕量身，然后为我们介绍各种轮椅的性能、特点，并让华婕一一试坐，感觉一下，最后我们大致确定要哪些配件，已经是5点半他们下班时间了，他才送我们上车离开，大约待了一个半小时。虽然到家天早已黑了，华婕也很累，但三人的感觉都不错，毕竟又有了新的希望。接下来与这家轮椅商的联系不断，每次发邮件，一定会在第二天收到他们的回复。后来又去了一次轮椅公司，最后敲定所有的事情，在调整了一些配件后，价格只是原来的三分之二，是在我们接受的范围，就定了下来。

　　这是在12月初，原来是说订货后三个星期就可以拿到轮椅，可是真正订货后却要等到29日，华婕好失望地说不能在圣诞前坐新轮椅了，不过在新年前拿到作为新年的礼物也好。接下来，华婕就进入倒计时，每逢坐轮椅不舒服时就想想，还有多少天就好了。结果接下来一会是配件没有到，一会又是轮子外轮不配套，一直拖到1月7日才去试轮椅。可是到了那里华婕试坐上去，却没有原来想象的那样舒服，问题还很多。一个度身定做的新轮椅竟然出现这么多的误差，让人怀疑，一定是哪里弄错了。从那里回来后婕爸和华婕又是打电话又是发邮件提出我们的疑问，不客气地指出他们的工作失误及对我们的影响，可对方都没有正面答复，就是不肯承认他们有失误，让人失望。

　　到周三（1月20日）收到轮椅商的邮件，告知轮椅已经全部装好，各方面都符合华婕的要求，我们第二天就去了。虽然天一直下着大雨，可拿轮椅的心迫切，我们还是直奔轮椅公司所在地。可是那个技术人员安东尼奥和直接联系的工作人员苏珊都不在，只有一个助手在那里等我们。华婕坐上新轮椅，虽然靠背和刹车调得可以了，可发现脚还是踩不到脚踏板，是坐垫太高的原因！这时我们突然听到安东尼奥的声音传来，抬头一看，原来他是在公司的另一个地方通过墙上的电视视频在与我们对话。在安东尼奥的指挥下华婕又接连试坐了三个坐垫，感觉都不行，这时婕爸让助手量了两个轮椅的座高及脚踏板的高度，发现都与定制所要求的尺寸不一样。就向安东尼奥指出问题所在，是他们将尺寸弄错了，我们不能接受，而安东尼奥还要强调是生产商的问题，就是不肯认错，婕爸很从容地与电视中的他讲理由，第一、第二……虽然我听不懂，可我发现婕爸此时的英语还是很好，很流利的呀！现场的五六个工作人员没有一个吭声的。最后婕爸问他怎么办，他只好说，那就不做了，将订金退给我们。我们当时商量了一下，婕爸同意，认为好不容易定做的轮椅，以后是要坐很多年的，可不能勉强。华婕还说，那要他们赔偿，我们来了四次，每次都是一下午，还等了一个多月的时间呢！不能退订金就了事。但是婕爸怕夜长梦多，建议我们还是先拿到钱再说吧，所以我们也就同意了。等我们出来时，外面的工作人员就已经在核对我们支票的地址，看来退订金是没有问题的了。但心里却是很失望的，折腾了这么长的时间，盼望了这么久，却是一场空。真是办点事情怎么就如此难呀！

零距离接触911 / 1月31日

911这个名词是在美国"9·11"事件发生后才知道的，等同我国的119报警电话，只是所有的报警都是这一个，不管是火警、急救、车祸还是其他的紧急事件，都可以找911，到这里来后曾听说过家庭因为教育小孩的事情也可以打911。几个月前，华婕因晚上发病，诊所的肖医生当时要我们叫911，可我们感到有点兴师动众，后来自己解决了。可没有想到几天前自己却亲身与美国的911有了零距离接触。

周二晚上因为婕爸的情绪问题我们发生了激烈的争吵，自己的情绪也非常激动，记忆中是从未有过的气愤，以至于引起心脏强烈收缩，我只好喝了一大杯冷水后躺倒在床上大口地喘气，只感到心脏绷得很紧、发麻，这时婕爸已经冲出去了，也没有带手机，留下华婕一人开着电动轮椅不知道怎么办，想打电话叫人，却发现手机没有电了，充电器在抽屉里，她是不可能打开的，而所有的电话号码都在手机里！看到我难受的模样，她提出要打911，叫急救车来，我不肯，因为这一年来，有好几次哭得太厉害时都会出现这样的情况，自己安静下来慢慢会缓解的。华婕问我想要什么，我说想喝点热水，没有想到华婕就将茶杯里的一点水倒进电热水器，打开开关，热了一小会，又用两手掌捧着热水器倒进茶杯，再把茶杯捧到自己的怀中抱着，另一只手开着轮椅到我床前说："妈妈，我热了一点茶水，你喝吧！"我心里一惊，你怎么热的？心里好感动！虽然不想动，可我还是勉强撑起来喝了那只有五分之一杯的热茶。

可是大约十分钟后我感觉到自己的嘴唇、心脏都开始麻木了，于是就让华婕用座机打911。可怜的华婕急忙将轮椅开到桌子旁，可是地面有东西挡住了她靠近电话，只好使劲弯着腰勉强将电话拉到自己面前，拨打电话。打通911后，对方首先问清地址，什么原因，然后告诉华婕，让我平躺着不要动，尽量做深呼吸，不要喝水（后来我才知道这是我病情加重的原因之一），接着又问了一些如何进来我家的问题。因为房门是从里面锁住了，华婕不能用手开，幸好前面有一个院子，当时的门没有锁上。华婕要求他们不要挂电话，她感到这是唯一的求救途径了，她还问："如果我妈妈要送到医院去，你们能不能将我也带上？因为妈妈不懂英文，""如果带上我，那你们的汽车能否放轮椅？"这是后来华婕告诉我的，听了让我想哭！

大约过了十分钟后，911电话里说已经到了，可是发现那里不是住家。这时华婕才发现自己匆忙中报错了地址，是报的诊所地址，幸好诊所与我们的小区是在一条街上。几分钟后婕爸也回来了，几乎同时听到院子里有人叫"HELLO！"一下就见一群人冲到了我的床前，他们全都穿着警察制服，最前面的一位女士面带微笑地自我介绍，然后很熟练地将一根吸氧管插进我的鼻孔，顿时感到一丝凉意沁入心里；接着她开始为我做心电图检查，同时一位戴眼镜的男士赶紧量血压，其他的人都在做一些处理。虽然满屋子都是人，但是声音都很小，其中一个男士在向华婕提问，好像是医生，听见华婕在不停地翻译，问我现在有哪些不舒服？手脚是否发冷？我说主要是心脏难受，他接着问是痛还是什么感觉，我说主要是麻木。又问，这种感觉假设分10个等级，我自己感到是几？我说是7。后来又问了一些病史和服药情况等，心电图出来后，他们又给我吃药，不知道是什么药，只让我咬碎吞下去。

这样过了大约二十分钟，他们拿进一副担架将我往担架上抬，说要把我送去医院，我提出来我不想去医院，因为我感到自己已经缓解了一些，而且婕爸回来后有人也有车，放心多了，再想到去医院的麻烦和费用，更是害怕。我问他们，检查的结果怎样。他们说心电图没有看出什么大问题，但是想把我送到医院再做血液检查。听说我感到好一些了，主问的男士就问我10个等级里现在是哪个等级，我告诉他是三四等级了，这样他们才将我送回床上，并一再告知，如果有不适一定要去医院。最后，有一人拿了一张表让我签字，随后说交费单过几天会寄过来的，一行人就安静地撤走了。后来听婕爸说，他进来时看到有两辆车停在大门口，一辆是救护车，一辆是警车，原来是邻居听见有喊闹声，也打了911报警！

　　这回可是亲身感受到911了，而且是什么都管。现在我的心脏已经基本恢复正常，请朋友们放心，不过想到即将收到的交费单，心脏又会紧缩起来，因为那是一个不会少于4位数的费用啊！体验一下911价格不菲哇。也谢华婕，替我担心了。

评论

　　拉拉爸　这是生死相依的感情。华婕做得好，你也救了妈妈一次！而且这次遇险也提醒了你们全家，今生今世你们谁也离不开谁。如果可能，以后要考虑其他人外出时的应急预案。

　　Sunny阿姨之一　好难过！欣慰的是婕婕好能干，了不起！做得很好，感动爸妈也感动了我们！你们一定是又遇到两难的抉择了。将心底里的郁闷彻底发出来也好。本来已经非常不容易了，相互间还是尽量多体谅些，再不要发生类似不愉快的事了。

　　宋雪　前几天回育才听说你们的事情，黄老师给了我这个博客，看了之后非常感动，被你们的坚强和勇敢、华婕的积极乐观所感动。我现在在广东省中医院实习，如果你们有任何需要都可以和我联系。我们全家祝华婕早日恢复！

　　晓梅　读了你的博文很心痛！知道你们最近日子很难过，烦恼重重。但是真的不要出什么事情了，这个家"一个都不能少啊"！情绪管理、压力管理……都试一下啊！以前听说你讲"心痛"，看来真是需要认真应对啊！有事情好好商量，一家人都不容易！千万要善待自己！

　　66妈　看着看着眼泪就下来了，很为你心痛，真希望能为你分担点什么，如果在国内也许不会有那么大的压力。

　　彧呈　千万注意身体，激烈的争吵伤神更伤心，相信这对婕婕也是一个不小的刺激，任何的问题最后都会有解决办法的，祈祷类似的情况不要再发生了。

　　Hst212　自己的身体是最重要的，很心疼你们在外面无依无靠的。万事一家人多忍让着点，毕竟家人才是最好的。多找外界发泄，转移压力。可以多写点忧愁忧虑的文章，在这里让大家分担。

异国他乡忆春节 / 2月10日

再过几天就是春节了。虽然人在异国，没有平时那样热闹喜庆的环境，但是随着日子一天天逼近，发现自己对这个传统的节日的感情在心里却是挥之不去的。原来每年都是一定要回老家长沙与老父老母一起过的，要早早地就想办法买机票，火车票是根本就不去想，因为从深圳回长沙的湖南人太多了，要买到火车票是难于上青天的事情。当然有好几年都是婕爸自己开车回家，有三次在京珠高速上遇到连环撞车出现的大塞车，好在有惊无险，不过自从2008年雪灾后，感到开车的安全系数越来越低，所以两人还是回归到坐飞机了。

回到长沙，听到满街的乡音，闻到空气中的辣椒味，看到熟悉的笑脸，都会感到特别亲切和轻松。尤其是婕爸，是一个极重亲情的人，回到亲人之间更是开心得很，心情特别放松。年三十的年夜饭更是高潮，早在一个月前就定好一个能放下一个特大的圆桌的房间，我们禹、肖两家人聚集在一起，总共有十六七人团团围坐，婕爸像个大哥似的关照每一个亲人，大家边吃饭边看春晚，饭后回到家继续再看春晚。临近12点时婕爸还会和侄儿一起放一大串鞭炮迎新年。看完春晚，我们总会遵照广东人的习俗到外面走一圈，叫做"走运"。我很喜欢这种方式，因为那时候出去可以感受到过年的气氛，听到的是或近或远的鞭炮声，脚下踩着鞭炮的碎屑沙沙地响，清冷的冬季让人很清醒，这时会对自己一年来的生活做一个小结，也会对新的一年有一些设想。

今年的愿望就是华婕能够尽可能康复，希望到明年的春节华婕能够和我们一起回长沙过年！

让爱在家庭中流动：对爱的表达和接受的感悟 / 3月4日

自从华婕出事，我们家又回到以前的核心家庭的结构；不同的是，每天都会遇到很多的困难和问题。而且华婕已经长大，独立生活已有五年了，每个人都有自己的想法、自己的惯性，三人天天在一起，免不了会出现一些摩擦。在极需要有一个良好温馨环境的要求下，这常常给家里的每一个人都带来痛苦，为什么会这样？我以自己掌握的心理知识去分析、解释，想到用家庭系统咨询中的方法去剖析，却像雾里看花，是似而非。直到偶然在网上看到《谁在我家：海灵格家庭系统排列》这本书的介绍，虽然我没有阅读到此书的详细内容，但通过大意了解，我感到有如获得点金术一般，让我的思路豁然清晰起来——那就是家庭中的爱没有通畅起来。

海灵格是德国当代心理学家，花了20多年专门研究家庭系统排列，他的理论有两点引起我的关注：第一，他认为，爱，主导着人类的活动，尤其是家庭中的活动。爱的推动力量形成祝福，爱的失衡和受挫形成咒诅。

我可以肯定，在很多家庭中都不缺乏爱，无论是夫妻之间，还是亲子之间；可是时常表现出来的却是抱怨、争吵，甚至是冷战相对；结果每个人心中还很委屈，感到自己是一片好心，却不能被对方理解。这样的事例在我以前接触过的咨询案例中都大量存在，不仅仅是父母对子女的慈爱，也有夫妻相互的恩爱，都会被误解，严重的还会导致转爱为恨，情感对立，伤人伤己。这就是爱的失衡和受挫导致的结果。当一方付出爱，而对方没有接受甚至拒绝时，一般在个体控制范围中，理智尚且能够运用一些方法去调整，暂时压抑或转移心中的怨恨，一旦超出个体的控制力，就会爆发成巨大的冲突。为什么会有很多的情杀，当然这是极端例子，更多的冲突是发生在家庭中。如父母对孩子过多地关照，引起孩子的拒绝，父母心理会产生愤怒或伤心；夫妻之间如果一方因为表达方式不妥而产生误会时，也会引起适得其反的结果。记得一个朋友告诉我，有一次她先生过生日，她花了一笔不菲的钱给先生买了一个他很喜欢的名牌手表，当她满心欢喜地把生日礼物送给先生时，先生却一脸的不高兴，认为妻子太奢侈了！可以想象朋友当时是怎样的委屈和失望，生日成了冷战日。妻子付出的爱没有得到希望中的接受，更没有回报，爱的力量受阻、变形，细想一下类似这样爱的失衡，每天都在很多家庭发生，每个家庭成员都在被它纠缠、为它苦恼，因为跳不出这个爱的误区，认识不到症结所在。

而当爱的表达被对方接受后，双方均会产生一种愉悦的心情，让家庭成员都处在和睦的家庭场中，这就是爱的流动形成了一股推动的力量。记得当我明白到这个道理后，前几天我洗完头发出来，正准备去上网，婕爸对着我说：头发吹了没有，别湿淋淋的感冒了！要是平时我会不经意地拒绝他：不用吹，很快就会干的! 就径自去做自己的事情了。但是当我正要说这句话时, 突然想到了海灵格, 于是说出来的话变成了: "喔, 是吗? 那我就去吹一吹吧。"转身就去吹头发了。等我吹干头发再走出来时, 看到婕爸脸上很满意地在点头, 我感到很安然, 更为自己的转变感到高兴。爱在流动, 爱在我家。

给我的启示第二点是, 个人的好强、自尊是影响爱的流动的一个主要因素。海灵格还认为: 我们始终受着传统意识的影响, 纵然自己可以有很多理由为自己的行为开脱, 但良知依然会评判着自己的行为, 愧疚不安和心安理得会交替地上演, 此时挣扎、矛盾和选择会时刻在进行着, 那么人的状态则是躲躲闪闪、隐藏、保留, 关闭着内心, 不愿意直面。我想这点在很多人的性格里都会表现出来, 尤其是自尊心很强的人, 常常会因为自尊而不愿意将自己对对方的爱表达出来; 或者是因为自尊心使然, 而不愿意坦然接受对方的爱, 常常使用一些掩饰、甚至是完全反向的形式表现出来。最典型的就是青春期的孩子对于父母的爱说不出口, 可能还用狠、恨的眼光看着劝他们多穿衣服、多吃口饭的母亲; 但事后他们却在作文、日记里会有真诚的、后悔的表达。我在学校的咨询中常常可以看到孩子心理上的这些矛盾与挣扎。我也注意到在家庭中父母中有一位好强的话, 就容易引起亲子冲突。也许是好强的父母不愿意表达自己对子女的爱, 总是以严父、严母的形象出现; 也许是好强的父母用一种强行的方式去推行自己的爱, 不能够被孩子接受, 爱因此冻结起来。但婕爸这点却是做得比较好, 记得有一次华婕正在讲一件事, 婕爸突然打断她的话, 华婕就将手指向墙上的一幅画(那是诊所的Neili送的年历), 叫道: "爸爸, 请看那上面写的什么!"我赶快转过头去看: Love is Listening Without Interrupting. (爱是不打断地倾听。)婕爸马上道歉: "喔, 对不起!"还给华婕做了一个敬礼的动作, 华婕笑着继续讲起来。我心里立即感受到, 他们父女之间的沟通让爱得以流畅, 于是记住了这个场景和这句话, 用来矫正自己有时候出现的不必要的执拗。

恋人之间、夫妻之间也会因为面子的关系引起一些不快。尤其是在恋人阶段, 男女双方可能都有好感, 可担心讲出来会被对方拒绝而丢面子, 从而失去机会的例子也是很多的, 尤其当着他人的面表达爱的时候, 一方可能用抱怨的口吻讲出来(因为躲躲闪闪), 另一方却认为是给自己丢面子(因为自尊心太强的敏感), 引起不快的例子也许在很多恩爱夫妻之间都发生过。如果有一方能够改变口吻, 或者一方能够领会到爱的信息, 误会是可以避免的, 夫唱妇随的情意还会引起他人的羡慕。

　　总之，一个家庭，爱是基础，但是光有爱是不够的，要让心中的爱表达出来，并接受对方的爱，让爱在家庭中流畅无阻，才能形成一个温馨的心理场，让每一个家庭成员享受到爱的滋润，获取爱带来的力量。

　　朋友，让爱常在你我家中流动吧。

评论

　　Sunny阿姨之一　正因为胡子大哥将"夫唱妇随的情意还会引起他人的美慕，而不是没有面子"的道理领会得十分透彻，太太们一致认为他是先生们中最绅士的！希望您有空时继续写啊，这好像在与你当面聊，感觉好爽哎！还得推荐给我们家的那对小朋友认真学习。

　　老合　这篇博客要仔细地多看几遍，领会其精神，落实在行动上。

　　彧呈　很好的文章，我准备推荐给更多的人看，包括自己家里的每一个人。

　　新浪网友　真是聪明智慧之人，有自己生活的感悟，有理论思想的支撑。

　　新浪网友　这篇博客超级有含金量呢！好久没上来了，一上来就受益匪浅。

新轮椅带来好心情 / 3月19日

　　2月初将华婕的轮椅退掉后，华婕在网上找到一家专门做轮椅的商家，这是一个家族开设的公司，专门经营残疾人用品，也包括轮椅，有几十年历史了，商品摆得井井有条，感觉不错。因为有了上一次失败的经验，华婕父女俩自己将需要的尺寸都准备好，所以很快就定下来，而且价钱也比上次的要便宜一些，这让我们对推迟一点用感到有所补偿，心里舒坦一点。

　　当时说是三个星期可以拿到，可现在又是一个多月过去了，华婕实在是忍不住打电话过去询问，结果轮椅已经到了，只是他们还没有来得及安装，答应第二天安装。华婕急切地，说那我们明天上午去试吧。

　　于是今天早晨起来大家的心情都很好，有点像过节的感觉，按照约定时间兴冲冲地赶去试新轮椅了。新轮椅一出现在我们面前，我感觉就不错，是我们想象中的样子。华婕坐上去感觉也很好，只是有些小地方要调整。新轮椅按照华婕的喜好漆成紫红色；小巧轻便，重量不到30磅（13公斤）；两边的轮子、把手、隔板和坐垫都可以卸下来，后背与坐板可折叠起来，方便放进汽车内；为了省力气，轮子有3°的倾斜度，这样华婕可以自己推动一段距离。现在华婕不仅腰的力量强壮了一些，坐得比较稳，而且手臂力量更是大了许多，所以自己推起来也显得轻松很多了。有了这个新轮椅，华婕以后要外出，就舒服多了，不再会为轮椅的问题伤脑筋。

新轮椅终于进家门啦！从去年8月开始着手购买手推轮椅，到现在半年时间都过去了，华婕终于坐上了合适的新轮椅，得来不容易啊。购买轮椅的钱是华婕朋友们的捐款，是朋友们送给华婕的一片心意，这可是华婕的宝贝坐骑，她总是提醒我要小心点。

有了新轮椅，华婕的心情特别好，更加愿意外出了，华婕下午就坐上新轮椅与我们一起去超市购物了。因为轮椅很轻，所以婕儿能够自己推动一段距离去看柜台上的商品，不必完全依靠别人，这让她很开心。能够主宰自己的身体，是一种多么爽的感觉啊，尽管是借助轮椅，也感到一阵自由的快乐，并增添了一份自信。

评 论

英国奶爸　Sunnie的康复速度和程度让我吃惊。你们留在美国康复的选择是对的！

婕儿夜半哭声 / 3月24日

昨晚1点半钟给华婕导完尿后睡下不久，朦胧中就听见华婕在叫我，急忙爬起来赶到她的床边，就看到被子给踢到了一边，本来塞在她背后的两个枕头也掉在地上，而华婕自己身体绷成反弓形，侧身在床的一边，只见她双手臂使劲勾着床边的栏杆，想试着回到自然状态。我知道这是痉挛造成的，看来今晚她已经这样反复很多次了，这一次是感到自己很难翻回去了才开口叫醒我们的。可怜的华婕！我赶紧尝试将她的身体搬回到仰睡姿势，可是我的手刚碰到她的大腿，这一刺激又引起她一阵痉挛，双腿在床上"咚、咚"地来回伸缩，华婕痛苦地叫着："哎呀！哎呀！"我这做妈的真是爱莫能助呀！只能等着她停下来稍微放松一些了，才再次帮她返回到仰睡姿势。

但是这种仰睡姿势华婕感到更加容易痉挛，所以我还要帮她翻成侧睡，这谈何容易！要先将她的双腿立起来弯成小于90°，然后她自己用手臂挽住床边的栏杆将上身挺直向侧面转过去，同时我也将她的双腿向侧面慢慢地转，等到她再将上身弯起来时再松手，然后在她身后垫上两个大枕头，以支撑她能够保持侧面睡姿，因为她自己是没有力量保持这个姿势的。一切都调整到位了，没有想到，我刚去拿被子的片刻，华婕又是一阵痉挛，随着华婕的一声叫喊，身体又回到我第一眼看到的状态：侧身反弓形！我不禁感叹起来："你怎么又回去了！"华婕更是委屈地大声哭了起来："我也不想啊！白天动不了就算了，可晚上都不让我好好地睡觉，刚睡着就被抽醒来，一晚上老是这样抽！抽！抽！我心里还总是告诉自己，放松一些，放松一点就好了，可是没有用，没有用啊！"在这宁静的凌晨3点时分，夜空中只听见华婕伤心的哭诉声。看着女儿痛苦的模样，我真是无言相对，只能握着她的手让她发泄，感受她内心的痛苦和难过！

等到华婕稍微平静下来后，我谈到了明天我们再想一些办法来解决这个一直困扰华婕的痉挛现象，同时提醒华婕自己不要因为痉挛而太紧张或太怨恨，有痉挛就想办法缓解，心里不要焦急，那只会使痉挛加重的。听着我的话，华婕渐渐恢复了平静，点点头，我们又开始了身体侧睡的调整。也许是发泄后放松了，这一次很顺利地侧睡成功，华婕很体贴地说："谢谢妈妈！你也赶快去睡吧！"

我躺在床上却没有了睡意，心里还一直担心着华婕，还在侧耳听着，是否有华婕的再次呼唤，是否有华婕痉挛时双脚打在床上"砰砰"的声音，一直到天亮才入睡。其间做了一个噩梦，梦到什么我也想不起了，但只记得我一边叫还一边提醒自己：别叫了，别把华婕叫醒了！

早上醒来时一看钟，10点半啦！可是华婕父女俩都还在家，今天是去训练的日子，平时应该出门了，看来他们今天是请假了。果然婕爸告诉我，早晨他给华婕量体温，发现她发烧，所以临时决定在家休息。怪不得华婕昨晚痉挛厉害，应该与发烧有关了。

评论

　　冰晶　作为一个母亲，很理解您，病痛的是孩子的肉体，更痛的是母亲的心。我因病高位截瘫15年了，截瘫病人很痛苦！祝福你们好运常伴！

新浪网友　我的耳鸣好了，真的，自我状态的调整太重要了，谢谢你在远方给我的安慰与鼓励！你们一家人都有很好的自我调节能力，相信一切会越来越好！

吴医生为我们带来新希望 / 4月6日

华婕的教友为我们介绍了一位针灸医生，吴文卫医生。他20世纪90年代初毕业于北京中医大学。勤奋好学的他，在国内就拜过很多的名师，学习掌握了多种医术，思路开阔、灵活，现在还常常在加州电视台做特邀嘉宾，做定期的健康节目，他能讲一口很地道的英语。

第一次见到吴医生时，他花了近半个小时的时间问诊，摸脉，听华婕讲她的病情，听得非常仔细，然后又花了半小时讲他的治疗特点和观念。他认为病人的配合是非常重要的，而要让病人配合就必须在观念上认同医生。他分析了华婕的病情后，认为华婕目前最重要的是解决痉挛的问题，用吴医生的观念来说就是"secondary effect"，即指受伤带来的一系列身体症状，有点并发症的意思；如果将这个障碍减轻的话，康复的效果要明显得多。这个观念与我们真是不谋而合！因为我们这几个月来一直被华婕的痉挛弄得疲惫不堪，所以我们也感到吴医生非同一般。华婕在吴医生那里治疗不到一星期痉挛就有改善，而且去SCI-FIT做训练时痉挛现象也减少了，训练效果也随之出现，华婕晚上睡觉也平稳一些，我们起床的次数减少。这些现象都让华婕的情绪振奋起来，她也特别配合吴大夫的治疗，尽管有时候在吴医生按摩、扎针时疼得哇哇叫，眼泪直流，可嘴里还说"没关系"。

由于吴医生掌握的治疗手法很多，他针对华婕多种病症的情况同时施治，每天都不尽相同，而且他很注意治疗的疗效，常常是一边针灸一边询问华婕的感觉，如果有新的感觉他会抓住不放，下次再来。每天见面的第一句话必定是：怎么样？身体有什么反应吗？听完华婕的病情后，他会定当天的治疗方案，并向华婕讲清楚他的治疗思路和方法，再着手治疗。有一天，华婕告诉吴医生，头天晚上后半夜痉挛得比较频繁，吴医生考虑了一下，决定用一种很少用的方法给华婕灸。他首先用很形象的手势给我们讲清楚他要灸的部位，接着解释为什么要灸那里，会有什么效果及危险等，然后，才开始下手治疗。他对身体解剖的清晰程度使我们既清楚又放心。果然,华婕一直没有感觉的腰椎部在吴医生准确的针灸下有了明显的紧缩感!听到华婕一声声叫痛,我和婕爸很开心!这样的医生风格让我们感到他的思路很清晰,既有中医的功底又有西医的理论,是采用中西医结合的新思路,手法颇多,很符合华婕这样复杂的病情,真是有些相见恨晚的感觉!

快乐在当下 / 4月15日

随着时代的进步,社会越来越关心一个人是否幸福,报纸杂志上关于幸福的评论时有所见,让我也忍不住反思自己关于幸福和快乐的经历。我们都知道幸福是一种非常主观的感觉,因为是否幸福与快乐的确与一个人的财富、地位、境地是不成正比的,所以我才敢在这里奢谈这个现在似乎与我毫不相干的话题(虽然曾经一直感到自己是一个非常幸福的女人)。

对幸福的感受与一个人对幸福的敏感有关,也可以叫做幸福阈值吧。我觉得自己就是一个幸福阈值比较低的人,每每看到草地上一朵小花、听到一句意外的笑话、吃了一顿可口的饭菜都可以感到开心。记得以前婕爸就说我是一个有点傻气的人,虽然现在每天要面对很多的身心困难和做不完的琐碎事务,但也会在某一个片刻感受到当下的快乐。如每一次我们送华婕去SCI-FIT训练,路上要走40多分钟,那是我很快乐的时候,因为我会欣赏一路上所看到的景色:路上跑着的各种汽车、路旁山坡上植被随着季节的变化、天上变幻莫测的云朵,甚至对开车人我都会一一欣赏;而且手里拿着相机,将自己看到的景色拍摄下来,只要能够拍到一张自己满意的照片,那种快乐就会油然而生,其实有时候回去在电脑上看看可能连那一张也不够好,但是当时的满足感已经给自己带来了快乐!

我们在每天都围绕着华婕康复的生活中,也会想方设法找点乐子:每到周末我们都会在网上看看PPS。有时是看湖南卫视的《天天向上》,这个栏目我在家里也是常常跟着看的,就是因为汪涵机智、幽默的主持会给自己带来很多的开心时光;华婕原来不看,在我的带动下也一起看,一起笑。最近很红火的《非诚勿扰》我们也看了好几期,一边看一边评论,有时候看完了还在评论某个人或某个场景,连婕爸也投入到我们的评论中,乐在其中。尤其是婕爸近来情绪比较好,这样的开心时光也渐渐多起来,如每当我们三人围在一起吃饭,有一个大家都喜欢吃的菜时,饭桌上的气氛就会显得很轻快,大家都在享受味觉带给自己的快乐。吃完饭,我们还有一个约定,谁都不要马上离开,大家要在饭桌前小坐一会儿。这时候常常是婕爸当主角,我和华婕当听众,听婕爸讲那过去的故事,从他小时候的伙伴讲到读研究生时的同学,从上山下乡当知青到南下特区闯天下的种种经历,婕爸沉浸在年轻时曾经感受过的兴奋中,我们也伴随着他的讲述感染着他的开心,然后再带着心中的快乐离开饭桌去做各自的事情。

据研究,人们大脑中有一个快乐中心,它会驱使人们寻找快乐,避开痛苦(这也可以解释为什么喜剧比悲剧更有吸引力,尽管悲剧的震撼力是更加强烈)。这在医学研究上也得到了生理上的证实,即当人们快乐时,身体内会产生更多的胺多酚等一些化学物质,使人感到更加轻松、舒适,压力减轻,让身体内的各种激素分泌相互平衡,从而抵抗力加强。所以为了保持自己的身体健康,也要学会寻找快乐,及时快乐。

评 论

Sunny阿姨之一 心情好复杂!肖大姐曾令我们既尊敬又羡慕,自己事业有成、老公绅士、女儿优秀!……是的,快乐在当下,苦中作乐,不仅能快乐,更是一种境界和本事!(回复:我明白你复杂的心情。因为自己就常常会如此。但是既然过去的日子不能回来,就只能攥住眼前的一点快乐让自己轻松一下,暂时跳出那些让自己痛苦的际遇,就好比在水中游泳,要出水喘口气,才可能继续游下去一样。而且我有时候真的是比较健忘的,这可能也让自己得到一些保护。)

晓梅 其实我觉得做一个幸福阈值比较低的人很好啊,自己容易快乐,大家也都很欢迎!观察周围的人,精明能干者好像痛苦多一些,整天忧国忧民的。"再幸福的人也有痛苦,再苦难的生活也有快乐。"还是做个傻女人,尽可能地去感受世界美好的东西吧。

老树苗 肖老师是个聪明的傻呵呵地享受着幸福的女人,同时也给周围的人带来幸福的感觉。细想起来,真的可称伟大。伟大的平凡人,才是真的伟大。(回复:我原来的名字就是肖一凡——父母希望我就做一个平凡的人,其实我还挺喜欢这个原名的。)

FI 每每来此,都会顿悟,云里雾里豁然开朗,常持幸福乐观的态度不仅使得自己开心,也会带动周遭的人感到幸福快乐,内心的健康比什么都来得坚固。

老合 老友的幸福阈值确实比较低，这个我可以作证。以前经常跟老友通电话，我说的一点小事，就会引来电话那头开心的笑声，所以跟老友说话又放松又愉快。

回国前与朋友们共度愉快的周末 / 5月10日

这周六、周日两天又成了我们的节日，因为回国的日子已近，华婕在旧金山的朋友们趁着周末都赶来看望华婕，让我们又享受了一次次聚会的欢笑时光。

周六下午4点多钟我们与华婕刚刚训练回家，洪姨与贺教授夫妻、咪咪阿姨夫妻四人相约来看华婕。前者与我们是老朋友了，而咪咪阿姨的名声是耳熟能详的：她自己是台湾移民的后代，现在的职业是法庭上的翻译，在朋友中有些影响，给我的感觉是一个女强者和知性女性。等到见面时看到的则是一个慈眉善目、手拄拐棍的女士，讲话缓慢而柔和，满口软软的国语带着台湾人的标志；她丈夫练先生讲话不多但简洁而明了，显得很干练。贺教授仍然是主角，热情地把持着气氛，从美国的社会现象讲到教育对孩子的改变。起身告辞时已经是6点半了，大家在一起的时光真是过得很快啊！

周日又是一个聚会的节日。下午华婕的好友及MBA同学Heidi与男友Luies一起过来看望华婕。以前因两人住得很近，常常一起去学校上课，一起回家，成为好友，华婕出事后她一直帮助华婕处理很多的事务至今。他们俩今天也是来告别的。Heidi还特地带上工具给华婕修眉毛，这种闺中之事也只有她们姐妹之间好做，看到她俩一边聊天一边修眉，我感到很开心，所以我心里真是很感激这个讲话慢悠悠、性格很好的女孩。

4点多钟时Elisa带着三个朋友一起来了，虽然她下个月就要当新娘了，有大量的事情要准备，可是她仍然抽了周日的半天过来看望华婕，这个能干的女孩还安排了几个活动：为华婕精心挑选了几首歌让姐妹们一起唱，接下来一个主要的活动就是制作蛋糕。她不仅准备了制作蛋糕所需要的一切物品：从面粉、发酵粉、白糖、橄榄油、蓝莓到牛奶，从面盆、锡纸、各种型号的勺子到烤蛋糕的烘盘全都带来，而且还让华婕自己亲手参与制作——改变了华婕只是旁观者的形象，虽然很多时候华婕显得有些艰难。我在旁边看着，有时候真是忍不住要上前帮华婕一把，但是她微笑着坚持要华婕自己做，一个步骤都不放过！她真是具有领导者的素质，平心静气地就将这群女孩子团聚在自己的周围，按照自己的想法有条不紊地做事。经过15分钟的烘烤，两盘蓝莓蛋糕新鲜出炉了，大家都围拥过来，不顾烫手，品尝着带着热度的蛋糕，华婕也在这种欢乐的气氛中尝试着自己的成功果实，一连吃了两块！

温馨欢快的时光像流水，不知不觉两个小时很快过去了，又到了告别的时刻，虽然以后不知何时再见面，但是有了欢聚就有了愉快的回忆，谢谢Heidi！谢谢Elisa及朋友们！

Sunnie回国前的感谢信 / 5月16日　　　　　　　　◎ Sunnie

所有的事情都有其自己的时间，对于我们家而言，回家的时间终于到了。就像有许多的原因让我留下来，也有太多的原因把我们带回家。在忙着准备东西的同时，我仔细回想受伤来的点点滴滴，这里面有很多的事情、很多的人，都让我心存感激。他们都像上帝派来的天使，让万物互相效力，使爱神的人得益处。我非常幸运，是个得到了很多的人。

在我刚刚受伤的时候，就有很多的弟兄姐妹送来了关心。谢谢凤凰城的弟兄姐妹，有邝先生和师母帮我们，有Justin和Queenie照顾我的父母，有Tosca和John、Karen、Sharon等等给我送饭，送公仔，送CD，陪我聊天散心，又大家结伴每周来看我。虽然以前从未见面，但关系却很亲密。谢谢神的恩赐！有的人可能很难理解，是什么把我们联系在一起，可这就是爱的奇妙之处。

虽然隔得很远，旧金山的弟兄姐妹，从黄先生、李先生、贺老师、洪姨、Elisa、Heidi等等，从认识我的朋友到上百个不认识的朋友，都给了我说不清的支持和鼓励。特地过来看我，为我募捐，给我唱歌，张罗我回加州的事情……我就像一个被宠坏的小孩一样，什么都不用担心，有许多天使在为我铺路，就这样我平安顺利地飞回了加州。

一年就这样过去了，回到湾区的日子是幸福的，我也离我的同学和朋友更近了。谢谢从旧金山市来看我的弟兄姐妹和从湾区各个地方来的同学们，你们不仅送来了关心，还有很多的生活用品、水果鲜花、卡片礼物。其实来看我、陪我聊聊天已经足够了，感谢你们考虑得那么周详和贴心。当然，我有幸认识了朱医生、Nellie和Alex、小王哥和他的朋友们，我们经常见面，所以大大小小的事情都麻烦他们帮忙，从安装网线、购置家具，到联系医院、买车训练，还不算一直的鼓励和督促我康复，我的生活从未缺乏阳光，物质上和心灵上都非常充实。还有给我许多经验和建议的陈阿姨，虽然自己已经非常繁忙，还不停地关心我的生活需要，也成为了妈妈的好友，谢谢了。

有一首老歌叫做《我们的生活充满阳光》，我想说，我在世界各地的朋友们呀，谢谢你们一直没有放弃我这个Sunnie。虽然我和以前不一样了，可是我们的友情却一直都在。谢谢你们给我的卡片、信件、图画、书本、鲜花、照片、礼物和电话。也谢谢很多朋友到处奔波，帮我办事，找医院，为我募捐，不论是在英国还是美国。我想我最大的收获就是知道了如何去看待和珍惜这些友情，我虽是独生女，可我并不觉得孤独。

当然也有很多国内的叔叔阿姨和老师们，谢谢你们想方设法来帮我、帮我们家，虽然我远在国外，但你们一直通过博客和各种各样其他的方式给我鼓励，把我当做自己的家人来关爱，让我感到了从深圳和家里传过来的温暖。我已经等不及在回去之后当面感谢你们了。

虽然到了说再见的时候，当然有许多的不舍，也夹杂了一些对国内环境的担心，但我相信一切事情都有它的预备，请你们不要担心。感谢的话我不知该如何说，也不知道如何才能说得够。只能说谢谢大家，我和爸爸妈妈都非常感恩和感激。说得太多也许显得有点苍白，可这是我们的真心，希望你们一直平安幸福。

Sunnie（华婕）丁加州圣荷西

轮椅+飞机　穿越太平洋 / 5月18日　　　　　　　© Sunnie

如何搭飞机回国，并且带上我的两个轮椅（手动和电动）和一个助行器，成了我们家最关心的旅途问题。因为我的电动轮椅重近400磅，加上不能拆卸或折叠，成了一个难题。从订好了机票开始，爸爸就一直在和香港和深圳方面联系，包括如何接机，如何到深圳关口顺利过关，到了深圳如何用卡车运送到达……因为是我的宝贝轮椅，所以事无大小爸爸都一定要全部都有把握才放心。仔细研究了数种方案后，最终决定两个方法。

方法A，先试试从香港机场直接到蛇口的渡轮，这个方法的好处是简单方便。行李可以直接运送到蛇口码头而不用我们操心，从蛇口码头也可以直接驱轮椅回家，时间大约要20分钟，因为不用入境香港所以时间也会节省不少。我以前也是一直采用这个路线，先坐巴士到香港机场码头再登船，半个小时就到深圳了。可是现在不同的是我必须乘坐轮椅，而电动轮椅登船是有困难的，我也不确定轮椅是否可以登上巴士，因此我们决定要有一个备用方法。方法B，我驱轮椅和爸爸一起坐公共大巴去深圳湾口岸，到了深圳再由货车运回家中，妈妈由朋友开车带上我们的行李先回家。有了备用方法，爸爸心里就放心多了，可是我们全家还是隐隐地担心路上可能的突发状况。

终于到了回家的这天。一大早爸妈就开始忙于最后的收尾工作，我在中午也美美地睡了一觉，保存体力。晚上小王和舅舅一起送我们去机场。我们租了一个可以装轮椅的mini van直赴旧金山国际机场。到达check-in的柜台，接待我们的工作人员见到需要特别托运的轮椅和助行器，非常专业地了解了一下电动轮椅的电池情况和我们的要求，并细心地将助行器和手动轮椅用大塑料袋包装起来用于防雨和保护。其他托运的6件行李也顺利检查完毕。值班的经理也非常体贴地请一位工作人员带领我们来到海关做安检。由于我的电动轮椅要到登机口才托运，所以过安检的时候走了一条特别通道：一位女工作人员将我引到一旁，并提醒我她将用手给我安检，如果有不舒服的地方可以告诉她。接着她用手在我的身上检查，一边很友好地和我闲聊，又用仪器检查了一下我的轮椅，一切OK！我们顺利来到候机室等待飞机登机时间。

由于坐轮椅人士需要提前登机，我们早早来到登机口，工作人员将我抬到一个类似办公椅的小型轮椅上，推入飞机，并阻断电动轮椅电源，送去托运舱。进入飞机，大家又把我顺利地放在了座位上，一切准备就绪了！由于身体情况不能长时间坐着，还需要有护理的空间，爸妈破血给我买了商务舱，可以躺下去，感到既兴奋又高兴。14个小时的飞行虽然不短，可是看电影和睡觉打发时间也还不错。快到香港的时候，天亮了，妈妈拿相机拍下了朝阳，那一刻我才真的觉得离家不远了。

飞机安全降落，一阵湿热的空气迎面而来，我们在机舱里等待其他旅客先下机，同时地面的工作人员也将我的两个轮椅送到了舱口。我还是选择了电动轮椅，像上飞机时一样，我先被转移到飞机上的专业轮椅，再坐到电动轮椅上随一位机场人员来到了买船票的地方。当时时间是早上7点30分,船票要到9点才开始卖,于是我们稍作休息。爸爸去购买船票时,向他们说明了情况,并得到了肯定的答复!这真是太好了,我们通知了要来接我的叔叔阿姨们后,等待登船。因为香港机场的新码头已经投入使用了,所以我们不需要坐接驳巴士而是改乘地铁。一路上的无障碍通道都畅通无阻。但登船桥前有一个台阶大约10多厘米高,我的电动轮椅无法跨越,所以爸爸把我搬到了手动轮椅上,工作人员顺利地把我送进了船舱,而电动轮椅却因为太重,费了点时间和力气才搬进船舱。一路顺利航行到深圳。

到达蛇口码头,一切也都十分畅通,许多叔叔阿姨来接我,并且马上递上了大束的鲜花,我觉得非常意外和感动,笑言就差一副墨镜我就可以当明星了。我们基本没费太多的功夫就顺利入了境,出了码头。由于家离码头不远,我决定开电动轮椅回家。KSS早已经为我探好了路,在他的陪同下我们顺利地找到无障碍通道,急忙赶来的FSS也半路加入,20分钟后我们终于到家了!虽然不能说历尽艰辛,可是也不容易。到家的感觉真好!

顺利回家安顿,婕爸劳苦功高 / 5月31日

来美国15个月中,"何时回家"这个问题一直在心中自问,一遍又一遍。理智和情感在不断地交锋、碰撞,到了今年春节以后,好像理智和情感在慢慢靠拢,回家的念头也越来越强烈,很多迹象在提示我们:该回家了!用华婕的语言来说,就是上帝要我们回家了。

跟婕爸一商量,立即一拍即合,婕爸是早已在梦中N次回家了,所以一旦确定了回家的大概日期,婕爸的精神立即振奋起来,虽然要准备的事情很多很细,可他一直是忙并快乐着,尤其是买了回家的机票后,他更是在墙上记事的挂历上,在5月17日的空格里用粗笔写下了几个大字: Go home! (回家)那种快乐的感觉像要跳出来一样感染着我们。回家虽好,可要办理的事情却是异常多,毕竟已经待了一年多了,大小也是一个家了,当初住下来时是一点一点地增建,现在却是一下全都要撤走,而且华婕的SCI-FIT训练和吴医生的治疗是一次也不敢耽误,因为是屈指可数的几次了,显得更加珍贵。所以那种忙碌是很难想象的。华

婕负责电脑上的事情，我除了一天三顿饭外，就是协助他们爷俩，婕爸更是绑着腰带里里外外地处理着各种事情。光是整理行李就整出海运17箱和随身携带六大箱五小件，不亚于搬一次家，当然主要是华婕的用品，包括训练的物件。好在有病友LQ及先生介绍了一家性价比很好的海运公司，让我们能够运回不少华婕的用品。再次谢谢LQ！

临走的那几天心情还真是有点复杂，心中一直在告别，总是抱着最后一次的心情去做所有的事情：最后一次送华婕去SCI-FIT训练，最后一次请吴医生扎针，最后一次去华人超市购物，最后一次与华婕在附近的花园里散步等等。

终于到了要离开的时候了，5月17日晚我们在雨中离开了圣荷西，婕舅和小王送我们前往旧金山机场。在机场一切都非常顺利，可以说最后一次体验在美国对残疾人的关照！一切优先，处处有贵宾般的待遇！当然在香港机场也不错，只是华婕的电动轮椅不能一个人行走，一定要有人陪伴才行，开始有了一点受限制的感觉。

19日清晨6点多，飞机在香港机场降落，虽然离蛇口还有一段距离，可心里却告诉自己，家近在咫尺了。坐船回家的途中因为各位朋友的鼎力帮助非常顺利。在朋友和婕爸同事的簇拥之下一家三口回到了久别的家中，家里早已被朋友们打扫得窗明几净，鲜花点缀，门口还贴了特意设计的欢迎画"回家真好！"，一再端详，让我们心中感到很温馨。

刚刚回到家一切都要重新开始。首先就是华婕的安置，她的床还没有买，只好先将带回来的气垫放在地板上，让她临时睡几天。可是没有想到，第一晚就出事了：那天我们可能太累，睡得很沉，2点左右听到华婕嘶哑的叫声后婕爸翻身便起，我随后起身，刚站起来，就听到"砰"的一声，婕爸"哎呀"一声，我赶紧跑过去一看，婕爸倒在华婕的气垫上，而华婕却伏在地板上了！原来华婕痉挛从气垫翻到了地板上，婕爸一着急不小心撞到了墙上的装饰板的角，被撞得眼冒金星，头也撞了一个包，倒了下去！我俩好不容易将华婕放置好，再次入睡。可到4点左右，婕爸的手机突然响起来，是他大哥的电话。这段时间婕爸的父亲重病住院，婕爸的心一下紧张起来：一定是爸爸出事了。电话中婕爸得知父亲在病中很烦躁不安，听到这里婕爸的声音哽咽起来："我知道爸爸在想什么，他一定是想见我了！"放下电话，黑暗中他又说："几兄弟中爸爸最喜欢我了！"我知道此刻婕爸心里很两难：一边是刚刚到家安置女儿的千头万绪，一边是老父亲的召唤。所以我建议他第二天先回长沙看父亲，然后晚上赶回来，因为华婕晚上有很多的事情，我一个人是很难护理的。就这样婕爸刚刚回国第二天就赶赴到老父亲的身边，晚上回到家时已经是满脸的疲惫，护理完华婕，倒下即睡着了。接下来还有很多的事情在等着他去做呀！不过幸好周一他上班，可以分散他的注意力，上班时电话那头传过来他的声音是少有的愉快，让我感到男人是太需要有自己的工作了。现在回想起来，这几个月为了回国、安家，婕爸是超负荷干活，心里还要牵挂着病重的老父，能挺过来真是不容易。

评论

　　教坛老妖　万里之遥，平顺到达，不容易。一年多来，你们夫妇对孩子的爱，让我们旁观者动容，太不容易，也就格外感动……有用得着的地方尽管开口！

　　老树苗　看到婕妈如此夸奖婕爸，我真是羡慕婕爸呀！婕爸真是摊到了一个好老婆！

我与婕儿回谢育才师友 / 6月6日

　　还没有回国时，就有不少育才的老师、朋友们纷纷说要来家看望华婕，这让华婕有一种病人被探视的负担，我也觉得要给大家添不少麻烦，所以我决定回家后带着华婕主动去学校回谢大家，这样彼此都会比较自然，也表示我们的诚意。于是在稍微安顿下来后，在回来的第二周，我便与华婕一起回到了告别一年多的育才中学。

　　因学校离家不太远，华婕是坐着她的坐骑——电动轮椅——去的。可能是国内的电动轮椅很少见，所以华婕一路上的回头率很高，好像在考验着华婕的承受力！路上的汽车一辆接着一辆，尤其是横过马路时，还没有红绿灯，我还真是有些紧张，到了学校门口，门卫全都不认识了，好在事先已联系好，已有老师在等着我们。

　　华婕进校后一边驶近主楼一边说，怎么好像这栋楼变高了，我心里掠过一丝酸楚：出事前一个多月她曾回到学校，那是走着、跨着上到五楼我办公室的！而现在是坐在轮椅上的！虽然回国前就给自己和华婕提醒，要隔离，一定要与以前的情形相隔离，让自己平静地应对现实，可是人是有记忆的，尤其是强烈的情绪记忆在头脑中的印记更深刻，难以覆盖，更不能割断！即使在自己认为很平静的时候，一点小小的浪花也能在心中激起突来的情感，原来那只是被一层脆弱的玻璃纸相隔，尽管好不容易小心翼翼地将其相隔离开来，可是一个指头轻轻地一戳就开了，旧时的记忆、情绪迫不及待地涌了出来，感触随即产生！好在自己有意无意地将注意力转到对面走过来的老师身上，才将那破开的小洞糊上，让情绪归复平静。

学校的大楼都有楼梯，尽管校长请人想办法找斜板，但仍不行，所以华婕只是在学校的大厅前与闻讯赶来的校长、老师们见面。大家看到华婕自己开着轮椅，外表也显得蛮正常的，都感到恢复得不错，比他们想象中的情形要好。华婕与阿姨老师、叔叔老师们交谈得很自如，我在旁边看着听着，有些像欣赏自己作品的感觉，是啊，当初出事时，看着浑身发软的女儿，我可没有想过还能把华婕带回到学校。尽管华婕是靠电动轮椅的帮助前来，但是精神状态很自然，这让我很高兴。

上课铃响起来，老师们还要上课，我与华婕又去游泳池边，与赶过来的育才集团的老师们见面，这里有华婕的语文老师，还有食堂的大谢等，他们都是一直在关心我们的，听说华婕来了，大家也很高兴地从工作中抽身，与我们见面、合影，再一边交谈一边将我们送到校门口，结束了华婕回来后的第一次重要的活动。

看到华婕的表现，我感到放心不少，原来想象中的担心少了许多，又一次证明了自己发现的理论：我们对很多事情之所以感到害怕，那只是自己想象得太差，当你面对现实时，才发现远没有那么糟糕！

世界杯在我家 / 6月19日

在美国一年多没有看过电视，虽然在医院时病房有一个电视机，可我们没有时间也没有心情去看，后来在圣荷西租房住连电视机都没有了，更是与电视绝缘，只是在电脑上的PPS看一看娱乐节目，那已是很奢侈的了。回到自己家一个星期后才有时间看电视，也只是晚上看一看，而且主要是华婕要看新版的《三国》

电视剧。华婕从小就喜欢《三国》，记得她小学三年级时枕头旁就常常放着一本《三国演义》，也不知道看过几遍了，我推荐她看《红楼梦》，她却说看不下去，我当时很奇怪，这孩子怎么像个男孩子一样？还真没有错，从初中起，她又迷上了足球，1998年世界杯时，她与9班的那帮好友常常在课间操的空隙跑到传达室，凑到那架小小的电视机前，呐喊几声，感受一下比赛的气氛，再在上课铃的催促之下跑回教室。晚上更是一个人爬起来看球，虽然没有人陪伴，可也充满了独自看球的乐趣。那些快乐也是足球带来的，让华婕至今不忘。记得有一次初中数学考试，有一道题目是考排列组合的，当时他们还不熟悉，可华婕却做出来了，因为她想到了足球赛中的积分规则。我知道后很高兴，看足球还有助于学习！

从那以后足球在华婕的生活中就一直占有重要的位置。2002年日韩世界杯，女生众多的深圳外国语学校，华婕成了喜爱足球的少数，这也让她比较郁闷，找不到可以谈论的对象。后来她要去英国留学，与足球多少都有一点关系，因为那可是把足球当做国球的国家。在2006年德国世界杯时，正在英国考完试的华婕常常与同学们一起到当地的酒吧去看球，这回没有了时差与英国球迷们一起疯狂了一把。后来放假回家，也是把闹钟调好，睡到半夜爬起来看球。华婕受伤后与足球的关系淡化了许多，大部分时间都放在治疗和康复训练上，也没有条件去关心了。

这次回到家不久正好遇到南非世界杯开始。很早就听说世界杯要开始了，我一直没有当回事，对于我这样的体育盲来说，就好像是听说篮球职业联赛、世界田径赛要开始了一样，没有什么区别，最多是关心一下中国会有什么好成绩，何况中国的足球是中国人民心中之痛，更与我无关了。没有想到世界杯却与我们家的那两位有关。自从世界杯开赛以来，我们家的电视只要一打开绝对就是有关世界杯的画面，而且基本上是锁定中央五台，每天晚上7点半后就是华婕与婕爸看球赛的"法定时间"了，华婕更是割爱《三国》连续剧，只是在上半场完后转过去看一看内容，她说：连续剧以后可以再看，世界杯是一定要看现场转播才过瘾的。华婕最喜欢的球队是荷兰队，这在她们同学中是众所周知的，好友替她买的鞋都是选的橙色——荷兰队的队色！那天华婕是穿着这双印着荷兰队名称的鞋子，端坐在电视前看的，可是在我看来荷兰队的那一场比赛打得平平，而且第一个进球居然是丹麦队送给他们的乌龙球！同时好友YY还及时地打电话告知，这让华婕很不爽，"简直是侮辱！"好在下半场荷兰队又进了一球，才让华婕释怀！

婕爸也一直是体育迷，什么比赛都喜欢看，这次有华婕做伴，更是激起热情，看球赛时，他比华婕更投入，更加专注，常常可以听到他随着赛场上的球况而发出的阵阵呼喊声，有几次因为家里的事情耽误他看比赛，他还会发点小脾气，然后就要在接下来的第二场补上才过瘾。

我这个球盲看到他们父女俩这么喜欢世界杯，也随着他们去感受足球的魅力，感受足球带给人们的欢乐、惊喜和遗憾，同时也感到家中的娱乐气氛增加了不少。好啊！世界杯！

欢送会上我还是哭了 / 7月12日

华婕出事一年后，发现自己的情绪进入到比较稳定的状态，尤其是准备回家后，一直在跟过去告别，那些痛苦不堪的日子渐行渐远，心里在制订回家的种种计划。回家后更是忙着安顿处理各种事情，每当遇到朋友来访或者是问候时，心里都会定下来再讲讲华婕的事情，虽然有时候会触及难过的痛处，但是还没有等泪水出来，我就会在心里提醒自己，及时打住，就这样基本都能应付过去。上星期接到学校电话，请我去参加期末会议，因为会上要给我们四位本学期退休的老师举行欢送仪式，问我能不能抽空去参加，我当时委婉地谢绝了，因为我很怕，怕自己控制不了情绪，怕当众失控。可是回家后冷静下来，自己的理智提醒我，应该去，要面对各位育才的老师和朋友，向他们表达自己的感谢！于是告知学校我会去参加，而且还想讲几句话，其实就是感谢育才。

在家里想好了要讲两个意思：第一，谢谢育才给了我一个很好的工作平台，让我的专业能得到发挥，做自己喜欢的工作，并取得一些成绩，这二十年是我人生中最幸福的一段美好时光；第二，在我的家庭遇到不幸的时刻，育才的领导、老师和同事们及时给了我精神上、物质上极大的帮助，让我们在异国他乡感受到育才的温暖，这样的雪中送炭情意我是永远不会忘怀的！

7月10日那天我来到学校的会场，里面还空无一人，看到既熟悉又有些陌生了的地方，看到台上放有鲜花，那应该是给我们这几个退休老师的礼物了。让我感到诧异的是，会议一开始就是由校长亲自介绍几位退休教师，并且逐一作了概括性的评论。接下来就是献花，校长将一大簇鲜花送了过来，在我的印象中，这是我在育才唯一一次也是最后一次接受献花了。拍照留念完后，就是我代表退休老师讲话。当所有的人都退下去，我一人面对台下的老师们的关注时，突然感到自己处在一个非常时刻，虽然在这之前一再提醒自己不要太激动，可是此时此刻我听到自己的声音分明有些颤抖、气喘，尽管那几句话都是事先想好了的，可是在讲到在育才这美好的二十年是我生命中最美好的一段人生时，自己的隔离墙好像突然倒塌了一样，我一下泣不成声，会场变得很安静，主任立即送上了纸巾，约十几秒钟后，善解人意的、友好的掌声慢慢响起来，越来越响，充满整个会场，我知道大家在给我鼓励，给我时间！我镇定一下自己的情绪，回到原来的思路，继续讲下去，最后我还补充了几句话：我的经历反映了育才的几点精神，一是开拓创新，二是宽厚人性化的管理。正是这样的育才特点让我们心怀深深的育才情结，虽然我们退下来了，但是育才情结让我们会一直关心育才，祝育才更加健康地发展！

走下主席台，心里有些内疚，因为我看见有些老师，包括校长的眼睛都湿润了，我让他们动感情了，在这样的大庭广众之下，我没有控制住自己的情绪。但是事后想一想，又觉得自己是情有可原的，毕竟自己很热爱这一份工作，迫不得已离开，确是让人感到有些伤感，想想也就原谅了自己。但还是将这一段情绪变化记录下来，也是一次心理的经历和自省了，对人对己都会有一点启示吧。

评论

YCers　肖老师一直都是那么坚强，并且用自己的开朗乐观感染着我们。还记得以前，因为教室离肖老师的办公室很近，有的时候下课就喜欢去老师的办公室转转，跟老师聊聊天，玩玩里面的毛绒公仔……

老师说要感谢育才，我们也要谢谢肖老师啊！高中三年，学业上的压力，对未来的迷茫，还有情感上的不确定与迷茫，在我们遇到这些烦恼的时候，都要谢谢肖老师帮我们找出面对而不是逃避的办法。其实老师自己也是这么做的：在困难来临的时候，勇敢、理性地去面对，而不是逃避。肖老师，您就算不再在教室里、办公室里与我们交流，也依旧在网络上、生活中身体力行。不知道肖老师是不是唯一的一位教过所有育才学生的老师呢？高一时每个班每周都有的心理课，让所有的育才学子都认识了您。谢谢您！

晓梅　很感动啊！面对告别职业生涯的时刻，每个人心中都会有很多感慨，不动情是不可能的。怀着一颗感恩的心来到育才，尽心尽责地快乐工作，再怀着一颗感恩的心离开育才，退休之后的回忆永远是美好的。

szwang　不管发生什么事情，何时何地，你始终是我的好老师，我始终会在你身旁默默支持你的！感谢育才中学让我认识了肖老师。

Sunny阿姨之一　那是一个可以伴随终身的事业，退休改变的只是原来的工作和生活方式，并不意味着从此放弃和退出。

新浪网友　如果我能在成长的过程中遇见您这样的心理辅导老师该多好！我现在很感谢互联网，让我通过您的博客学到很多东西。您是最好的老师，而且学生遍布全世界。

老合　其实你到现在也没有离开你的工作岗位！只不过把课堂搬到了网上！你的课堂更大，学生更多了。多少人通过你的博客受到了教育，我们所有看过你博客的人，要谢谢你！

终于找到小六子了！　/ 8月9日

周五下午5点左右我还在外面，手机响起来，一打开就听到朋友66妈在电话的那一头叫道："你赶快过来，这里有一条狗很可能就是小六子！它跟我还挺亲热的！"我一听，声音一下提高八度，"你在哪里？我马上过来！"急忙打的赶过去，路上正好婕爸来电话，本来他是告诉我晚餐不能回来吃了，因为公司还有很多事情。可是一听到说发现小六子了，立即说："我马上就过来！"我赶到招商北的草坪旁，下车后也顾不上那几天的脚痛，竟然一路小跑起来，不小心还绊了一下。正在张望之中，突然听到66妈的声音："在这里！"远远看到她的身影，却发现前面有一道栏杆挡住去路，急切中的我也不管什么斯文了，抬脚就从栏杆上爬了过去，看到一个女孩抱着一条小狗，我就开始叫："溜溜！小六子！"只见那狗挣扎着从女孩怀中跳下来，直向我冲了过来，我立即双手将它抱起，它在我的脸上兴奋地狂舔起来——果然是我的小六子！以前它很久不见我时，就会如此亲热！我也高兴地将它紧紧地抱在怀里，不停地说："六六，乖乖，你跑到哪里去了？"感到自己的眼眶都湿润了。是啊，一年多了，常常会想起它来，还会很担心它是不是还在世间，现在终于又看到它，怎不让人高兴？

将它再一次抱在怀里，才想起旁边的新主人（张小姐）来，得知他们是一年以前在宠物店买到的小六子，算起来差不多，去年大约就是这个时候听到小六子失踪的消息的。我忍不住唐突地问道："能不能卖给我们呀？""绝对不可能！"看起来很斯文的女孩用非常坚定的口气一口拒绝了，接下来她告诉我们，她和先生也很爱小六子的，每天早晚带它出来溜达，晚上甚至还带它睡觉！即使回老家也都会带着一起去的。说着话，张小姐就将小六子抱了回去，好像深恐我会抢走小六子似的。我仔细观察小六子，发现它的确状态不错，眼睛还是那样很深情地看着我，皮毛很光亮，也很活泼，从新主人身上下来后又去追着旁边的狗玩耍了。

这时只见婕爸也急忙赶了过来，由于太兴奋，竟然走过我们都没有看到，还一直往前冲。看到婕爸，小六子又是一顿狂欢，然后跑到草地上打滚，四脚朝天地对着婕爸撒娇，让婕爸去给它做按摩。这些动作都是在我们家惯的。婕爸一边与它亲热一边不停地叫着"六六！六六！"高兴得声音都变了。我深知，对于陪伴我俩度过华婕出事的最初几日的六六，我俩又赋予了共患难的深情，重感情的婕爸可是比我更加想念小六子，即使一年多了，他还会常常念叨着：不知道小六子在哪里呀！甚至开车时看到有狗在路上，他都会看看，幻想着是小六子突然出现在眼前。所以我和华婕都尽量不提小六子，以免婕爸伤心。

没有想到小六子还过得很好，从原来66妈家的小六，到我们家的小四，现在又升为张小姐家的小三了，华婕借用了曹操的一句话总结得很精练："六子这厮，如此命好！"一年来的担心和挂念都被高兴所替代，虽然不能如愿地将小六子带回家，但看到它很幸福地活着，我们遗憾的心也就释然了。

那天回家后我们一家人都很开心，不仅是小六子找到了，而且还感到对于我们家这应该是一个很好的兆头，希望好事还在后面啦。

评论

小六子新妈　谢谢你让我分享小宝贝的过去。谢谢你们也这么爱它。以前我会想它的过去是怎么样的？是不是有受过虐待？现在我知道它以前也很幸福。一直都很幸福。我很爱小宝贝，我把它当女儿一样疼。请放心！你们想见它的时候就跟我说。

训练场就在我家 / 8月20日

写下这个日期，骤然想到我们回国正好是三个月了，而华婕出事也有一年半了，我们还在慢慢适应回国后的种种不方便及办事的困难，就已经过去一个季度了。

在这段时间里，我们是多么想给华婕找到一个比较合适的康复训练和治疗机构，虽然很多朋友也都在为我们提供一些信息，介绍一些医生，包括为我们推荐一些民间的"大师"，可是很遗憾，正像我们原来在美国所担心的那样，国内在这方面无论是医生、医术还是康复训练机构都很少，即使有也是采用非常简单的方法。如我们去南山医院康复科做了一段时间的康复训练，结果让人很失望，除

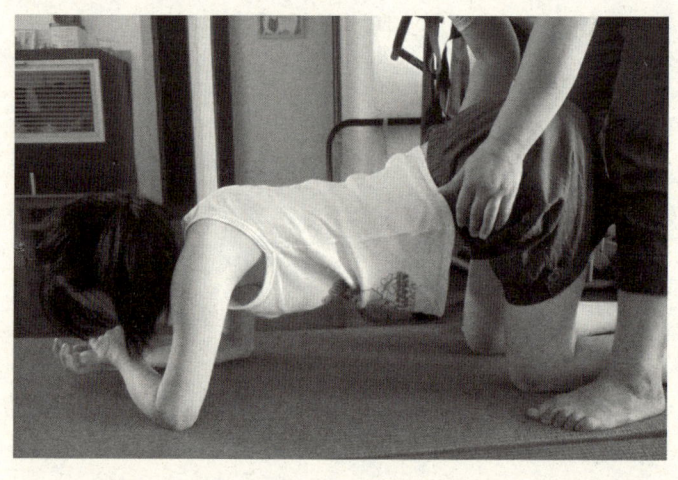

了给华婕做做按摩，动动腿外，就没有什么内容了，也没有什么训练设备可做。而华婕去到那里的路上花费的时间要比训练时间多两倍，时间、精力与收效的性价比实在是太低，还不如我们在家自己给华婕做训练。

在这种情况下，我们只好自己想办法。一个周日我们和华婕到体育用品商店买了一些简单的训练用具，如哑铃、弹力绳、瑜伽垫等，加上从美国带回来的几件训练器械，将华婕在SCI-FIT学到的一些训练方法就在家里做起来。客厅变成了训练场地，家里的钟点工也成了训练助手，华婕则是集受训练和指挥训练于一身，三个人慢慢摸索，不断协调，形成了一套适合华婕需要的训练模式。晚上婕爸将华婕安放到站立机站立一个多小时，这样华婕每天的运动量也不少了。经过这样一个多月的日常训练，华婕的腰部力量又回到在SCI-FIT训练时的状态。我们似乎又看到一些希望！

评 论

　　英国奶爸　为你们能坚持在美国做了一年多的治疗和康复训练而感恩……如果当初匆匆回来，我们现在所看到的一定是另一个画面。很多方法跟小儿训练时相似，不过小家伙比姐姐能折腾，但没有姐姐那么好的恒心，也更没有姐姐这样愿意配合。呵呵。

　　阳光　当事者的辛苦，旁观者是不能体会的，看了心里有点酸，有点喜。酸的是华婕受伤，喜的是华婕在逐步恢复健康！

　　新浪网友　看到这组照片颇感欣慰，每个动作都像模像样，自主性很强啊！如果不是知道宝贝儿伤得那么重，简直就看不出来，真的很惊喜！

　　杨阿姨　觉得你们在各方面为我们大家做榜样，多么善良而又坚强的一家人啊……常常是读着读着热泪盈眶。常回想起华婕、东阳还有张尧小时候在一起打闹、嬉笑。华婕，好样的！

　　陈新良　在国内康复条件和康复指导医生都很缺乏的情况下，你们自己积极想办法进行康复治疗，从华婕康复训练的照片看，应该有很不错的效果。整个康复的过程可能还很长，你们一定要坚持。

和你自己在一起！　　/ 8月30日

　　手机上常常会收到一些关于心理培训班的短信，我是看了一遍留在那里，再看一次才有些不舍地删掉。上周收到一条关于家庭系统排列培训班的信息，是在周末两天，不禁动了心思，到网上将培训老师孙皋飞的信息查看了一下，又向主办机构询问了一些细节，想去的趋向越加强烈，心里开始盘算着如何去说服华婕父女俩，让我能抽身去学习两天"家排"（家庭系统排列简称）。当我小心翼翼地提到这件事情时，没有想到，华婕和婕爸都很爽快地说："想去就去吧！"于是我们商量好那两天如何安排后，我就开始准备去学习的用品了，想到又可以回到自己所喜爱的专业中，享受学习新东西的乐趣了，心情好欣喜。

　　第二天准时赶到学习场地，看到孙皋飞老师面色平和地坐在那里，讲话虽是平缓，可其中却透出一股不可忽略的魅力，让你全身关注地侧耳静听。他讲的

第一句话就是："安静下来，闭上眼睛，和你自己在一起！"乍一听似乎有些不合逻辑，我当然和自己在一起呀。但是随即我就明白，老师的意思是要将自己的"心"与"身"合二为一，不要将其分割开来，要感受到来自身体的一切信息——那是一种最原始、最直接的提醒：不论是脚步轻松还是步履沉重，无论是耳聪目明还是老眼昏花，无论是随心所欲还是力不从心，都是身体给大脑的反馈。感悟之中让我想到一个故事，大意是作者到非洲去探险，请当地的居民带路，探险人员发现，每走一段路程，非洲人就会停下来，但看起来他们并不累。这让探险队员们有些着急，问其原因，回答很奇怪，说是要等等自己的灵魂，因为身体走得太快了，灵魂赶不及，所以要等等，只有这样才能一直走下去的。现在联想起来，还真是有哲理啊！怪不得我们老祖宗一直在强调天人合一，也包括了要身心合一啊！外在的大宇宙要和谐，内在的小宇宙也要平衡才是健康的根本啊。尤其在现代社会中，很多人常常被外来的或自给的目标所牵引，拉着自己的灵魂一直往前奔，根本不顾及自己的身体是否能够应对；或许是一些过高的追求让灵魂忽略了身体的需求，将透支的身体作为成功的代价，结果可能会得不偿失。又或许是一种习惯，很多人根本没有想过身体还需要专门去与心对话。所以孙老师一再强调："不要用脑，只用你的身体去感受"，"打开你的心，放下你的心"去感受身体的一切感觉，它会以不同的方式去显示它的能量，如果你不顾及它，它就会不断地加强，甚至以一种恶性的方式——疾病——来显示，直到你的心开始关注。所以我们是需要每天用一些时间去倾听来自身体内的声音，那是关爱自己的必须！

虽然"家排"的核心是家庭中的爱。但是按照爱的排序："最值得尊重的就是你自己，最值得爱的也是你自己"，这是孙老师在"家排"中反复强调的一点。是的，没有你自己，就没有一个家庭的完整，所以爱就要"从我做起，从现在做起"。

虽然对于我现在的状况来说有点困难，但是谢谢孙老师的提醒，我会挤点时间争取每天"和自己在一起"，来与自己对话，关照自己的身心，同时也不会再为此而感到内疚了，毕竟来日方长啊。希望朋友们也常常"和你自己在一起"。

评论

Peluya0405　老同学，这两年来你终于做了一次你想做的、丢不开的事业！"和自己在一起"，真为你高兴，也为你有理解支持你的老公和女儿开心！

张尧　写得真好！身心合一和心理的平静其实有的时候说容易，做起来还挺难的。

重操旧业——返校咨询 / 9月20日

　　回国后，虽然成了一名退休教师，但学校的心理咨询需要还是显而易见的，所以请我再返校任聘。尽管我很热爱自己原有的工作，现实的需要却是女儿当首，同时自己的身体也远不如以前，因为夜晚的间断睡眠让我白天很是容易疲倦，精力有限，但是又经不住内心对心理咨询的那种挚爱。与华婕和婕爸商量，他们都很能够理解我的心情，都同意我去，只是婕爸提醒，要量力而行，不要硬撑着！还是老公知我也。于是我答应了校长的一再邀请，下午去学校做两小时的心理咨询。

　　9月15日那天下午，我将华婕安顿好，就骑上我的小单车直奔学校。正好刚刚下了一场大雨，空气显得格外清爽，头上的树枝还不时滴下几滴雨珠，我在秋雨后阵阵凉风中穿行，想想自己居然又行驶在上班的途中了，好开心！这是一年前根本不敢想的事情，看来很多事情还真是可以变化的。到了学校又看见许多熟悉的面孔，大家的关心和问候都让我感到非常亲切，感到自己的情绪就一直处于一种兴奋之中，还没有进咨询室，就有班主任带着家长等着我了，我让他们在外面等几分钟，自己调整好心情，再进入工作状态，因为我深知理智、平静是心理咨询老师的基本素质。

　　家长一见到我眼泪就往外冒："肖老师，终于见到您了！"让我有点受宠若惊。原来她的小孩是我教过的学生，最近出了点状况。家长的咨询问题很多，不知不觉咨询时间就到了，门口已经又有学生进来，于是我阶段性地给她做了小结，又开始了其他学生的咨询。有个高三的女孩子是哭着开始，笑着出去的。两小时很快就过去，看到自己能够给别人带来帮助，这让我感到很愉悦。而且在咨询过程中看到对方的难过与困扰，感到自己却有些超然，在对当事人产生同理心的同时，还会保持警觉和距离，似乎更加清醒地看到当事人的问题所在，而且更加自信自己的感觉与判断，也更加从容地引导当事人去思考自己的问题，发现自己的问题，达到自我醒悟。同时，看到别人产生问题，又会不知不觉地反思自己是否也有类似的问题，给自己提个醒，如果没有的话，又会暗自庆幸，心生感恩，完全忘却了身陷的困境，而倍加珍惜自己已经拥有的幸福。

我感到自己又比以前成熟了一些，原来担心自己一年多没有工作，是否会有些生疏。看来这种担心是多余的，而自己这一年多的人生经历却是给自己增添了更多的智慧和阅历。谢谢公平的上帝，将这样的睿智恩赐予我，使我能更加有效地帮助别人走出困境，同时让自己也获得"赠人玫瑰，手有余香"的快乐。

评论

Sharon　I can feel your joys and happiness of getting back to work and be able to help others.That reminds me your smiling face even at the most difficult time.（我能感受到你重新回到喜爱的工作去帮助他人的喜悦，也让我回想当时困难时期你的笑容。）

Ahappyfish　能够做自己喜欢做的事是最幸福的，这种快乐的情绪会感染身边的人，给身边的人带来快乐，真好！

新浪网友　在帮助别人的同时其实也是在帮助自己。最大的快乐是知道别人需要你。真高兴你把自己交给了大家。相信你会把快乐带回家，把幸福带回家。

晓梅　工作着是美丽的！真高兴你能够重返工作岗位，虽然只是每天两个小时的咨询时间，但是你却是用毕生的人生经验和睿智的大脑在为孩子们服务，育才学子有福啊！

十五的月亮十六赏 / 9月29日

回家后的第一个中秋节遇到台风，天气预报早早就预告，今年的中秋节是看不到月亮了。果然，那天晚上天空是灰暗的，一层层乌云在空中游荡，看不见一点月亮的踪影。好在事先有心理准备，也就不失望了。但是心中仍然有些不甘心，到睡觉前12点钟左右，再去阳台仰天望望，却意外发现，一轮月亮带着雨后的清辉，从云层中挣脱出来了，将周围的蓝天映得纯净无瑕，虽然远处的云朵还是灰色，可明亮的月光已经将我的目光吸引住，我赶紧叫婕爸出来看看，好像终于完成了一件应该做的事情一样，安心睡去。

第二天晚上，华婕本来也想去外面走走，看看有没有月亮出来，却有朋友来访。送走客人后，华婕急忙将轮椅开到阳台上，居然又看到了月亮。她将我们都呼唤了出来。果然十六的月亮更加圆润、明亮。华婕欣喜地让我们将家里的电视、电灯全关掉,我和婕爸也都坐在阳台上欣赏起来。只见那月亮正在东南方,明亮亮的圆月镶嵌在天空中,不远处是一群鱼鳞般的碎云层陪伴着,好似一群神童守着纯洁的仙女。月亮仙女静静地俯视着大地,用那圣洁之光洗涤去人世间的邪恶,送来美妙而温柔的抚慰。

我抬头看看月亮,低头看看地面,发现十六的月光是如此明亮,将阳台上的树影都洒在地面上,十分清晰;再看回身旁的华婕和婕爸,发现他们也都在静静地仰头看着天空,享受着月光带给我们的宁静之夜。小狗坨坨在我们三人之间慢慢地穿行,好像也被这皎洁的月光感染了一样,一反平时活蹦乱跳的顽皮。看到这样的情景我心中突然感到非常幸福,全身心都充满了喜悦:能与自己的亲人在家中一起欣赏月亮,这不是很多人心中的美好愿望吗?想到此,我心满意足也,平时多少的辛劳都值了!

沐浴着十六的月光,看着月亮中隐隐约约的阴影,我们三人聊着嫦娥、吴刚、桂花树和玉兔的神话故事,尽情享受着这美好的时分。老天是如此恩宠我,我真要好好珍惜,真诚地感恩!

令人震撼的老鹰特性 / 11月21日 ◎ Sunnie

上周末去听了一个美国老师激情澎湃的讲座《鹰》,觉得非常有意思,想和大家分享。我在美国的时候就发现美国是一个崇拜鹰的国家,许多地方都有老鹰的标志或图像。我以前只觉得老鹰凶猛锐利,可能美国人比较喜欢吧,现在发现原来有更多层的意思在里面。牧师声情并茂,并不时配合肢体语言,非常生动,他从暴风雨开始说起:

每当风暴来临之前,大多数动物都急忙找避风港,而老鹰不是。鹰喜欢在风暴来临之前等待,等待最强劲的强风,随着强风挥动翅膀飞上高空。它们高傲地飞翔,略带蔑视地迎接暴风的挑战,毫不惧怕。它的与众不同不仅如此——别的鸟类,如乌鸦,看到地上有死去的动物或是剩下的食物会顺手拿走,对这些东西老鹰却毫不在乎。老鹰从来不吃死了的猎物,它的所有猎物都是自己擒来的活生生的食物。鹰天生有敏锐的视力,在高速飞行当中,它依然能够快速、准确地发现2英里以内的目标,并用锋利的爪子和嘴捕捉,享受着胜利的战果。

牧师说道：虽然这两个都是我们熟悉的鹰的特点，可是在生活中我们又有谁能像鹰一样，在有条件逃避的时候，不惧困难，迎接挑战；在唾手可得的目标面前，选择自己奋斗创造。我从未去认真想过鹰的这些，现在听来讲到了我心里。牧师接下来说的鹰的另外几个特点，非常有意思，也出乎我的意料。

老鹰虽然看似粗枝大叶，可对自己的宝宝却呵护周到。当暴风和敌人来袭时，如果老鹰有宝宝需要照顾，它们会坚定地守在窝前，用厚厚的羽毛和宽大的翅膀把小鹰包围起来，一动也不动，让小鹰免于风吹雨打，真是呵护备至。鹰是多么温柔的父母啊，但同时也是严厉的父母。当小鹰到了学飞的时候，老鹰会把小鹰放在背上，然后飞翔到7000英尺的天空，出其不意地让小鹰自由下落。小鹰们叽叽喳喳努力扇动翅膀，却不能一下子学会飞翔。这时候老鹰会急速俯冲下来，在紧急关头稳稳地把小鹰接住，显得强大而有力。经过一段时间，大部分小鹰们都学会了飞行，但有些小鹰还是不停地下坠，不能飞翔。而老鹰不放弃，为了让小鹰们拥有独立的能力，它要做更多的努力。老鹰把这些落后的小鹰放回鸟窝里面，这是最温暖最安全的地方，小鹰们回到了家，放松下来。没想到老鹰却开始一点一点地啄开自己的窝，一点点地抽走里面的稻草，鸟窝开始摇晃，可老鹰却没有停下来的意思。连最安全的地方也没有了，小鹰们别无选择，只能拼尽力气学会飞翔才不至于摔落到地面。这就是老鹰的育子之道，关爱而严厉，细心又"狠心"。

天生骄傲的老鹰也会有老去的时候，虽然鹰的寿命很长，大约有50年！老了以后，鹰拥有的飞行能力、尖锐的眼睛、锋利的嘴和爪子都退化了，它们的攻击性大大减低，大部分老鹰随时间老去、死亡。可是，总有一小部分顽强的老鹰，留下来和命运做抗争。这一小部分老鹰，会躲进山洞里，用自己的嘴和爪子，狠命地击打岩石，脱皮、流血、疼痛都阻碍不了它们，直到它们把自己的嘴和爪子上老去的硬壳击碎为止。这样它们就能长出新的外壳，重获锋利的武器。然后它们把自己胸前充满油脂的部位啄碎，让油脂流满全身，以滋润皮肤，长出新的羽毛。这样它们又能高高地飞翔和自由地狩猎了。可是老鹰的眼睛却远不如从前，无法辨认目标，这时，它们会迎着太阳光冲上天空，直视太阳，让阳光灼烧它们的眼睛，从而重获新生！

这就是老鹰一生的奋斗，从出生到老去，从未停止。令人内心震撼！

评论

　　谦霞恋之屋　在有条件逃避的时候，不惧困难，迎接挑战；在唾手可得的目标面前，选择自己奋斗创造。这话说得真不错，很值得我们学习。谢谢分享，甘之如饴。

　　Prluya　婕婕文采很好！把鹰的性格、精神和习性展示得很透彻，难怪美国这样发达，领先于世界，原来他们有鹰的精神启迪鼓舞。婕婕你是个很有才的女孩，会有属于你的一片天空！

　　珍妮兔子　老鹰的特性其实也蕴涵做人的道理。有多少人能够做到老鹰的犀利勇敢？又有多少人能够像老鹰一样顽强，努力拼搏？愿你能够像老鹰般飞翔在天空！

新的一年，新的考验 / 1月6日

　　写下这个题目时心中不免有些悲哀：原想回家后一切都已经安定下来，虽然华婕的情况不会有明显的改善，但是至少能够保持平稳，不再出现其他的病情就好，想来自己的要求实在也不算高，可就是这样的祈求竟也变成了一种奢望！

　　就在人们迎接新年到来之际，婕爸因为心脏不舒服去医院看病，没有想到，医生怀疑他是"升主动脉瘤"。当他告诉我这个消息时，我的第一反应是，是不是弄错了，不要那么相信医生，再去别的医院检查再说。我知道这样做当然首先是要印证确诊，还有一个本能的反应就是安慰，既安慰婕爸，也是安慰自己。因为我一直相信，华婕的车祸让我们一家人的命运全都改变，老天爷给我们的考验实在是够多的了，看在我们好不容易挺了过来，老天爷有眼，以后的日子会要眷顾我们一点了吧。可是没等我们喘口气，婕爸——我们家的主要劳动力又出问题！我真的不愿意相信！

　　接下来的日子婕爸在医院里接受了CT、B超等一系列检查。等结果的几天，家里的气氛也凝重起来，加上那几天我也因为食物中毒引起肠胃痉挛，婕爸不仅不能休息还要一个人忙上忙下。什么叫雪上加霜，我真是痛感到了这几个字的分量！记得婕爸去医院拿结果后给我电话，当时我正在超市的电梯上，周围是一派节日气氛，离元旦还有一天，我就听见婕爸的几个字："是升主动脉瘤！"当时我感到心"咚"地一下沉了下来。但是我马上深吸一口气，调整好呼吸，再问过去："那怎么治疗？要开刀吗？"

"只是拿到结果，还没有看医生。"

"别着急，先看医生怎么说吧。"我尽量让自己的声音保持平静，婕爸需要我的支持。

婕爸回来后告诉我，动脉瘤还不用开刀，只是要注意饮食，少干重体力活等保守治疗。但是下午另一个检查结果出来，医生说是冠状动脉也有问题，建议他还要进一步做造影检查，如果是冠状动脉狭窄，可能心脏还要安装支架，将其撑开，避免心血管堵塞。真是一波未平一波又起，我们好像在水里挣扎，刚刚冒出水面还没有来得及喘口气，马上又被一个浪头扑盖下去，真是让人受不了！

就是在这样的担心和假想中进入到了2011年，在倒计时的最后一刻，婕爸仍然像以往一样，向我伸出他的大手："太太，Happy new year！"这是多年来我们迎接新年的习惯，可此时此刻我却忍不住泪水涌出，即使去年在他乡那么难，可还会怀揣希望，可现在我却不知道以后还会有什么样的苦难在等着我们。太难了！

昨天婕爸又去孙逸仙心血管医院看医生，那位医生认为冠状动脉的问题不大，只是要平时注意饮食，适当运动，不生气等，对升主动脉瘤，也是要经常检查，防止继续扩大。

虽然暂时没有危险，但是毕竟是心脏出了毛病，婕爸的心情一直有些抑郁，我和华婕都在鼓励和安慰他。华婕说："爸爸，你不要把自己当做病人，不要老想着自己的病就会好一些，我自己就是这样，每天早晨醒来我都会对上帝说，我不是一个病人，我没有病！"我也跟婕爸打气："水来土挡，火来水淹，总会有办法的。"婕爸拍着我的肩膀，用他那粗犷的男中音说道："放心，死不了！"我知道，我们都在尽量地调整自己的情绪，做好心理准备，去迎接上天给我们的新考验。

再见老父母　/ 1月16日

自从2009年华婕出事，有两年没有回去看老父母了。以前是一放寒暑假就要回去住上一两个星期，帮他们跑跑腿，干干活，说说话，也尽自己作为子女的一点孝心吧。父母的身体一直不错，一辈子也坚持自食其力，当年我们要南下来

⊙ 母亲92岁生日时与93岁父亲合影

深圳时，他们是坚决支持，认为外出闯闯是一件很好的事情，还说不要考虑他们，全然没有"父母在，不远游"的老观念。老父自己在大学毕业后就去申请庚子奖学金留美，可遇到抗战爆发没有去成，这种心结也许就延续到了我们身上吧。他们从来都是自己的事情自己做，一直到90高龄后，父亲感到难以胜任自理的情况下，才开始请保姆进家照顾。

回国后华婕每天都离不开我，尤其是晚上的护理让我不能脱身，仍然只能通过电话与他们联系。电话那头父亲的声音日渐苍老与无力，母亲虽然还是那样平和，但传回来的消息先是摔断了手，最近又是关节痛得不能行走。婕爸因父母去世回去两次，抽空去看两老，回来告知，情况一次比一次差，两个老人一人坐一个轮椅，知道婕爸要回去，那样寒冷的天气还开着门等着他！可婕爸因为误点，加上当天要赶回深圳，只能待上几十分钟就匆匆离去。听到婕爸回来的讲述，我心里充满了愧疚，知道不论怎样我都应该回去看看耄耋之年的老父母了。在将华婕的护理安排好后，终于可以抽出两天时间回长沙了。提前一天将机票订好，心情突然好了起来，清理行装的时候不自觉地哼起歌来，真是久违了。

　　清晨坐第一班飞机，9点半就已经到达长沙。天气虽然很冷，可是太阳出来了，比我想象中的要温暖些，先直奔医院去看望舅妈，并将婕爸的病例资料交给表妹，请她去找有关的专家咨询，这也是回长沙的任务之一。回到父母家已经是近中午12点钟了，一进门就看到两老坐在电热器旁取暖。父亲的耳朵几乎听不见了，只能伏在他耳边慢慢地、大声地讲话，他才能听得见一点；倒是妈妈的腿经过治疗，有些好转，居然可以拄着拐杖在家里慢慢地挪动！这让我有些许的安慰！基于这段时间我对华婕的护理，深知能够控制自己的身体去动，不管是借助器械还是如何艰难地去动，那都是一种幸福啊！

　　余下来的时间几乎都在陪妈妈说话。妈妈虽然年老但是头脑一直非常清晰，也非常达观，对于华婕的事情也只是听听我的讲述，然后提醒我要注意身体，不要想太多。她知道，他们已经是自顾不暇了，能做的就是这些，能保持自己的健康，不给我添麻烦就是最好的支持了。我是很喜欢妈妈的性格，平和、简单、容易快乐。记得有一次已经是晚上9点多钟了，家里的电话响起来了，一看是父母的电话，心里一惊，担心是父母出了什么事情，拿起电话，妈妈的声音传过来："一帆，你快去看中央三台，里面正在播放李玉刚的专场啦！"我听完心中马上由惊转乐："哈哈！您还知道李玉刚，真是跟得上娱乐时尚啊！"放下电话，心里直感慨，怪不得妈妈长寿，常常给自己找乐子就是她的一个秘诀呀！真希望自己能袭承妈妈的秉性，可以减少焦虑，更不要透支焦虑。

　　当天晚上就在家里美美地睡了一觉，那真是睡到自然醒，感到自己好像是在度假般舒服。上午出去为华婕买点东西，在转角的老地方又飘来炸葱油粑粑的香味，很想再尝尝，可我是吃得饱饱的才出来的，只能用鼻子使劲闻闻香味了。到超市买点长沙的特产，都是华婕想吃的：腊肉、桂花年糕、腊八豆等。再为父母买一些新鲜的糕点，这是老父亲一辈子的喜好。

　　在家待了20多个小时后，下午5点钟时与老父母告别的时间到了，心里有些害怕这个时刻。妈妈从烤火的围椅中艰难地站起来，不顾外面冷风嗖嗖，一定要送我到楼梯口，叮嘱我到达后来电话报平安，我口中答应却不敢回头，眼眶已湿润。走在路上就在想，等以后华婕的情况稳定一些，要争取多点时间回来看看老父母。

阳光 只要父母在，自己就是个受疼爱的孩子。一看照片就知道阿姨是个祥和的人，很漂亮。

Liu 看得我止不住泪流，想起了高龄父母在世时的许多细节。那每每离别，面对老人不舍无奈眼神满眼含泪不忍回头的情景如在眼前。再老的子女在父母离世后也有一种挥之不去的"孤儿"心态，以前激情参与多年的春运现在与我何干呢？老人能有"平和、简单、容易快乐"的心态，真是子女的福气啊。我敬佩！我羡慕！

坨坨与我们仨 / 1月27日

2010年9月初我们家来了一位新成员，一个多月的小贵宾，取名叫禹坨坨，这是华婕早就给它取好的，加上禹姓，表明是我们家的正式成员。这比那些洋名好记，也好写。当它迈着姗姗缓行的小步从电梯里走出来，四处张望时，我心里一下就充满了欢喜和怜爱，立即蹲下去将小家伙抱了起来，轻轻地抚摸着它，朦胧地感到这个小生命与我联系在一起了，就像《小王子》里面那只狐狸说的那样："你收养了我，我们之间就有了一种关系。"

可没有想到小坨坨与我们的这种关系迅速发展成非常亲密的关系，有时候甚至超过了家人的关系。有很多我们做不到的事情，小坨坨却以它的方式轻松做到。小坨坨最大的作用就是成为我们家的心理调节器：每当我们心里不开心时，只要看看坨坨那双天真无邪的黑眼睛，郁闷的心事马上会逃之夭夭，不请自走；特别是看到婕爸生气、郁闷时，我会有意将小狗召唤过来："去，跟老爸玩玩！"婕爸也知道这是要他调节自己情绪的暗示，而小坨坨也会很懂事地摇着圆圆的小尾巴走向婕爸，一人一狗立即很默契地玩起来，回头再看婕爸，已经恢复平静。为此心里常常很感激这个小家伙。

坨坨更是我们家的开心果，自从有了坨坨，家里的欢乐气氛添加了许多：每当我们从外面回家，首先出来迎接的就是坨坨了，它的热情让我们倍感欢喜，尤其是婕爸回家，它会直往婕爸身上爬，所以婕爸还没有进门，第一件事情就是放

⊙ 在姐姐怀里是坨坨的享受时光。虽然不识字，却也那么专注，真是"近朱者赤"哇！

下所有的东西将坨坨抱在怀里亲热一番，嘴里还不断地与它说话："坨坨！坨坨呀！"再带着满怀的开心与我和华婕打招呼，一家四口笑吟吟的。到晚上家里的人都在客厅时，是坨坨最高兴的时刻，这时候它会将喜欢的玩具叼到你的脚下，让你跟它一起玩追叼玩具的游戏，或者是让你去跟它捉迷藏，逗着我或婕爸围着房间转，看着它躲在某个物件的后面等着你去抓它，再突然疯跑的样子，我们三人常常被它逗得哈哈大笑，真是其乐融融也。

坨坨还是华婕的亲密伙伴（这正是我们一定要养狗的目的）：当我们不在家时，坨坨会一直趴在华婕的轮椅旁睡觉，或者与华婕玩耍一会，外面有什么动静它会"汪汪"大叫，让华婕心理也能有些安全感；每当华婕训练时坨坨就会陪伴在其身边，让华婕在枯燥的训练中陡然增加了许多的欢乐，怪不得有报道说是英国有的学校将狗引进教室，以提高学生的兴趣，看来是有道理的。

华婕发现我对坨坨讲话常常是用叠词，比如吃饭饭、睡觉觉、喝水水等，因为坨坨对于我来说，不仅是带来了欢乐和开心，我感到小家伙的到来，还激发了我体内更多的母爱，在它的身上我可以尽情地释放自己对小生命的疼爱，而不用顾忌什么溺爱、惯坏，让那种本能的母爱尽情释放，好过瘾！

从病友中获取力量 / 3月31日　　　　　　　◎ Sunnie

英文中有个单词peer，是同辈、同伴的意思，很多时候也常常讲peer group或peer support，指的就是同伴之间的相互支持。从我受伤以后，除了亲友们的支持以外，我又多了一个peer group support——我新认识的朋友们。我们可以说是同病相怜，或是病友，虽然来自不同的背景经历，因为我们状况的特殊性，我们之间有了特别关联。

　　在美国SCI-FIT康复的时候，那有很多病友，虽然也和他们聊聊天，聊聊病情，可是我们在那里是外国人，对于他们来说不容易理解我们的处境。当时看到他们几乎每个人都积极开朗，有着各自丰富多彩的生活和计划，心里有些羡慕。羡慕他们的国家可以提供给他们完善的支持和帮助，也暗暗被感染着要积极地生活。后来因为这个博客，我也直接或间接地接触了很多病友，有些给我介绍国内情况，有些离得近的亲力亲为帮我们解决了很多问题。回国以后，和这些朋友的联系也多了些，在我回来不适应的时候，总是能给我提醒和帮助。

　　最近通过"燕山论坛——脊椎损伤病友网"辗转认识了一个病友，给了我很大的触动。他叫郭丞，也同样是颈椎损伤，也同样是在新浪开了博客，可是我却听说他的情况很不好，生命也许进入倒计时了，于是我赶紧去他的博客看了看。本以为是情况相似的病友，点开了首页的视频，却不忍心看下去了。没想到他被周身的病痛折磨着：不仅是晚期的肾衰竭、尿毒症，还有糖尿病、高血压等并发症，治疗难度很大。疾病不仅让他长期卧床，每天必须以透析来维持生命，也使他的右眼失明。说实话，四段视频我没能看完，因为我知道，脊髓损伤的病人最害怕的就是肾出问题，尤其是肾衰竭，这是死亡率最高的并发症了，更何况郭丞的情况远比这复杂。

　　之前就听说郭丞在受伤后自己发明了工具能躺在床上使用电脑，更写出了散文、诗篇，出版了两本书——《躺过长夜》和《生命的透析》，随后我看了博客里的其他文章，心情更是酸酸的，不知道要怎样支持他，只想说买几本他的书，心想有人承认自己的作品应该是件很有成就感的事情。没想到下午，妈妈也看了他的博客，过来和我讨论郭丞的情况，我们俩越说越觉得可惜，于是妈妈说因为他家在新疆乌鲁木齐旁的一个小城市，实在太远了，不知道能怎么帮忙，建议我们给他汇些钱过去，表示我们的一点心意。我也和妈妈说了想买些他的书的想法，两人统一了看法，决定第二天由我给他打电话。

　　第二天下午，我拨通了郭丞博客上留的电话，电话那头是他的家人，说晚点他将做透析，那个时候比较方便。我如约打了过去，心里隐隐有些担心，不知道他有没有体力说话，精神状况好不好等等。电话接通了，那头响起了一个男中音，听上去还不错，问过果然是他。简单的自我介绍后，我俩开始洋洋洒洒地聊了起来。郭丞是1998年受的伤，那一年他刚25岁。正准备结婚，却遭遇了车祸，至今也13年了。虽然他和桑兰受伤情况和时间都差不多，可由于当时没有条件做康复训练，身体每况愈下，现在状况比一年前视频中的还差。除了每天透析，他有时候连坐起来都呼吸困难,吃饭都得躺着,还要注意不能被呛到。因为一只眼睛失明,另一只视力也不好,操作电脑已很困难,和外界联系主要就靠电话和听电视了。我问那什么情况才能出门透透气呢,他回答说每三个月要去乌鲁木齐的医院换透析的管子,虽然每次出行很麻烦,路途颠簸,可那是他最高兴的时候,连空气呼吸起来都是甜的。郭丞用平静而清晰的声音慢慢地说着,我当时鼻子就酸了,不知该怎么接话才好。

后来郭丞也问了我的状况,他不忘一直提醒我,一定要坚持锻炼、一定要坚持导尿、一定要找到自己想做的事情,他说出事以后没人教他,好多年以后才懂。我心里不停地感叹,我还在住院的时候就已经有医生、训练师全面地教我,我是幸运的。国内的病友们却连最基本的护理知识都很难接触到,导致他们的身体急剧受到损害,更是危及生命。后来我和郭丞说了我们家的想法,更是坚持请他接受这个好意,他推辞不过,说:真的很感谢你们,这样我的生命又可以延续一段时间了。当时我哑然无语。最后郭丞说,以后有什么想法可以和他说,毕竟我们的感受比较类似。郭丞是我peer support中新的一员了。

介绍我们认识的另一个病友冰晶说过,当看到比我们条件还差的人还那么坚强的时候,我们没有理由不坚强。这句话直中我的内心,以前我以为自己够坚强的了,其实不是。与美国病友们给我的美好追求不同,在中国的病友们给我的触动更大,我感恩自己的幸运,也更加了解了自己的软弱。同时我也想起了《圣经》上说,施比受更有福,感谢上帝把施与受这两种福气都给予了我和我家。

补附:郭丞已于2012年去世,可他的精神长存。

评论

小峰　你真的是一个特别善良开朗的女孩,读了这篇文章,让我觉得你把你的爱和阳光无私奉献,也极大地影响了太多太多的人……

Sunny阿姨之一　"我们没有理由不坚强。"真是这样!给这位郭丞先生的捐助寄出了吗?要不等等我们也凑一份子吧。

齐齐妈　华婕写得好,真情实感。郭丞真是乐观,更多的是坚强。向他学习,我们真的没有理由不坚强,我也想尽一份微薄之力,把方式告诉我吧,真希望他的生命能延续下去,再多一些……

淡如水　没想到作为一个陌生人可以持续关注这个博客达几年之久,其中的每一篇我都读过，并将博客地址放入了收藏夹。灾难和变故催人成长，有感于华婕在自己遭受如此大的打击后还能对这个世界怀有一份感恩的心，不容易，这和家庭的影响密不可分。华婕有这个能力，帮助这个世界上更多的需要帮助救助的人，不仅仅是金钱方面的，更多是精神上的。

Sunnie老师教英语 / 4月30日

华婕的伤情稳定后，很多朋友都关心一个问题：她是否能做点事情？首先想到的都是与英语有关的工作：教英语，做翻译等，这的确也是我们一直在考虑的事，尤其是在美国看到残疾人就业的现象非常普遍，这也鼓励着我们，希望华婕回来后能够发挥自己的一点作用。说得好听是实现一点自我价值，加强自信；说得实际一点是不被社会所抛弃，也给自己找点补贴。虽然国内的情形大不一样，但可以在现实条件下去争取的。

首先在老友hz热情帮助下，华婕开始给几个小学生做起了英语家教。刚开始华婕还是有一些担心，自己从未当过老师，尤其是小学生这个年龄阶段的孩子要怎样教，心里没有底，只能回想自己小学时的情景去揣摩。可是毕竟年代相差太远，20世纪80年代出生的华婕与21世纪出生的小学生可以说是相隔了好几个代沟了，小学生们活泼好动，争先恐后地表达自己，对教师没有恐惧，可爱但颇费

⊙ Sunnie颇有教师范儿

精力,加上华婕受伤后不能大声喊叫,所以如何组织好课堂教学,让教学更有成效,是华婕备课的一个重要内容。她根据自己在国外学习的感受,将教学的内容定在以听、说为主,教学形式以孩子们自己参与为主,这样每节课就要安排一些活动,让学寓以游戏之中。这就加大了教学的难度,于是我成了华婕的"助教",帮她准备上课需要的电教设备,做活动的物件,维持秩序等。几堂课下来,孩子们与Sunnie老师慢慢彼此熟悉,他们在学校课堂后参加一些英语情景的游戏,释放活泼天性,同时也学到一些英语。

另外华婕在残联的帮助下,联系到一家酒店,因有大运会的接待任务,酒店请华婕去给他们的员工进行英语培训,这倒是华婕愿意的。因为要外出就要婕爸出马接送,虽然花不少时间,但我们一如既往地支持她。酒店来学习的员工大都是年轻人,有一定的基础,也好学,这样华婕教起来还比较得心应手。虽然教学经验略显不足,但在做的过程中慢慢积累摸索,一定会有长进的,何况华婕已经在备课、教学的过程中尝试到了工作的魅力!

评论

Emily　华婕有了新的生活,真好。没有浪费她多年在国外生活的成果,有了用武之地,真替她开心!

活着,还是生活——回国一年的感慨 / 5月19日

去年的今天正是我们一家从美国返回家中的日子,当时的情景还历历在目:朋友们的热情相迎,看着坐在轮椅上的华婕,心中万分感慨:今非昔比!

经过一年时间的沉积,一切都慢慢地化为平静的日常生活。就像瀑布从高处陡然坠落到万丈悬崖,激起汹涌澎湃的浪花、发出震天怒吼的呼叫后,仍然依着惯性往前奔去,自身也在消耗着巨大的能量;随着地势的宽广,水流渐渐变得舒缓而含蓄,一边容纳着困苦艰难,一边也欣赏着两岸不时呈现在眼前的风景。

常常在思索:今后的日子如何过?是"生活"下去,还是就这样"活着"?好像是一道哲学问题,可对这问题的回答的确是让你如何过下去的宗旨,看你如

何选择。如果只是"活着"，你可能就会每天活在抱怨中，老是感叹老天对你不公，你的情绪会蒙上一层灰色的尘埃，这尘埃慢慢地会渗透到你的身体细胞，影响你的肌体健康。这种抱怨情绪还会牵涉到你的家人、朋友，让他们会不自觉地离你远远的，因为人天生是愿意与愉快的人打交道的。如果你是要"生活"，你会想方设法提高你的生活质量，在现有的条件下，努力给自己创造愉快的环境，让自己及时欣赏身边的一朵小花，感受一口美食，笑于一句幽默，你的快乐也会感染身边的人们，朋友们的交往会让你更加感到生活的乐趣，你原本有的活力也会体现如初。

讲起来很容易，真正做起来还是蛮难的。但是有了一个明确的选择后，很多时候就会有意识地想开来，至少不会任由自己往牛角尖里钻，也带动华婕往积极的方面看。所以一年来虽然在很多方面与在美国时相比是差得太远，但我们会尽量享受那些我们可以做得到的事情：和朋友们相聚、养了一条可爱的小狗、在家里做训练、请针灸师在家中做针灸、华婕教英语、外出游览参观，等等。

评论

老马 从事情发生，你们就以自己对生活的理解和能力，迈出了"生活"的艰难又有价值的一步！这条路子你们三人会一直很好地走下去。

萧寒 内心不坚强比什么都可怕……很感动，我就是个有些心理问题的留学生，每次看这个博客，都会给我力量。

笑笑雷 一直关注华婕，一直关注老师您，深深被你们一家人打动，和你们一起揪心，和你们一起欢笑，和你们一起流泪。喜欢您纯净的文字，细心品味着这文字中漫透的母爱、父爱、亲情、友情，不敢打扰，默默祝福的心一直都有，希望什么时候能实实在在为你们做些事。因为你们，我们知道了做自己的英雄是多么了不起的一件事。

疯狂的足球，有趣的经济学 / 6月2日 ◎ Sunnie

在微博上偶尔发现《足球经济学》(*Soccernomics*)一书，因为结合了我所钟爱的足球+经济学，看到封面居然还提到了中国队，于是充满了好奇，从网上买了一本。迫不及待地打开了快递，发现书的英文名里其实并没有提到中国，对其翻译者的水平和商业用心汗了一下。不过翻开之后，里面的内容却着实有趣。

看书名便知，这是一本关于足球和经济的书，里面用经济计量学的方法寻找了大量的数据，以非常不同的眼光观察了足球的世界。两位作者的背景也为这本书提高了公信力：同是《金融时报》的专栏作家，一位是全球知名的足球评论员，一位是经济学教授，有趣的组合。足球爱好者的很多问题，他们都给出了让我耳目一新的答案，选一个和大家分享：

"点球！没错就是点球——点球一直是足球里最具话题性和刺激性的进球方法了。科学家们曾经计算过，按照足球行进的速度，守门员必须在球员触碰到皮球前作出判断及反应。那到底是守门员还是球员更具主动性，是谁决定了比赛的输赢？

"上周末的巴萨vs曼联的欧冠决赛，成为了荷兰守门员——40岁的范德萨——最后的一场比赛，赛后他将退役。范德萨是一个极其出色的门将，有着20多年的体育生涯，随荷兰队出战，拿过好几次欧冠，虽然他的战绩也有起起伏伏，但能力却一直毋庸置疑，除了一项，扑出点球！在以前很长的一段时间里，他被外界怀疑最多的就是他有点球恐惧症，荷兰队好几次重要的世界杯和欧锦赛都因为点球而出局，他在俱乐部里也是如此。连本周《天下足球》栏目给范德萨致敬的短片也都不断重复他没能扑出点球的画面。"

大部分人都认为点球是对守门员和射手能力的检验，或在很多情况下，是随机的。我以前也是这么认为，但《足球经济学》和范德萨后来的表现却给出了不同的答案。《足球经济学》用博弈论（Game Theory）里面的"囚徒的困境"（Prisoner's Dilemma）分析了守门员和球员之间的关系，简单地说就是预先猜想对手的策略和行动，以做出反应。当然，经济学里会用很多数据和概率进行分析。

本书作者了解到，当时切尔西请人分析了范德萨以往所有的点球数据，发现了他许多习惯性的扑救方式，于是一一加以研究，并找到了制胜的方法。比赛果然来到了点球大战。在6粒点球过后，范德萨如同对手切尔西估计的那样，有4粒都扑向了自己习惯的方向。随后范德萨好像突然醒悟过来了！他发现了对手的策略，前面的球都朝左边而来，所以当最后一个球员阿内尔卡准备发球时，范德萨用手指了指左边的球门，这个动作使阿内尔卡慌张了，他知道自己的策略被对手知道了，他慌乱中失去了进球的机会。范德萨扑出了这粒点球，破除了所谓的魔咒，帮助曼联夺得冠军。

当时在大学的博弈论和计量经济学两门课很是复杂和让人头疼，论文的阅读和写作业花了很多时间，但读这本书的时候却乐趣无穷，很神奇。作者选择了最关键的数据和最为平白的语言，让我过足了瘾！

坨坨来我家一年了 / 9月2日 ◎ Sunnie

坨坨来我们家已经一年了。在它还没来时，我就已经给即将到来的新成员取好了名字，依照长沙话的习惯和发音，男孩子叫"弟坨"，女孩子叫"妹坨"，反正都是坨坨。没想到这个名字还真适合它，现在的它毛茸茸圆乎乎的，十分可爱。后来我又给它想了个英文名：Dogham，意思是狗里面的Beckham贝克汉姆，因为在我眼里它是最帅的狗狗。

小家伙现在已经一岁了，真真正正是个小伙子了，可是我还是不自主地叫它小狗崽子，每天和它朝夕相处，看它可爱的样子和点点滴滴的变化，都给了我不可缺少的乐趣。

（一）吃饭篇——从狼吞虎咽到挑三拣四

坨坨刚来我家的时候只有1个多月，断奶不久的它坐了一整晚的火车，晃晃悠悠地走进了家门。买好了给贵宾幼犬专用的狗粮，按照说明，给了2小勺，小不点狼吞虎咽一下子就吃完了。我们以为它是饿疯了，可是以后每日3餐，次次如此，从不用牙齿咬，都是直接吞到了肚子里。有一次老爸老妈不知道已经喂过，重复喂了2次早餐，它都以同样的方式吞了进去，结果后来吐了出来。我给坨坨吃饭时间计了时，17秒！它一餐饭17秒就能解决，我们都哭笑不得。我的结论是这是个不知道饥饱的家伙。

到四五个月大的时候，坨坨开始换牙了，掉下来的小牙齿它也不乱放，都藏在了自己的小窝里，给老爸发现了，老妈还很认真地为它保存下来。吃狗粮的速度也慢了很多并且开始挑食了，我给它换了3个不同牌子的狗粮也不起作用，无奈只能用肉汤或骨头拌在一起给它吃。结果事态的发展越来越不靠谱，有时候吃饭要老妈先用勺子送到嘴边喂上几口，它才肯自己开始吃，拿它一点办法也没

⊙ 坨坨有一双会说话的黑眼睛，"姐姐我们一起玩玩具好不好？"（华婕拍）

⊙ 小时候就喜欢小动物

有，可老妈还乐在其中！

我们吃饭的时候也是坨坨最难熬的时间了，因为从小就开始训练它在我们吃饭的时候不许捣乱和要食物，一般来说坨坨还是很乖地趴在不远处，不动也不出声，只是它那渴求的小眼神，从不松懈地一直在我们身上扫来扫去。有时候我们吃些水果或零食，它就会用嘴巴轻轻地触碰你的腿，提醒着你：我也想吃！

（二）活动篇

小时候的坨坨，虽然会走路，胆子却很小。初来乍到，每天几乎都躲在沙发角落里睡觉。有缝隙的地方就不敢涉足；厨房里厕所里冰凉的瓷砖地，进去了就直挺挺地站着，一步也迈不开；楼梯更是新鲜事物，看着站在几级楼梯下面的老爸，嗷嗷地叫着求助，不知如何是好。带坨坨去楼下院子里散步，小家伙浑身发抖，激动、兴奋，但一直跟在脚边，不敢奔跑撒欢。

现在的坨坨，不可同日而语了。家里没有它不去的地方，每个房间都有它固定的窝点，每天头等的大事就是晚上去外面遛弯。只要我们吃过了晚饭，坨坨就开始在每个人的脚边轮流地蹭来蹭去，并用温柔的目光考验我们，它等的就是三个字：出去玩！只需轻轻地说出这三个字，坨坨就自个开始做热身运动：在屋子里活蹦乱跳地打圈圈，跑进跑出地看我们换衣服，蹦上蹦下地在地板和我身上不停地来回。下去院子里先得"汪汪"地来两声，似乎在宣告：我来也！然后才到处闻闻嗅嗅。坨坨在院子里也不忘观察主人，如果我慢了，它会等我，如果我把轮椅开得飞快，它也会跟在轮子后面狂奔。只有一种情况时例外，那就是遇上了狗朋友。坨坨很喜欢和狗狗们交朋友，只要遇上了狗，它一定是跟在屁股后面凑的，虽然不是每只狗都搭理它。只有一种情况，就是当哪只狗狗向我们靠近时，它会一反友好姿态突然奔向我们中间并向对方猛叫，也不知道是要保护主人，还是吃醋，引起大家的一阵欢笑。

训练坨坨做指定动作，花的时间不少，花的食物更多。为了引诱坨坨做指定动作，妈妈特地用煮熟的蛋黄或猪肝做诱饵。在经过多次的口令之后，坨坨渐渐地学会了坐下、握手、跳，后来更是发展到了趴下、不动、爬行、翻滚等动作。坨坨有一个不用训练就做得很好的动作——叼回物品，只要是它喜欢的东西，扔出去后它立马跑过去叼回到你面前来，而且它非常喜欢玩这个游戏，每天都要和我们玩，乐此不疲。

（三）黏人撒娇篇

坨坨在外面喜欢交朋友，回到家里却是无比黏人，这也是贵宾狗的特性吧。刚进家门时，我因为担心坨坨带来细菌，影响我无菌导尿甚至造成感染，所以禁止它出入我的房间。每当我们走进房间它跟过来时，就会用声音制止它迈进我的房门，胆小的坨坨会立刻止住脚步，用十分不理解的眼神看着我，可也十分听话地就地趴下等待。入冬后，我房间开启了暖气，因为要关门，所以允许了怕冷的坨坨在进门不远处趴着。坨坨虽然听话，却知道要迂回地与我对抗。有时趁我不注意，它就悄无声息地爬到了暖气片下取暖，等我发现一声呵斥之后，它立刻会缩回到自己应该待的位置，并可怜兮兮地看着我，如此多次之后，我心也软了。得到了我的允许，坨坨可高兴了，每次进房间都直奔暖气片而去，也不管暖气片是冷是热。而且在我要起床时，它会站立在床前，前爪不停地抓我，或者撒娇要我摸它的头。

在地板上训练时情形也类似，因怕压到它，也怕它打扰我训练，所以一开始我也禁止它爬上训练的垫子。坨坨并不服从，总是试图爬到垫子上来捣乱。实在没有办法，我们便把它临时关进了笼子里，让它在旁边可以看却不可捣乱，当时年幼的坨坨十分不愿意，每次都不住地嚎叫、乱抓笼子，以引起我们的注意。有时叫累了，就趴在笼子里睡觉，我们训练完了偷偷地把笼子打开，它也察觉不到。直到有一次，乱抓乱叫的坨坨想将笼子门打开，不知怎么的，嘴巴被门上的栓子卡住了。听到它突然由嚎叫变成了撕心裂肺的求救，妈妈赶紧奔了过去，好不容易才把它解开。从此之后，我们再也不忍心把它关笼子里了。而坨坨也很争气，长大后不但不打扰我训练，后来还成了我训练时的开心果。就这样坨坨用它无法拒绝的温柔攻势一点点地突破了我的防线。

坨坨对爸妈的撒娇也很过分。爸妈分工明确，妈妈喂它吃饭，爸爸带它出去玩，所以坨坨的方法也各不相同。如果老妈从外面归来，坨坨除了立刻摇头摆尾，还会全身以一种特殊的方式在地上扭来扭去，像跳舞一般，这是对老妈独特的欢迎方式。每天中午和晚上睡觉前，只需要妈妈对它说："坨坨，睡觉觉啦。"它便像被设定好程序一样，立即奔入自己的小窝，准备睡觉。有时妈妈不记得和它说，到了那个钟点，走进房间，就看见坨坨已经趴在窝里睁着两只黑眼睛等着爸妈了。坨坨对爸爸撒娇属于耍赖型。爸爸还负责给坨坨梳毛，坨坨总是不听话，经常张大了嘴巴要咬那把恼人的梳子，最后演变成和老爸手中的梳子打架玩耍，梳毛就这么被赖过去了。这就是坨坨耍赖的魅力。

坨坨不仅是家里的开心果、是个小伙伴，更是我们的家庭成员，带给这个家的欢乐也会继续下去。这个小坨坨，真是个宝贝啊！

写在六年前的结婚纪念日 / 11月15日

前几天因要写点东西，在以前保存的电脑资料中浏览，无意中看到了下面这篇文章，当时是有感而发的，现在看来却是另有一番滋味：

四月三十日下班后，正坐在沙发上看报，老公在厨房里做饭，突然接到女儿从英国打来的电话，感到很诧异，因为平常她不会在这个时候来电话，她知道这个时候我们正忙着做饭呢。女儿开口便问："妈妈，你们没有出去吃饭啊？"我奇怪地反问她："为什么要出去吃饭？"她在电话那头急了："今天不是你们结婚二十周年纪念日吗？""哎呀！忘了，真是我的好女儿！"我与闻声走过来的老公对视，不约而同地感叹起来："真是的！全忘了！"感谢懂事的女儿提醒了我们这个珍贵的日子。

岁月催人老，想当年，新婚燕尔之际，遥想如果结婚二十年时，一定要如何大张旗鼓地庆祝一番，没有想到日子就这么平凡地走过，这么迅速地来到了。

回想起这二十年的婚姻生活，自己感到非常知足，虽然没有荣华富贵，也没有花前月下的浪漫，但却有自己所追求的安定、充实，回顾我们之间的那些点点滴滴，无不渗透着夫妻之间的温馨和关怀。我常常感谢上天赐给我如此的家庭

⊙ 1985年交往三个月后闪婚，没有仪式，没有婚纱的裸婚。可两个人的心却走到了一起

幸福，我也常常怀着感激的心情小心翼翼地、有时候是很用心地去呵护自己生命中最珍贵的馈赠。记得结婚几年后一次给好友写信时曾写道：这一生中我最满意的一件事就是嫁给了老公。十几年过去后，更加印证了自己的这句话。作为一个女人我尤其为此骄傲！

当初我和老公的结合是很平常的，两个大龄青年走到一起，虽说在别人看来我们在外貌上是有些差异，老公是那种身体魁梧粗犷、声音洪亮、满脸胡须的男子，而我却是一个貌似柔弱、安静斯文的女人，从谈恋爱起我俩就常常被人误认为父女。开始老公常常为此有些许微词，俗人的眼光多了后也就习惯了，还常常拿此事情开开玩笑。实际上我们在最根本的方面却是非常的一致，那就是价值观相同！尤其是对金钱的态度，我俩都是奉承着"没有金钱是万万不能的，但金钱绝不是万能的"，因此，在平常的生活中我和老公很少争吵，我想我们都对金钱和物质比较淡然是一个主要原因，这使我们之间减少了许多摩擦和误解。我是一个容易满足的女人，在深圳这样一个物欲横流的社会环境下，无形中就减少了老公做丈夫和一家之主的压力。加上我俩在性格上的互补：他性格外向、率真开朗、随心所欲，我性格温和、平静细心、谨慎认真；常常是他说，我听，各自都从中得到满足，多年下来，彼此一个眼神、一个动作，都能够相互读懂。我喜欢的那首歌"最牵挂你的人是我"就唱出了自己内心的感觉："最了解你的人是我，最关心你的人是我，是我，还是我！"

要说结婚二十年最宝贵的礼物，就是我和老公相爱的结晶——19岁的女儿，女儿从小就是一个很懂事的孩子，加上我们对她的期望还比较实际，对她的教育只是注意培养她良好的学习和生活习惯，所以虽然老公对她宠爱有加，但是她的成长还是很顺利的，现在回想起来，好像自己都没有花多少精力在女儿身上，女儿就已经远离家庭上大学了！而且还记得提醒我们的结婚纪念日，颇感欣慰！

补记：不管现在的生活是怎样艰难，至少我生命中还有那二十年的幸福生活！这是我记忆中的宝藏，也是自己的安慰剂，拿出来晒晒。

婕儿向前辈病友学习 / 2月17日

我们的很多朋友一直非常关心华婕，这种关心体现在很多方面，包括转告一些有关的信息。前段时间就有朋友告诉我们，有一位深圳的坐轮椅人写了一本书，讲述了他脊髓受伤后的感受，建议我们与他联系。经过华婕的寻找，春节前联系上了，并在电话里聊了很久，对方还邀请我们去他家里做客。到病友家看看这倒是华婕还没有的经历，于是我们在春节过后的一个周末全家人一起去看看这位华婕的前辈病友——石新荣先生。

说是前辈是指三个方面的意思：一是石先生比华婕年龄大；二是他受伤的时间长；更主要的是他对伤后的感受和经历都有着自己比较成熟的概括，能够指点华婕这样的后来者。石先生原本是《证券时报》的首席记者，正当风华正茂、事业如日中天时遇到了严重的车祸，也是颈椎受伤，四肢瘫痪，胸部以下没有知觉。对于一个上有父母、家有妻儿的男子汉来说，真是如同五雷轰顶的打击。他有过绝望，有过愤怒，但经过十年的磨难，石先生已经修炼出相当平和的心态。他给我们归纳了三条他的伤后感悟：坚持、放下、珍惜。坚持自己的希望，放下以前的美好，珍惜当下的幸福。他用自己的行动去做到这些，所以当他用积极的心态分析出自己有着充裕时间的优势后，就开始充分享受生活：养金鱼、种兰花、收藏瓷器、听音乐、看画展、写书、与病友外出旅游等等，将自己的生活过得有滋有味，身处他那琳琅满目的客厅里可以感受到他生活得丰富多彩，听着他娓娓道来的生活感受，我感到那个下午是非常有收获的，尤其是婕爸也听得聚精会神，不时地点头称是，好难得！

收获随着我们的交往还在不断地增加，当我们一起外出聚餐时石先生自己开着电动轮椅一溜烟地就跑到老远的前面，只见他太太跟在后面紧追，不时还要小跑才能跟上，横过马路时他也非常熟练地穿梭过去，这可是让我们三人都大吃一惊，因为华婕从来没有一个人外出过，更无法想象在这样繁忙的马路上单独行走了。据说，他有一次与太太一起出去，与太太走散了，焦急的太太到处寻找不果，打电话回家才知道石先生一个人回来了！石先生的老父亲也告诉我们，他常常一个人坐着轮椅去看画展、买金鱼等，这可真是让我们大受启发，原来坐着轮椅也是可以单独外出的！虽然我们住的地方没有市中心方便，但还是可以试一试的。

回家的路上我们三人都很有感受，仿佛看到了华婕前行的希望。果然一个星期后，华婕突然提出要一个人去给朋友送生日礼物，目的地在离家不太远的地方，大约2公里。我自己还没有做好心理准备，所以担心地问："要不要我跟着你去呀？"华婕口气很坚决："不用。"我是又惊喜又有些不放心，但是理智提醒我：该放手了。于是我打开大门，怀着矛盾的心情送女儿出门，看她进了电梯又赶紧跑到阳台上去望，看着她慢慢地消失在我的视线，突然想起要拍照，于是就忙着准备相机去了，提着的心也慢慢平静下来。华婕那天回家也很高兴，还计划着可以去附近的哪些地方（稍高点的路面电动轮椅就上不去）。

石新荣先生当天还将他的新作《从心开始》送给华婕，我也认真地看完，内心总是有种情愫在涌动，那是一个人用自己的生命来谱写的文字，真诚而令人回味，尤其是书中开头的一句话："人生最大的失败是，当你要告别人世时，发现这个世界上没有爱你的人和你爱的人。"这让我联想到他身边的太太，那是一个让人眼睛一亮的女人，那天当我和华婕在他们楼下等电梯时，突然听到一个清脆的声音："是华婕吗？"只见一位年轻女士朝我们走来，大大的眼睛明亮又恬静，就像一汪宁静的湖水。一起坐电梯时，我感到周围好像洒满了柔和的月光，心被触动了。我深知"相由心生"，经过这么多的苦难，石太太还能保持得那么年轻，一定是心态平和所致啊！我想，从这个意义上来说，石先生也是成功的，因为爱他的人和他爱的人都有了。

评论

石新荣　祝贺华婕突破局限! 增强信心, 热爱生活, 快乐生活, 享受生活。

冰晶　华婕一个人开轮椅外出, 真棒! 相信会有更多的惊喜展示给我们, 看了文章深有感触, 一个人只要内心很阳光, 生活就会多姿多彩!

幻想是自我愉悦的一种方式 / 3月1日

看到朋友们在陆续忙着去参加儿女们在国外的毕业典礼, 我就在头脑中勾画出一种情景: 我和婕爸也一同去美国参加华婕的硕士毕业仪式, 而且还设想出我们三人一起在美国驾车旅游的场景, 甚至都感受到了华婕在开车, 而我俩很惬意地欣赏着车窗外的自然景色。这样类似的想象有时候会在我脑海中浮现, 虽然时间很短, 但却得到某些满足。我自己知道, 这是一种自我安慰式的幻想, 就像小孩子得不到自己喜爱的玩具却想象别人送了他一个一样。区别在于, 小孩子分不清哪是臆想出来的, 哪是现实中的, 而自己在短暂的幻想中享受了那么短短的时间(可能就是几秒钟)后, 马上意识到那是不可能的事情了。可即使就那一小会儿逃脱现实, 也让自己轻松了一下子, 不知道体内的血清素(一种使人轻松的神经递质)是否即时提高, 反正感到很舒服。

人是需要幻想的, 尤其是处在成长期的孩子们, 他们渴望美好的欲望加上丰富的想象力让他们常常在幻想的时空中飞翔, 外界的压力越大, 孩子越容易躲进自己搭建的世界里享受, 那里没有干扰, 无人指责, 充分愉悦, 何乐而不为? 记得以前做过一个关于中学生性幻想的调查, 采用开放式的提问请高中生回答个人性幻想的情形, 他们描绘出来的都是很浪漫的情景, 在草原上、沙滩上、深山里与自己的白马王子或白雪公主如何地儿女情长; 有的同学还将拍拖—结婚—生儿女整个完整的过程都幻想出来, 犹如一部电视连续剧。给我印象最深的是孩子们的惊讶程度。当他们知道我们的调查内容后, 一时沉默, 但在我们解释清楚后, 孩子们随即开放, 男女生热烈地相互讨论起来。孩子们的反应也给我自己上了一课, 让我感到: 幻想, 人类大脑中这一比较隐秘的冰山一角, 却是不可忽略的一个重要层面，会带给个人一种特有的安抚功能。尤其是对受外界条件制约不可能实现的事情，幻想可以适度地满足个人的心理需求。

幻想对孩子来说是不可缺少的安慰剂，而对成人来说可能是一种奢侈。因为成人太现实太理智了，总是压抑自己的情感，会在幻想刚冒头的一刹那立即给予否定，也许还会扣上一个"神经病"的帽子。这样的人对自己、对他人都会很苛刻，不让自己的情绪有些许的放纵，言行举止也都按别人的要求去做，活得好辛苦！其实当一个人有适当的幻想（发呆）时，大脑是在以另一种方式休息，幻想是让身心放松的方式。当然，必须强调的是：幻想的时间不能太长，进得去要出得来，幻想不能替代现实。这样的幻想既没有违反社会规范，也没有侵犯他人的利益，还能自我愉悦，那就顺其自然吧！

华婕出事后常常有朋友问我是如何过来的，其实内心常常会有难过之时，但是除了面对现实，接受命运，将美好的过去"隔离"，对眼前的痛苦"钝感"外，还不时地偷偷地幻想一下，让自己傻乐几秒钟，也是自己愚乐自己的一种方式吧。

评论

老马 冥想会增加人的愉悦，哪怕这愉悦很短暂。当"做梦"成为一种习惯，梦醒了也不会感到失落。

老树苗 学习了！说得真好。有婕妈这样的老师，现在的孩子们真是幸福。想我当年，在那个年代，狠斗"私"字一闪念，少男少女的内心可畸形了！直到我26岁上了大学，看到黑板报上的一首诗，有一句"少男少女不能没有歌"，还感动得不行。

冰晶 说到幻想，不瞒姐姐说，我这16年每天都在幻想中度过的，当周围的邻居都搬进了宽敞明亮的楼房中时，我幻想着在某一个楼盘也有我的新家，我坐在明亮的窗前望着窗外，有小鸟和蝴蝶飞过，真的很美！当朋友的女儿出嫁时，我也幻想着我的女儿也会有那么一天，甚至我常常在脑子里一遍遍地对参加婚礼的朋友说祝辞。还有将来女儿有孩子了会围着我的轮椅转，每当想起这些就感到很幸福，就会坚强地活着！

小王 不知不觉你们离开圣荷西已经那么久了！想想却恍如昨日。唉！真是岁月不饶人呀！华婕的康复训练有进步吧？婕爸可要保重呀！你可是大家的支柱！

肖老师日夜照顾华婕，还坚持将那么丰富的文字带给大家，真是辛苦了！

快乐的小浪花 / 8月13日

　　大约在五六年前我在《读者》上看到一篇小文章《美国人的快乐时光》，其中列举了美国人感到快乐的时刻，包括给家人准备圣诞礼物、与朋友彻夜畅聊、在去年穿过的衣服口袋中发现了5美金、早上醒来想起今天是周末不用上班等等，都是一些生活中常常遇到的小事情。这让我认识到，一个人如果不去有意识地感受、回味，这样的小幸福就会从身边溜走，陷入对快乐视而不见、听而不闻的麻木状态，错过了让自己身心健康的好时机。作为一个心理教师我本能地将这样一个活动引进了课堂，给学生安排了"寻找身边的快乐"的活动，让学生从自己的生活中去发现自己心中的快乐感受，并学会挖掘自己的积极情绪。课堂上总会充满孩子们快乐的欢笑，下课铃响了同学们都不愿意下课，还想共同分享大家的快乐。

　　可见每个人的身边并不缺乏快乐，只要你用积极的心情去体会，减低自己的快乐阈值，提高自己的痛苦阈值，也就是对快乐敏感、对痛苦迟钝，生活才不会那么艰难。这也是我自己在经历了华婕的事件后的感受。虽然生活像海水一样又苦又涩，有时还会有铺天盖地的滔天大浪让你历经风险，稍有放弃就会被吞噬，可是咬咬牙坚持下来，还会有风平浪静的日子，还会有带给你欢乐的小浪花不时围绕在你身旁，让你感到生活的情趣。

　　昨天夜晚睡下后一直到近6点才起来，一觉睡了6个小时！给华婕护理、翻身后回到床上，听到婕爸的酣睡声与空调的风声，摸摸身下凉爽的席子突然感到好幸福！本来迷迷糊糊的大脑也清醒起来，不禁想起自己现在所拥有的小快乐：

- 听女儿讲国内外一些经济上的常识和分析；
- 与女儿、婕爸一起看喜欢的电视，并一边看一边评价、欢笑，如观看《中国好声音》《笑笑小电影》等；
- 与老友聚会聊天；
- 与小狗坨坨玩耍；
- 午睡前坐在床上阅读自己喜欢的报刊；
- 看到女儿有一点点进步，等等。

于是有了这篇博文，愿意与朋友们分享，相信你们会有更多的大小快乐伴随在身边，享受吧！

评 论

教坛老妖 看看您的博文，此时心里敞亮了不少，感动于您这样的快乐，我也应该给自己列一个快乐表格。从最普通的生活中去寻找快乐！

Ahappyfish 非常感谢您的这篇文章，让我在这段时间的些许郁闷中感到了快乐的希望。快乐的确是每时每刻都在身边的，只要用心去寻找和体会。谢谢您的提醒！

冰晶 是的，幸福就像小浪花一样随时会涌向我们的身边，就看我们用不用心去感受……我每天能自己出门和熟人聊聊天，看到路边的花花草草、小猫小狗，能给回家的女儿做饭就会心情很好，感到很幸福。姐姐能有这种心态很好，不好高骛远只珍惜眼前的快乐，咱们一定是个幸福的人！

Jianming 文章太值得享用了，酸甜苦辣的日子总是要过的，就看自己怎么过了，你真的很了不起！

婕儿开着轮椅坐地铁 / 9月19日

今年2月份我们全家拜见过华婕的前辈石新荣先生，亲眼看到石先生一个人开着电动轮椅自由地在人群中穿梭的情景，给我们留下了深刻的印象。当时从石先生那里了解到可以通过深圳市残联申请这种国产电动轮椅，于是我们回来后华婕就开始了申请程序，终于在8月底拿到了新轮椅。经过婕爸的一番加工，华婕可以自己开着轮椅外出了，虽然还是在有人的陪伴下，但基本上是她自己开车行走，至少不用我们费力地推她了，这样就给华婕提供了外出的良好条件。

正好华婕9月份受好心人之邀去给电大英语专业上口语课，她就可以自己开着新轮椅去，不要婕爸用汽车送，免去了婕爸将她抱上抱下的辛劳，而且上课的单位还特地为华婕的方便修了三处斜坡，便于轮椅通过，很让人感动！

有了新轮椅，华婕想要外出的心是跃跃欲试，周日她提出想开着轮椅去试试乘坐地铁，于是我和婕爸也一起去了，就当做是陪她去玩玩。周末下午的阳

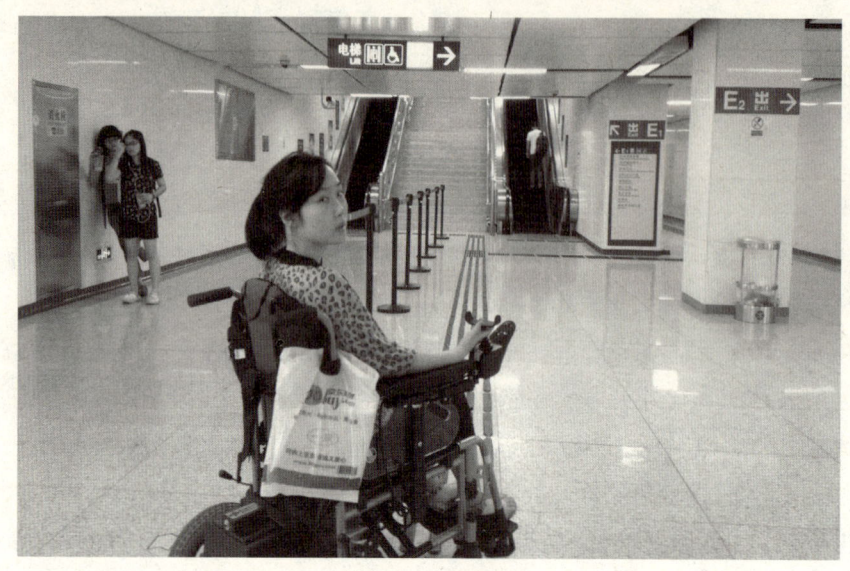

⊙ 华婕在地铁站内行驶，后面带着雨衣，以备不时之需

光在秋风的吹拂中少了许多威严，多了几分柔和。我们三人一起走出家门，直往地铁站。华婕在前面开得有些快，我和婕爸有意慢一些，让她独立行走。看到女儿能用自己唯一可以控制的大拇指操纵轮椅，带动自己自由行使，我和婕爸是又开心又担心，毕竟现在的路况、车况都是让人不能放心的。我们很快就到了地铁站前，找到地铁的升降电梯，下到地铁站后华婕询问工作人员，如何进去？就有人将他们工作人员的进出口打开让华婕直接开了进去，免费喔！再转坐一次升降电梯就到了候车站台，华婕眼尖很快就发现有的车门上贴有轮椅标志，有的则没有，询问站台人员才知道，那是专门给残障人士准备的车厢，上车后有一个专门的位置停放轮椅的。等了两分钟地铁就来了，但是在地铁门与列车之间有一个三四公分高的台阶，中间还有一个空隙，华婕的轮椅冲不上去卡在那里了，幸好婕爸在后面助了一把才推进车里，进去后马上看到了那个轮椅停放位，只是不像国外公交车上备有固定轮椅的设施，幸好地铁较平稳。车上的人不多，我和婕爸找到位置坐在一起，看着华婕坐在那里蛮开心的模样，心中也很轻松。下车时虽然还是要经过车门的台阶，但是由上而下就容易多了，基本上是华婕自己开下去的了。升降电梯就在候车站台附近，按照有轮椅标志的指示牌，我们找到了去地面的升降电梯，从电梯一出来就直接来到了我们的目的地——海岸城。

回想整个乘坐地铁的经过，感到地铁在设计时就考虑到了残疾人的不便了，虽然还有些不完善的地方，但我们还是感受到了社会的进步！最让我们开心的是，华婕可以一个人坐轮椅去坐地铁了，她外出又多了一种方便，不仅增强了她的独立性，也减轻了婕爸的劳力，正是我们所希望的！

评论

　　石新荣　哈哈，祝贺！有了第一步，胆子会越来越大，自由的感觉很好。别忘了，自己出门遇到困难，办法在鼻子下面——张嘴请人帮忙，别人快乐，自己更快乐。学会指挥别人实现自己目标，变被动为主动，会很开心。

　　yc红袖　一路看下来，一路的感慨。当我们常常为工作繁忙琐碎而抱怨时，我们可爱的主人公正在为有一份小小的事情做而开心不已，当我们常常抱怨生活的不易时，我们可爱的华婕正在因为自己可以独自出门而满脸笑容。我们该反思的东西很多，谢谢肖老师的分享，学到很多。

残独家庭对心理援助的需要 / 11月5日

　　深圳市计划生育协会陶林会长来电，说他们准备对失独、残独家庭开展关爱工作，希望我以自己家庭的经历提出一些建议，说说心理辅导工作要从哪些方面入手是比较有效的，这样可以避免一些形式上的过场。我感到这是一项非常有意义的事情，于是将自己家庭三年多来的心理历程做了一个大概的回顾供他们参考。

　　残独家庭从事件发生到完全平静地生活，从我自身的经历来看在心理上要经过几个重要的方面：

　　一、在危机刚刚发生时，首先是帮助当事人和家庭成员渡过心理危机的难关，接受这样痛苦的事实，并且认识到此时不论是当事人，还是家属成员每个人的心理都要挺住，亲人之间的相互支撑是必不可少的。外界的多方面支持也能够给家庭带来一些温暖和力量，让人感到至少还在被大家关注、关心。

　　二、当事件发生大约半年至一年后，伤残家人从医院回到家中，一切都要重新开始。这时的重点是让伤残人士如何适应这样的家庭生活，适应残疾带来的不便，努力让自己能够有一定的独立生活能力。这时候伤残人士开始对自己身体的康复渐渐失去了原有的信心，沮丧的心情越来越重，加上正常生活的远离、朋友们的忙碌，都会让他们感到自己是一个被社会渐渐遗忘了的人，强烈的失落感不断敲打着他们那颗敏感的心，由不安、郁闷转而暴躁，发泄的对象一定就是身边的人，家人是首当其冲的。

三、处理好家庭成员之间的关系，也是残独家庭面临的一个很困扰的问题，尤其是家人与家里残疾儿女的关系。因为这时候家里的情况完全改变，家庭生活完全以伤残子女为中心，家庭成员甚至失去了自我，在经济上、工作上、家庭护理上都会有很多难以想象的具体困难不断出现，这是一个漫长而艰难的适应过程，对每一个家庭成员的信心、耐心都是极大考验。

四、如何与过去的生活告别是伤残人包括家庭成员心理要渡过的难关。过去生活的美好会常常浮现心头，与当下的困境形成强烈的对比，很容易出现抱怨、悔恨的情绪，直接影响家人之间的亲密关系，家庭气氛由此沉重而压抑，让家人更加感到日子难熬。此时极需外力的帮助，专家的指导、组织的关怀、朋友的关心等都能够给家庭带来一些实质性的帮助。

五、开展新的生活，重新融入社会，向社会展现自己的价值，重新建立自信是残独家庭一个重要的目标。在伤残人士渐渐适应了自身身体的伤残之后，他们的无用感、失落感很大一部分来自与社会的远离、人际关系的改变。虽然现代社会的互联网生活可以让他们了解、参与一部分社会生活及工作，但绝对不能替代那种面对面交往的亲切、那种作为大家一分子的安然、处在人群中的兴奋等种种亲历的感觉。尤其是为社会做出一点工作、表现出自己某些能力，会给他们心中带来新的希望、新的自信，也会激起对生活新的热情。此时个人和家庭的整个情绪均会进入良性循环的状态，也是一个比较理想的残独家庭的和睦状态。

以上五个方面虽然基本上有一定的顺序，但又不是很明显，很多方面是交织在一起，同时纠缠不清的。如果有专业人士的引导、爱心人士的理解和适时的帮助，让当事人及家庭成员有意识地调整自己的心态，渐渐摆脱消极情绪，用积极的眼光看待自己、看待他人，残独家庭的生活才会慢慢地走向平静。

评论

拉拉爸　肖老师写的都是真切的体会。作为旁观者,我想补充几点:

一、政府对失独、残独家庭的关怀帮助,要充分考虑到被帮助对象的心理感受和尊严。伤残家庭的隐私权应该得到尊重。应该在征得对方同意的前提下,积极介入和提供相应的服务支持,而不能只顾新闻宣传报道,做给社会看。

二、政府在做出上述积极关怀的同时,应对此类家庭进行专业评估,包括:类型、经济条件、需要介入的程度、该家庭正处于哪个心理阶段,以便提供的帮助更有针对性,也更有效。

三、积极建立或筹备建立同类家庭的活动社区、网站、互助小组。让有相同遭遇的家庭在现实中,至少在网上,有聚集倾诉的地方。同伴互助倾诉,是心理学上最佳的疏导方式,比其他人的关怀劝慰都有效。

四、引导慈善机构和社会义务工作者一对一地结交伤残家庭,让伤残人士能够接触到社会,交到朋友,了解社会。避免学校组织活动那样的一大群人涌到家里慰问一番,徒有形式而无益于心理帮助。

五、政府和社会应努力安排一些伤残者力所能及的社会活动和工作机会,让伤残人士参与其中,使他们能够为社会做出一些贡献。让他们在心理上有成就感、尊严感,让他们觉得自己对社会有价值,能够回报社会。

六、政府在文化宣传方面也要加强对残独家庭的关爱尊重,例如地铁广告、电视宣传片中,应该经常宣传伤残人士是我们的兄弟姐妹,不要围观他们、歧视他们、冷落他们。为他们帮点忙,是每个有教养的公民的义务,等等。

Lym　我从旁观者的角度来看,提到的这位陶林会长很不错,至少他事先来咨询了。政府应该成立一个凝聚这类家庭的机构,让这些有特殊需要的弱势群体,能够发出声来。比如,在公共设施(地铁,街道公园,住房、商店、餐馆的进出通道等等)的设计建造上,应该要向他们咨询,尽可能满足他们的需要。他们的权益(医疗保险、工作机会)应该受到法律的保护。比如说,应该规定政府机关和国有企业在雇用公务员和员工时,要雇用一定百分比的残障人士,高考要提供适当的辅佐(考试时间、考场桌椅等)。深圳是经济发展较快地区,应该有更高的标准。

蛋蛋娘　我们这样的家庭首先是亲人们的相互扶持、鼓励,保持积极的心态,不要绝望,可能面对的困难要比别人多得多,但相信自己。

Linlinmama　残独家庭守着重度残疾孩子，生活在一个没有希望的世间里却不敢死亡。因为他知道他的死亡对重度残疾孩子意味着什么——意味着重度残疾孩子失去了赖以生存的一切。

一位成功的失独母亲 / 1月10日

12月下旬我去参加了市计生中心举办的"深圳市婚姻家庭危机干预研讨会"。会上计生中心的吴部长首先介绍了他们帮助深圳市一些有危机的家庭，尤其是家有患孤独症孩子的家庭如何走出自我封闭，组织一些机构和网络开展自助、他助和互助的活动等等。我也介绍了自己的家庭当初是怎样面对突如其来的打击，经过怎样的磨难走到如今的。虽然讲起来已经是比较平静了，但是痛定思痛的那种暗流还是在心中隐隐作痛，不过马上被后面的专家讲话所吸引了。

陈一筠教授，中国社会科学院研究员、中国婚姻家庭研究会专家委员会副主任，国内知名的婚姻家庭、青春期教育专家。因为我自己当年也是从事青春期教育的，所以我早在20世纪90年代末的时候就已经看过陈教授的文章，后来也多次听过她的报告、讲话，一年前还专门参加了由她在深圳主讲的研讨会，对她的观点也比较熟悉了。但是那天她一句话把我们在场的人都吓一跳——"其实我也是一个失独的母亲"，原来陈教授的女儿在20世纪80年代就已经在北京一个美资公司任总经理助理了，在24岁的花季时突然患病离开了人世。女儿离世那天陈教授还在外面忙着自己的工作，回到家里突然面对的是女儿的遗体，不辞而别的巨大悲痛让她伤心欲绝；可是让人没有想到的是，她在第二天又出现在事前安排好的讲台上，继续上课。那得需要多么大的毅力和定力去支撑啊！太让我钦佩了！

虽然她的理智让她将自己的注意力尽量转移到工作上去，女儿去世后她随即到美国做了一年的访问学者，可是作为母亲，内疚、哀伤之心一直在折磨着她，她开始学习求助。虽然那时候危机干预还没有在中国开展，但她启动身边的有利资源为自己沉痛的心灵做了一些有效的抚慰：信佛教的朋友请修持佛法的人为她做佛事，告诉她，这是佛的安排，女儿只有这24年与你作为母女相处，你要接受佛的安排；基督教的朋友请了牧师为她祈祷，牧师画出两个花园来，告诉她，上帝安排两个花园，先让你女儿在这个花园待上24年后，再去另一个花园常住等等。让她慢慢走出自己心灵的伤痛。其实这些宗教的说法和解释与心理学上的要接受现实、面对现实是殊途同归，只是让人的心理上更加容易接受而已。联想到华婕当初出事时不也正是依靠对基督教的笃信才度过那样的艰难时刻吗？这也给我们一些启示，陈教授说国外很多牧师都是心理学家，所以她建议我们的心理辅导可以学习宗教里的智慧，借用宗教的说法、手段去进行，会颇有成效。

一贯优雅的陈教授在讲述这些的时候虽然还是像平时那样娓娓道来，可是我们听得出她的语调明显地低沉，语气有些微微地发抖，也没有平时流利了。可以想象，尽管她在控制自己，可是好了的伤疤再去抚撩它的时候那种心颤不安的痛苦又会浮现出来。我更加能够理解为什么陈教授痛失女儿的经历我们在座的人都不知道，就连与她交往了近二十年的陶林主任也是刚刚得知。她是将自己的痛苦深深埋藏起来，然后将自己的精力放到了自己的事业上，去体现自己的社会价值。这种在心理学上称之为"升华"的情绪调整方法，在陈教授身上得到了成功的实践。可以说她为现在的失独家庭标立了一个成功的榜样：不再沉浸在失去儿女的悲伤中，而是面对现实，重新调整自己的生活，努力提高自己的生活质量，让在天堂的女儿放心。这真是一个睿智的选择！

评论

Sunny阿姨之一　感动，大约十年前，我也曾现场聆听过陈教授的讲座，当时她有脚伤，是用绷带将鞋子绑在脚上行走的，当她一瘸一拐地走上讲台时，我们不禁肃然起敬！陈教授真是一位了不起的女性！

淡如水　看到这篇报道，也是很吃惊，女儿在北京读初中时我就听了一次陈教授的讲座，正是她关于事实单亲家庭的说法促使我在女儿初二时来到广东与长期两地分居的爱人团聚，也弥补了女儿因为爸爸长期不在身边缺失的父爱。如今女儿都要大学毕业了，才知道陈教授竟然有这样痛苦的经历。替她难过，同时也佩服她的敬业精神。

冰晶　陈教授是一位了不起的母亲！她很坚强！当一个人的精神受到重大打击时，需要找一种适合自己的方式走出去，这需要勇气，不是一般人所能承受的。谢谢姐姐分享此文，看别人的故事，常常会鼓励自己坚强，再坚强！

这两年我阅读的书 / 3月8日　　　　　　　　　◎ Sunnie

　　在家时间长的优势就是免去了各种杂事和在外奔波路上消耗的时间，我比其他人多出了很多机会可以静心地读书。除了专业书，我喜欢的书的种类各式各样，有经济金融的、企业管理的、心理学的、小说类的、休闲娱乐的等等。除了自己上网买的和在图书馆借书，朋友有时也会送几本书，丰富了我读书的种类。

　　在经济、金融和法律及管理等方面的书中，时寒冰写的《经济大棋局，我们怎么办》和阐述黑石集团的《资本之王》我尤其喜欢。时寒冰先生以前只是偶尔读过他的评论文章，但这本《经济大棋局》使我认为他是国内经济学者中少有的靠严密的数据和逻辑论断来著书的经济学家，比起市面上名声大但质量参差不齐、胡乱拼凑的许多经济类书籍，这本书绝对是上乘之作。

　　《资本之王》是美国的畅销书，主要是描写世界上最大的私募基金和投资公司黑石集团的发展历程。书中不仅有对黑石成立直到现在大事件的描写，还使许多以前深藏幕后的私募推手形象浮出水面。在整本书中除了可以读到一个集团的起起伏伏——刚起步时艰难地寻求客户信任和筹集基金，不断壮大后保存控制权并为了稳定公司发展而出现的人事问题——也反映了许多时代的特点：从20世纪80~90年代的金融衍生产品兴起到杠杆收购的大红大紫，到2000年左右的网络泡沫危机，从在美国本土的呼风唤雨到克服进军欧洲和亚洲的水土不服等等事件。虽然理解内容需要一些专业金融知识，但详细而写实的事件和人物让这本书的可读性很高，我很喜欢。

　　《法官能为民主做什么》也是翻译过来的美国书，书的英文原名若直译过来的意思是：让我们的民主机制正常地运作。我想因为作者是美国最高法院的大法官，所以译者采用了这样的名字。书中就美国机制的三角结构，将18世纪以来的各种重大案例进行了解剖，使我更深刻和全面地了解美国立法机构、司法机构和执法机构三者互相制约与协助的关系。书中的重大案件包括19世纪政府由于错误决定而逼迫印第安人大迁徙、总统因为政治斗争而越矩任命国务卿而后不认账等现在看起来很不可思议的事情，也有近代黑人争取平等和白人同校读书遇到的巨大争议。这本书读起来虽然比较需要精力，大法官自省而坦白的论述可以让读者看到美国的司法不是一直都那么顺畅的历史画卷。值得一提的是本书的译者何帆（法学教授）给书注释了许多非常有用的译注，对于了解背景和理解内容帮助很大。

《足球经济学》在以前的博客里面有提过，作者用大量数据和计量经济学模型分析了我最爱的足球运动，阅读的过程从头到尾都充满了欢乐。虽然我还没吃过海底捞，但《海底捞你学不会》描写的可爱而家庭氛围浓厚的企业运作之道读起来也挺有趣。

还有些心理类的书籍，《怪诞心理学》系列（英文直译过来应该是偏执的心理现象）我一直很喜欢，作者Pro. Richard Wiseman，就如他的姓氏一样是个智慧的人，在英国就一直听说他的大名，后悔当初在英国读书的时候怎么没有读他的书，现在在家有时间就只能找中文版来看看了。不像专业的心理论述书那样刻板，也不是市面上常常冠以心理学名义但却胡诌的大众书籍那样不靠谱，此书用传统的、科学的心理实验方法探究平时易被忽略的心理现象，包括算命、预言、睡眠中所谓的漂移、有人声称遇到的灵魂出窍等等。当偏门的范畴遇到科学严密的实验和论证，擦出的火花耀眼而持久。

有时名人出书我也捧捧场，乐嘉的《性格色彩》读起来有些意思；姜振宇的《微反应》也是因电视节目红了而买回家打发些时间；蔡康永的书纯粹冲着他的名气买的；《三狗生活》是朋友送的，是丈夫突遭车祸变成植物人后，一位女性与三只大狗相依为命的生活感悟。

还有是小说类的书籍，如《杜拉拉升职记》《大象的眼泪》《一天》《冰与火之歌》都被改编成影视作品，其中《冰与火之歌》是我很喜欢的，也是书本和影视都看过的。开始接触《冰与火之歌》这本小说是因为去年我生日的时候朋友送了这一系列小说的第一本书。一旦开始读了，我就接二连三地买了第二本、第三本和第四本，欲罢不能。这套书的英文原版一共是七本，现在出到第五本，还在继续出，有点像小哈里·波特的系列一本一本地接着出直到大结局。中文版本现在已出到第四本，每本三个分册。喜欢这本书的原因首先它是一个全新的架空的魔幻系列小说，作者的想象力无限，完全超乎了我的预计，他能够将一个架空的世界里面描写的各种王国的争霸和魔幻的力量，信手拈来地组合在一起并逻辑严密地发展下去。第二个原因就是他的写作手法，既不是自叙式的也不是描述式的，而是采用视点人物写作手法，英文称为point of view，通俗地说就好像是把摄像机装在不同人物身上，每一章都是从不同人物的视角写成的。当你在阅读的时候大脑里不断转换视角，并试图对作者留下的线索和悬念进行分析。这种阅读的体验是一个全新的感觉，有点像在头脑中过电影，这是我以前从来没有过的，所以一读就爱上了。

还有的是与我有类似情况的病友出版的书籍，有郭丞的《躺过长夜》和石新荣先生的《从心站起》，这两位病友在以往的博客中都曾提到过，还有一个是渐冻人王甲的《人生没有假如》。这几本书都是心灵励志和改善心理状况的良药，我没有什么写作才能，在阅读的过程中十分佩服他们这种战胜自己的身体状况，而且把自己的思想顽强地变成了铅字并最终出版成书的精神。

感冒了但开心着 / 3月26日

今年的深圳气候时热时冷，本来以为自己可以像以前那样抵挡过去，便没有及时加衣裤，结果很快就发现自己感冒了，浑身酸痛，头痛，发烧，一个小小的感冒却弄得我难受了半个月！

回想起自己感冒的这段时间却又有着不少的温馨：首先婕爸是义不容辞地承担了家里的事情。很明显平时我们是两个人照顾华婕，可当我不舒服时，却变成了婕爸一人要照顾两个人。他白天还要赶到公司上班，晚上回来一进家门就进厨房，把我赶出去。尤其是夜晚我不停的咳嗽声在家里回荡，虽然婕爸一向以会睡觉出名，但是耳边的噪声还是让他睡不安宁，那段时间他睡得很警醒，华婕一有动静他就会立马起身去导尿、翻身等。有两次我晚上突然呕吐，他带着睡意在两个房间中来回奔忙着，让我心里很内疚却又感到好温馨！

华婕在我感冒期间也在用她的方式来帮助我，提醒我要按时吃药，后来看到我咳嗽太厉害又建议我去看医生，打点滴，晚上尽量不叫我们，尤其让我开心的一件事情是她居然自己到厨房将煤气炉打燃了！事情是这样的：那天我准备晚上去社康中心打点滴，打一次点滴需要两个多小时，而社康中心在晚上9点就下班，所以我必须在6点半前吃晚饭。我下午要去学校，要到6点才能回来，所以我事先将米洗好放到压力锅中，准备一回家就打火做饭。可是我还在学校时突然接到华婕的电话："妈妈，我已经将煤气打燃了，要蒸多长时间啊？"我一听还没有反应过来："你让谁打开的？""我自己打开的！"听到华婕骄傲的声音，我心头一喜，平时华婕连厨房都很少进去，因为轮椅转不过来，感觉那就不是她能去的地方，没有想到今天她居然进去，还打了火。"你好厉害啊！"华婕在电话那头："厉害吧！"我也感受到女儿的自豪。带着心中的喜悦回到家，华婕又表演给我看，只见她将轮椅先退进厨房，再用唯一能动的大拇指将开关使劲向下按，一只手不够力，华婕又侧过身去再用左手的手掌去将开关往下扳，"啪"的一声就打燃了，很顺利，看得我好开心啊！因为不仅仅是能开火这件事情，我更加高兴的是华婕的主动尝试，这正是我所希望的。所以我的这次感冒是有收获的，值得一提。

评论

Liu 一家人的相互扶持，好温馨啊。艰难、坚持并快乐着，太感动了！

石新荣 这就叫同舟共济，这种生活凝结来的感情，是世界上最美的情感，也是能量最大的情感，它战无不胜！

栗华 真是华婕妈妈的感动，只有妈妈爸爸才会如此自豪和感动！

芬妮的微笑 我也是和您女儿情况一样，说不定更加严重。看到您作为母亲深深的爱，我很是美慕您这位母亲，美慕您比我母亲年轻，能帮女儿做那么多事情！美慕您女儿的生活状态：她叫生活，我只能说是活着！

新浪网友 我是2009年就在关注你的老朋友了，你在国外的时候我也在国外，你回国了我也回国了，呵呵，并且我们老家是一个地方，现在还同在一个城区呢。想与华婕说几句话：或许很多人都向你投出怜悯的眼光、为你难过。你可不要自己怜悯自己，自己为自己难过。接受这就是你的生活，并且你比别人要更自信。

几种应对家庭危机的心理调节方法 / 5月23日

家庭危机听起来似乎离大家很远，其实细想一下在我们周围都不乏例子。如一般的家庭会遇到的父母或亲人离世、家人患重病、夫妻离婚、家庭暴力、失业、家庭财产巨大损失、子女问题等等。一旦遇到任何家庭危机，首当其冲的就是家庭成员心理受到打击，因此心理调节是一种基本的生活技能，现代人应该学会自我调节。

中国第三届"幸福中国论坛"在深圳举行（前两次分别在北京、上海举行），这次论坛的主题就是家庭危机的心理辅导，参加者大都是心理工作者和社会工作者，受陶林主任的邀请，我在这个论坛做了一个报告，题目是《幸福曾经远去——一个残独家庭的心理历程》。因为其他的演讲者大都是专家、教授，我是以一个心理工作者和残独家长的双重身份来讲，是以自己家庭危机经历的体验来介绍一些有用的危机心理调整方法，希望能给那些需要的人提供参考。

一、隔离法（速冻法）

人会有一种逃避、抗拒不利现实而趋向快乐的本能，总想回到以前那种美好幸福的生活，会情不自禁地联想以前的美好情景，感叹眼前的失落，常常会联想"如果没有……假如不是……"，但现实却是残酷地摆在你的面前，这种强烈的对比会让人更加伤感，甚至抱怨、沮丧，不良的情绪会涌上心头，并弥漫开来相互影响。所以每当心头浮出以前多好的想法时，我会给自己提醒：STOP！那是过去了，面对现在吧！我尽量将过去的生活冻结起来或者是隔离开来，这样会减少一些伤痛和无比惋惜的情感，让内心与过去告别，慢慢适应当下的生活。

二、发泄法

心中巨大的悲痛是不能够压抑的，一定要发泄出来，我们在特定的时刻会有痛哭、大哭、流泪等不同程度的发泄，发泄后会感到轻松一些——我们知道，眼泪是可以带走体内一些毒素的。写博客是我发泄的一种主要方式和途径，在博客中写下自己的各种感受和情绪。发泄就像危险的洪水被及时疏导分流了一样，让堆积着的悲伤、焦虑、愤怒等负面能量分解、缓冲，减少对自己身心的伤害。

三、求助法

1. 求助朋友、社会。学会求助是我在女儿出事后的收获之一。以前自己一直是心理老师，是帮助他人的身份。女儿出事后立马变成一个受助者，而且自己的做人原则也一直是不给别人添麻烦，所以开始还想坚持自己的做法。但是太多好心人想给我们帮助，表达他们的关心和爱心，于是我放下了自己的自尊，开始接受大家的援助，同时还适时地向他人求助，如寻找好的医生，向朋友学习如何与保姆相处等。

2. 求助专业人士。任何人长期面对痛苦都会抱怨，渐渐也就倦怠，甚至放

⊙ 与陈一筠教授（中）、陶林主任合影，他们都是幸福论坛的主讲人

弃。这个时候，周围的声音、外界的支持就是非常重要的因素。比如这个时候去找心理医生，得到持续鼓励，获得一些正能量后，会有更多的信心坚持下去。我回国后那一段时间很困惑，身心都很累，我自己就找过家庭系统排列的孙老师，给自己做心理疏导，过后心理轻松许多，也懂得了要关爱自己，才能坚持下去。

3. 求助宗教。当内心有某种信仰，就会被它所指引，所信服。不论是佛教、道教、基督教、天主教等，虽然教义不同、信仰不同，但是都会教人们用平静的心态去面对事物，尤其是面对灾难，用逆来顺受的态度去化解心中的焦虑和恐惧，接受现实的安排。我很庆幸华婕是一个基督教徒，在她车祸手术之后醒来的一件事情就是要教友放圣歌给她听，当她得知自己以后全身瘫痪的消息后，她对身旁的朋友说："上帝关上一扇门，还会打开一扇窗的。"就是这样的信念让女儿在最艰难的时候能够带着微笑努力地去面对，成为病友的榜样、医生护士们欣赏的病人。何况她的教友们几乎每周都来看望她，为她祷告，给了女儿极大的支持。

四、钝感力

这一名词来自日本著名作家渡边淳一的杂文集《钝感力》，"钝感"相对"敏感"而言。一个人过于敏感往往就容易受到伤害，产生恐惧、焦虑甚至是绝望的消极情绪；而钝感虽给人以迟钝、木讷的印象，却是一种不让自己受伤的隔离和自我保护，能让人减少烦恼，不会气馁，它表现出对困境的一种耐力，是厚着脸皮对抗外界的能力。尤其是像我们这样的家庭，时时刻刻都可能遇到一些让人不愉快的事情，与其有高度的敏感，不如持有这种有些"傻"有些"二"的钝感力，包括迅速忘却那些不愉快之事，才能生活下去。所以钝感力是现代人得以生存的力量，也是一种智慧。

五、转移法——小确幸

"小确幸"是村上春树提出来的，就是小开心的意思：吃到一样可口的菜、看到小狗可爱的动作、听到一句幽默的话、睡了一个好觉等等，都可以让自己轻松地感受一下生活中的小快乐。当你快乐时，你体内的一些化学物质就会分泌较多，如多巴胺、血清素等，让你感到轻松、舒服；当你快乐时，内分泌系统趋向平衡，你的免疫力得到增强，身心愈发健康。

婕爸的顿悟 / 10月28日

一星期之前，我不小心一只脚陷入一个50公分的坑里，造成"撕裂隙性骨折"，就是韧带从骨头上撕裂下来了，医生给脚打了绑带，并叮嘱：要制动至少一个月！我急切地问：要多长时间能好？回答是伤筋动骨一百天，一个月后来复查。接着我脑子里出现的问题是，华婕怎么办？因为家里的钟点工刚刚换了三天，还等着我去培训她。现在我不仅不能照顾女儿，反过来还要别人照顾自己了。

现在家里唯一能走动的就是婕爸了，可是婕爸又要上班，还得将我的事情兼顾起来，外出买菜购物、赶回家做饭菜、照顾女儿，加上我行动不方便也得搭上几手，真是难为他了。尤其是每晚起床护理女儿的任务也自然落在婕爸身上，这对于最能睡觉的婕爸来说的确是一件很痛苦的事情，但是婕爸依然叮嘱华婕"有事就叫啊！"意在不让华婕心理有负担。其实我最担心的却是婕爸在情绪上的低落、郁闷，那会像传染病一样影响我们全家人的心境。

前几天婕爸回家时不像以往那样与坨坨亲热，脸上显出倦容，我马上问他："好累吧？"原来他感冒了，浑身酸痛、无力，可是他让我不要告诉女儿，怕她担心。但是敏感的华婕也看出来爸爸不在平时的状态，于是悄悄地问我："爸爸怎么了？"知道了爸爸感冒后，华婕立即催促他去吃药，自己也尽量减少对老爸的要求。那天睡到半夜，婕爸一点钟起来为华婕翻身，三点半华婕又按铃，我听到铃声响了，同时耳边又听到婕爸的鼾声，真不忍心立即叫他，可华婕那边的铃声又响起来，我知道一定是她要大便了，便轻轻推了推婕爸，他立即醒了，而且立马起身，嘴上还在答应"我来了"。我拧开灯，看见他努力想睁开眼睛，一边拿着绑带往腰上系，一边往门口走去，我也赶紧爬起来，坐上轮椅赶过去，因为华婕睡觉时间长后突然起来时，改变体位的低血压会引起晕眩，严重时曾经晕过去几次，所以我们特别担心出现这样的事情。果然，当婕爸刚刚将华婕抱到轮椅上时，华婕就不行了，要赶快按住她的上腹部，制止血压过度下降，同时又要赶紧往洗手间推去……就这样一直折腾了大约半个钟头才将华婕的一切处理好，把她抱回床上，睡舒服，已经是四点了，我们这才再去睡。

我虽然做不了多少事情，但是在旁边搭把手，哪怕是看着，心里也会安心一些，其实是更想给父女俩一点心理支持吧。当婕爸睡下去说了一句话时，我就放心了："唉！最担心的事情都已经发生了，也没有什么可怕的了！"我轻轻地拍了一下顿悟的老公，释然了——只要心理上没有问题，一切都是可以解决的！

评 论

Ahappyfish　心理强大比身体强大更重要。你们能够在心理上坦然面对困境，相互支持，相信所有的难关你们都会顺利渡过的。

拉拉爸　不愧是心理学老师，会通过各种方式调节自己，安排家庭生活，渡过难关。华婕有这样一个妈妈，幸运啊！

阳光　如果心理上没问题，一切都可以解决，看着平缓的文字，感受着一家人每天的生活，学习并得到正能量。

淡如水　看到前面博文内心一揪，知道你们一家又面临新的困难，但后面一家人对困境的态度让我释然。坦然面对，接受，然后再放下。代问候婕爸，真心理解他的不容易。

2013年，心中的温暖更多了 / 12月16日

岁月如梭，2013年很快就要与我们挥手告别了，在辞旧迎新的年末，我一直有一个习惯，就是回过头去想想，过去的这一年里自己有哪些收获，哪些事情值得总结、反思。静下心来想想，2013年印象最深的就是自己参加了深圳鹏城家庭联谊会。

鹏城家庭联谊会是专门为深圳市失独、残独家庭设立的组织，是在深圳市计生协的陶林会长提倡下成立起来的。在卫生人口计生委的支持下，计生协会开始关注、关心计生特殊家庭，尤其是在生活上、心理上给予了很大的支持，提出了六帮扶。

陶林会长一直是一个说实话、干实事的实干型学者，自从社会上对失独家庭的呼声渐起，作为一位计生干部的他也开始关注，并且以他实干的风格很快就开始了一系列的作为：今年5月份成立了鹏城家庭联谊会，接着相继举办了第一期哀伤心理培训班、第二期心理康复培训班，至今组织了联谊会的失独、伤独家庭三次外出活动等。

这些活动为我们失独、残独家庭搭建了一个很好的交流平台，仅仅从我个人的感受来说，首先我通过交往知道了周围还有一些家庭都是因为孩子而改变了自己的生活：失独家庭在承受着失去唯一孩子的痛苦，夫妻双双难以走出阴影；有的家庭则是守着天生残疾的孩子，艰难地生活着。相比之下，我们至少还有与女儿共同幸福生活的22年；另外自己的感受与体会也得到了很多家庭的认同，当自己讲完后就陆续有人前来交流自己的感受，还有的失独家庭夫妻表示愿意来给我们家帮忙！有几位失去独生子女的阿姨回去与先生感叹：听了肖老师的讲话后，我也知道要知足了，心理会平静一些。我很高兴自己能对这些难兄难弟们有些帮助，觉得也是对社会的一点回报吧。

10月的一天我们全深圳以各区计生协组织失独、残独家庭代表分别从深圳各个地方相聚在光明农场，约有200人，各区专门租了大巴或小巴接送，一起游览光明农场。

我随着40多人坐南山区计生协的大巴一起前往。在车上我与蛇口的冯姨同

坐，这是我们第三次见面了，彼此也开始熟悉起来。在路上，她讲起了她的家庭故事：她原来是一家公司的员工，几年前因为公司被撤销自己也下岗了。幸而儿子大学毕业后在一家世界500强的企业找到工作。孩子虽然不太说话，少与家人沟通，但当时她以为只要能有一个工作，养活自己就行了，万万没有想到前年独住在外的儿子突然自杀了！直到现在她仍然不明白儿子为什么要走上绝路，伤心的母亲离开了儿子长大的蛇口，搬到亲戚家附近，好让那些勾起悲痛回忆的景物远离自己。冯姨告诉我，原来不工作的老公，在儿子离开后反而懂事了许多，自己主动外出打工，虽然早出晚归很辛苦，但冯姨觉得这样好，比待在家里两人叹气强，"还可以养活他自己"。冯姨用一句感叹结束了她的故事："唉，靠儿子不如靠政府啊！"大概是因为深圳市从今年开始，每月给失独家庭一定的补助了，我想这还真是她对政府这些扶助而发自内心的话吧。

从计生协开始酝酿直到正式成立这个组织，我也参与了一些，我知道这些事情、活动都是深圳市计生协工作以外的，他们一个只有七八个工作人员的协会是完全可以不做这些事情的，但是他们却主动地承担了这种社会的责任，花费了许多时间和精力，通过各个区的计生协会将我们这些散落在城市各个角落的弱势家庭组织起来，并且提倡帮助、扶助、自助，改变了那种传统的帮助形式。尤其是自助帮扶的作用还真不小：通过大家相互倾诉——了解到还有与自己相同命运的家庭；相互沟通——起到情感共鸣发泄郁闷的作用；相互影响——学习调节心理适应新生活；相互鼓励——让我们获得正面能量，可以振作大家对生活的信心，找到彼此的存在感，心中温暖而有力量。这无论是对我们个人、家庭还是社会都是一件利家利民利国的慈善之举。

无障碍通道的修建——好事多磨 / 8月27日

在我们家小区的社康中心正门前有一个二十多级的台阶，不仅是轮椅上不去，就是我们一口气拾级而上都感到有些费力，好在社康中心在小区还开了一个后门，但是后门不仅狭小，而且也有两级台阶，前面的小路又是用石块拼起来的。华婕曾经去看过几次病，轮椅不好走，只能请人抬进去，当时就想，如果能将这条五六米长的小路修整一下，对于天天经过此路去看病的人和坐轮椅的人不都方便很多吗? 事后我还打听过,社康的负责人曾经几次向小区的管理处建议,修建出一条比较平整的小路,都被管理处以不安全为理由拒绝了。

我家原来就因为请求地下停车场修建无障碍通道一事与小区管理处发生过不愉快,所以我也不敢再去碰这块烫手的山芋了。直到2013年6月,南山区计生委的陈局、戴秘等人来家里慰问,一再询问有什么困难时,我想到借助组织的力量能否促成这件事情,于是提出是否可以在社康后门修出一条路,方便轮椅经过。我都没有提出要修无障碍通道,而且还很谨慎地要求他们不要急忙做,等到小区管理公司每年有一次彩虹计划(就是在小区内做一些完善的事情)实施时,再趁机提出,这样可以避免因我们的前面结怨而被否定。陈局、戴秘他们很认真地接受了我的建议,与我保持联系。过后没有多久,就有街道与区残联的人过来看那条路。首先评估是否可以修建,需要如何修,经费多少等问题。记得残联的小马当时就说,没有问题可以修建。街道办负责残联的李先生也向我表示,他们会去与相关组织沟通。这样我心里有数了,是可以修的。等到彩虹计划出来后,我看到宣传的海报上还列了"增修无障碍通道"一条,心中一喜,赶快告知戴秘,请他们适时提出我们的需求。

不久,我看到旁边一栋楼房新修了一条走轮椅的通道,想社康的通道可能也会修起来了吧,毕竟那里走的人更多呀。每一次经过那里时都会瞄一眼,希望有动工的迹象。残联的人在一次家访中得知还没有修建,经过询问得知,问题出在小区管理处,原来还是上次的怨结在发酵! 改建这样一个公共场地,每天都有病人(包括坐轮椅的老人)要经过,残联还拨了专款下来,为居民方便、为自己的政绩都是可以做的善事,可他们居然为了以前的过错,就死卡在那里不放! 我听到后再无语。

随着时间推移,我对修建通道已经失去信心,可是南山区计生协与招商街道办的工作人员还在继续争取,戴秘还几次特地打电话告知我,他们在努力地与街道办和残联联系、街道办与小区管理处沟通、申请费用等等。记得有一次还告诉我,他们在一次区长下基层的座谈会上专门将这个无障碍通道的修建问题提了出来,王东副区长还指出,一定要落实下去。尽管中间又出现管理处要将社康后门关闭的插曲,但是经过各方的努力,终于在今年7月份开始修建,并且还是一条无障碍通道,轮椅可以直接推过去了,比我想象的要好多了。尽管整个事情经历了整整一年的时间,但是终究建成。真是好事多磨呀!

真是很感谢南山区计生协与招商街道办的协同努力,才完成这条便民之路。

评 论

　　栗华　这里传达给我们一个积极的信号：有困难，找政府！服务型政府的执政理念提出来很久了，好在我们看到了一天天在进步！在你身上看到了积极行动，坚持不懈地争取一定会有"好事多磨"的结果。仅仅抱怨指责是没有结果的，只能传递负面的信息。

Sunnie做口头翻译 / 7月28日

　　深圳市计生协承办了"生命之舞"（dance for life）中国项目的培训，这是由联合国人口基金会与中国计生协合作的项目，以青年人喜爱的舞蹈、音乐为主要活动形式，宗旨是帮助各国对青年进行预防艾滋病、性暴力以及性健康的教育。"生命之舞"的组织成立于2004年，在十年内他们已经在19个国家发展了这个项目，有着广泛的国际影响。今年开始引进中国，首先在武汉、深圳两个城市启

⊙ 在联合国基金会的项目培训中做口头翻译

动，因为武汉是青年学生集中的城市，深圳则是吸引大量青年流动工人的移民城市，这样人口的构成很需要这个项目的推广。

因为是国际项目，又是刚刚启动，所以有大量的英文资料需要翻译。去年底深圳计生协就将这个任务交给了华婕，虽然华婕打字需要借助于工具，比较慢，但是她很开心地接受了这个工作，尽量做到翻译准确，还翻阅了一些有关资料进行参考，得到陶林会长的高度评价。

7月20—24日是"生命之舞"项目在深圳市培训的日子。因为这是首次培训，荷兰总部的培训师原计划带两个翻译过来，可是其中一个临时不能来了，这个翻译缺口就由华婕临时替代。华婕接到这个任务时我还有点担心，毕竟是口头翻译啊！但华婕还是蛮自信的。果然第一天上午华婕就开始给培训做起口头翻译了，非常流利。尤其是要将学员们自己的感受翻译成英文反馈给培训师，那些语言是丰富多彩的，我在旁边很是担心：要当着80多人的面快速地翻译出来，而且现场很多学生的英语水平也不错的喔。可华婕一点都不耽误地翻译出来。听到她纯正的英语，我真是为女儿感到骄傲！

这次活动大大激发了华婕的工作热情，原来只是打算作为一个补充翻译的，可是以后的每一天，她都能够上去做几个小时的翻译，虽然无力的手举起话筒很累，可她依然坚持做完一场才休息。能够为大家做出自己的努力让她感到自己是有价值的，能够加入到年轻人的行列也让她感到机会难得，很开心，也大大提高了她的自信。真是很感谢深圳市计生协为华婕提供了这样的表现机会！

代后记 ——我的博客我们的历程

　　我想起第一次开博客的情景。那是在华婕受伤后一星期，我们赶到美国凤凰城康复医院的第二天，华婕的朋友Muz将情绪纷乱的我带到电脑前为我开通了博客，我机械式地将她告知的发博客的程序记下，开始了我们艰难历程的记载。

　　博客在华婕出事后起到的作用是多方面的，我总结了一下，有如下之多：

　　我家的博客是布告栏：华婕的病情及康复状况，都是通过博客来告知那些关心华婕的朋友们。尤其是事发当初，我们都无法面对这样的打击而向朋友们一遍遍述说，那就像将自己的伤口不断地显示给人看，结果可能让自己更加难过，伤口还会感染。所以当时面对众多朋友们的关心，我想到了为女儿开博客，只能通过文字来讲述，向大家及时报告华婕的现状。

　　我家的博客是我们的感恩栏：华婕受伤后得到那么多的善心人——认识的和不认识的，国内的和国外的朋友们——的关心和资助，让我们无论是在物质上还是精神上都得到很多的帮助，使我们渡过了一个又一个的难关，这样雪中送炭的恩情让我们念念不忘怀，可是我们没有什么可以报答的，唯有通过博客这样的渠道来表达我们一家的真心谢意。

　　我家的博客是与朋友交流的平台，是友谊的催化剂：尤其是在国外异乡时我们常常是通过博客来与朋友们交流，一条条充满关爱的评语像一股股暖流不断地注入我们的内心，让我们在沮丧中感受到朋友们的关注，提醒我们：已经不是我们一家人在度过艰难时刻，还有这么多的朋友与我们同在。这些有力的支持让我们又产生勇气去面对一个又一个的难关。而通过博客我们还结交了不少新的朋友，这也是我们的收获啊！

　　我家的博客是宣泄台，也是我情绪的发泄渠道，更是我情绪感受的见证：从知道女儿出事，心中的感受排山倒海般涌来，把自己压抑得喘不过气，我感到自己一定要找到一个发泄口才能继续走下去，在我与婕爸飞去美国的途中，我就忍不住拿起纸笔写下了心中强烈的感受！也就是在那个时候才涌出写博客的想法。的确，博客不仅记载了我的情感历程，更是让我痛快地发泄出自己的悲喜哀切：不记得有多少次，博客写到伤心处时，我会在它面前放声大哭，让眼泪尽情地像潮水般涌出眼眶，让泪水冲掉我心中的悲伤和焦虑。哭完了，再去面对现实生活，该做什么就继续做下去。现在回想，如果没有博客这个生活、心理及思想的载体，我不知道自己能不能走到今天。

　　我家的博客也是我们家的沟通渠道：尤其是在华婕康复治疗遇到各种困难的时候，常常让人焦躁不安，听不进别人的话语，哪怕是一句话都会成为家庭成员发火的导火线。有很多次在婕爸与华婕、我与婕爸发生矛盾后，我都是利用写博客的方式来进行沟通的，旁敲侧击的启发可能起到了直接交流不能出现的效果；而且人们在看文字时候，一般是比较平静的，能够比较理智地去接受别人的想法；加上我这人嘴巴笨拙，情感内敛，更加适合用文字表达自己的思想，这样交流沟通才较为流畅和充分。

　　我家的博客也是一种见证：记载了我们一家在华婕受伤后所经受到的种种磨难，身体和心灵的、国外和国内的；也向世人显示了我们周围有多少慈爱和关怀，好人多多；还让我们确确实实体会到：人生不管遇到什么困难，心理上千万不要垮掉，只要心存希望，努力、坚持，总会寻找到解决或者是缓解的办法。

　　正因为我的博客有这么多的功用，所以我要用心记录，整理成书，来印证它的功劳。

　　再谢一直给我们支持的所有朋友们！